"十四五"职业教育国家规划教材

名校名师精品系列教材

Office 2016 Case Tutorial

Office 2016
办公软件案例教程
微课版

赖利君 ◉ 主编

人民邮电出版社

北京

图书在版编目（CIP）数据

Office 2016办公软件案例教程：微课版 / 赖利君
主编. -- 北京：人民邮电出版社，2021.8
名校名师精品系列教材
ISBN 978-7-115-56235-7

Ⅰ. ①O… Ⅱ. ①赖… Ⅲ. ①办公自动化－应用软件
－教材 Ⅳ. ①TP317.1

中国版本图书馆CIP数据核字(2021)第054068号

内 容 提 要

本书以 Microsoft Office 2016 为平台，通过案例的形式，对 Office 2016 中的 Word、Excel、PowerPoint 软件的使用进行了详细的讲解。本书以培养能力为目标，本着"实践与应用相结合""课内与课外相结合""学生与企业、社会相结合"的原则，按工作部门分篇，将实际操作案例引入教学，每个案例都采用【案例分析】→【知识与技能】→【解决方案】→【拓展案例】→【拓展训练】→【案例小结】的结构编写，思路清晰、实用性强。

本书可作为职业院校学生学习 Office 办公软件使用方法的教材，也可供其他需要运用 Office 办公软件的人员阅读和参考。

◆ 主　编　赖利君
　　责任编辑　马小霞
　　责任印制　王　郁　彭志环
◆ 人民邮电出版社出版发行　　北京市丰台区成寿寺路 11 号
　　邮编　100164　电子邮件　315@ptpress.com.cn
　　网址　https://www.ptpress.com.cn
　　天津千鹤文化传播有限公司印刷
◆ 开本：787×1092　1/16
　　印张：18.5　　　　　　　　2021 年 8 月第 1 版
　　字数：477 千字　　　　　　2024 年 12 月天津第 12 次印刷

定价：59.80 元

读者服务热线：(010)81055256　印装质量热线：(010)81055316
反盗版热线：(010)81055315
广告经营许可证：京东市监广登字 20170147 号

前言 *PREFACE*

Microsoft Office 是目前主流的办公软件，其因功能强大、操作简便以及安全稳定等特点，已成为人们日常工作和学习中不可或缺的好帮手。熟练地使用 Office 办公软件已经成为大多数行业的工作人员必备的计算机基本技能。

本书是"十二五"职业教育国家规划教材《Office 2010 办公软件案例教程（第 6 版）》的修订版。本书通过案例的形式，对 Office 2016 办公软件中的 Word、Excel、PowerPoint 软件的使用进行了详细的讲解。希望读者通过学习本书内容，能够提高对 Office 办公软件的应用能力。

1. 本书内容

全书共分为 5 篇，从大多数公司具有代表性的工作部门出发，根据各部门的实际工作内容，介绍了大量日常工作中实用的商务办公文档的制作方法。

第 1 篇为行政篇，讲解了制作公司文化活动方案、公司会议记录表、公司简报、会议室管理表、客户回访函等与公司行政部相关的典型案例。

第 2 篇为人力资源篇，讲解了制作公司员工聘用管理文件、员工基本信息表、新员工培训讲义、员工人事档案表等与公司人力资源部相关的典型案例。

第 3 篇为市场篇，讲解了制作市场部工作手册、产品销售数据分析模型、商品促销管理文件、销售统计分析表等与公司销售部相关的典型案例。

第 4 篇为物流篇，讲解了制作商品采购管理表、公司库存管理表、商品进销存管理表、物流成本核算表等与公司物流部相关的典型案例。

第 5 篇为财务篇，讲解了制作员工工资管理表、投资决策分析表、往来账务管理表等与公司财务部相关的典型案例。

2. 体系结构

本书每个案例的编写都采用了【案例分析】→【知识与技能】→【解决方案】→【拓展案例】→【拓展训练】→【案例小结】的结构。

（1）案例分析：简明扼要地分析案例的背景资料和要做的工作。

（2）知识与技能：提炼出案例涉及的知识和技能。

（3）解决方案：给出完成案例的详尽操作步骤，其中还设置了活力小贴士来帮助读者理解操作步骤。

（4）拓展案例：让读者举一反三，自行完成案例，加强对知识和技能的掌握。

（5）拓展训练：补充或强化主案例中的知识和技能，读者可以选择性地进行练习。

（6）案例小结：对案例涉及的所有知识和技能进行归纳和总结。

3. 本书特色

（1）立德树人，提升素养

本书全面贯彻党的二十大精神，以社会主义核心价值观为引领，以"价值塑造、能力培养和知识传授"为课程建设目标，通过工作岗位职责和工作内容的设计运用，将社会主义核心价值观、社会责任和职业素养等元素以润物无声的方式有效地传递给读者。传承中华优秀传统文化，坚定文化自信，树立热爱劳动、热爱工作、热爱岗位、吃苦耐劳、团结协作的职业精神，培养修业、敬业、乐业、精业的工匠精神。教材内容更好地体现时代性、把握规律性、富于创造性，为建设社会主义文化强国添砖加瓦。根据具体的案例任务，在课堂教学中教师可结合下表中的内容对学生进行引导。

序号	案例类别	素养要点
1	行政篇	树立文化自信，热爱企业文化，培养规范、严谨的工作态度和责任心，树立服务意识，倡导高效的工作作风
2	人力资源篇	树立"四个尊重"和信息保密意识，具有自主学习和终身学习的意识，有不断学习和适应发展的能力
3	市场篇	了解行业、产业发展需求，把握时代精神，建立可持续发展理念；树立强烈的市场意识、培养诚信经营的品质和创新创业精神
4	物流篇	具有一定的管理能力，熟悉相关工作规程，培养严、慎、细、实的职业素养和工匠精神
5	财务篇	树立风控意识、加强成本管理理念，培养诚信、守法、细致的品质，具备实事求是的科学精神；树立财务安全意识和大局意识

（2）校企合作，双元开发

本书由校企合作开发。编写团队成员多为双师型，具有企业或行业工作经历，且具有国家职业技能鉴定考评员资格，能将企业和行业的工作需求、规范等融入教学实践之中。案例均由编者和长期从事企业和行业一线的人员精选、设计而成。以实际工作案例和任务引领教学，以"实践与应用相结合""课内与课外相结合""学生与企业、社会相结合"为原则，让读者在完成任务的过程中学习相关知识、培养相关技能、提升自身的综合职业素质和能力，真正实现"做中学、学中做"。

（3）产教融合、课证融通

本书内容对接职业标准和岗位需求，以企业"真实案例"为素材进行设计及实施，将教学内容与资格认证相融合，课证融通。

（4）创新形式，配备微课

本书为新形态立体化教材，针对重点、难点，录制了微课视频，可以利用计算机和移动终端学习，实现了线上线下混合式教学。

（5）配套齐全，资源完整

本书提供丰富的教辅资源，包括 PPT 课件、电子教案、教学大纲、教学案例、拓展案例、拓展训练、案例素材等，并能做到实时更新。登录人邮教育社区（http://www.ryjiaoyu.com）可下载。

本书案例中使用的数据均为虚拟数据，如有雷同，纯属巧合。

本书由赖利君任主编，由冯梅、赵守利任副主编。本书在微课视频的制作和案例整理过程中，得到了赵亦悦的大力支持和帮助，在此深表谢意！

由于编者水平有限，书中难免有疏漏之处，望广大读者提出宝贵意见。

编者

2023 年 5 月

目录 CONTENTS

第1篇
行政篇

01

　　行政管理是企业的中枢神经系统，是企业综合性最强的一项管理。这就要求行政管理人员具有规范、严谨的工作态度和责任心，树立服务意识，积极主动、高效地进行工作。

　　本篇从公司行政部的角度出发，选择了一些具有代表性的商务办公文档，以案例的形式对 Word 2016 中文档的新建、保存和编辑，页面设置、格式化，图形和图片的处理，表格的创建、编辑和格式化，邮件合并等进行讲解。此外，本篇还介绍了使用 Excel 2016 中的"条件格式"功能实现自动提醒等内容，让读者进行学习、巩固和加强，从而提高读者对 Office 办公软件的应用能力，以提高工作效率。

学习目标

📖 知识点	📖 技能点	📖 素养点
• 创建、保存和编辑文档 • 页面、字体、段落格式设置 • 表格的插入、编辑、格式化 • 图形、图片处理，图文排版 • 工作表基本操作 • Today、Now 函数和条件格式 • 邮件合并	• 熟悉 Word 文档的创建、保存和编辑操作 • 熟练对 Word 文档进行页面设置和格式化 • 熟练对 Word 文档中图形对象进行处理 • 熟练进行 Word 表格的创建、编辑和格式化 • 能使用 Word 邮件合并功能进行文档的处理 • 能在 Excel 中使用条件格式实现自动提醒	• 文化自信，热爱企业文化 • 规范、严谨的工作态度和责任心 • 服务意识，高效的工作作风

1.1 案例1　制作公司文化活动方案

示例文件	原始文件：示例文件\素材\行政篇\案例 1\公司文化活动方案.docx
	效果文件：示例文件\效果\行政篇\案例 1\公司文化活动方案.docx

【案例分析】

　　公司为丰富员工的业余文化生活，营造一种健康、向上的团队氛围，激发员工的工作积极性和热情，提高员工的满意度与归属感，增强团队的凝聚力和战斗力，需要策划和组织一系列的文化活动。本案例将运用 Word 2016 来制作公司文化活动方案。

　　具体要求：新建文档并保存；设置纸张大小为 A4 纸，页边距为上下 2.5 厘米、左右 2.8 厘米；编辑文化活动方案的内容；美化修饰文档；预览并打印文档。文档效果如图 1.1 所示。

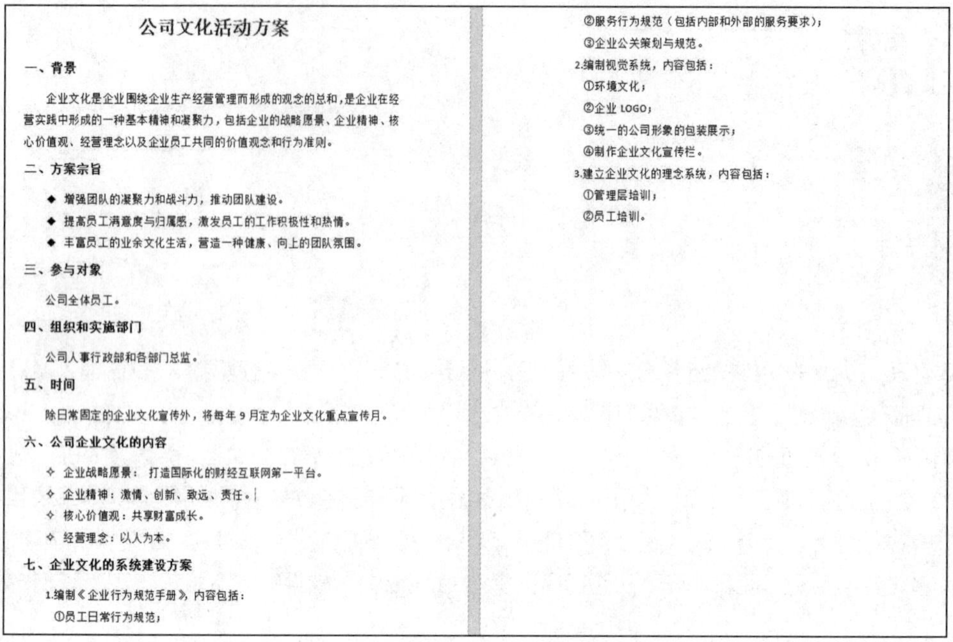

公司文化活动方案

一、背景

企业文化是企业围绕企业生产经营管理而形成的观念的总和，是企业在经营实践中形成的一种基本精神和凝聚力，包括企业的战略愿景、企业精神、核心价值观、经营理念以及企业员工共同的价值观念和行为准则。

二、方案宗旨

◆ 增强团队的凝聚力和战斗力，推动团队建设。
◆ 提高员工满意度与归属感，激发员工的工作积极性和热情。
◆ 丰富员工的业余文化生活，营造一种健康、向上的团队氛围。

三、参与对象

公司全体员工。

四、组织和实施部门

公司人事行政部和各部门总监。

五、时间

除日常固定的企业文化宣传外，将每年 9 月定为企业文化重点宣传月。

六、公司企业文化的内容

✧ 企业战略愿景：打造国际化的财经互联网第一平台。
✧ 企业精神：激情、创新、致远、责任。
✧ 核心价值观：共享财富成长。
✧ 经营理念：以人为本。

七、企业文化的系统建设方案

1.编制《企业行为规范手册》，内容包括：
①员工日常行为规范；
②服务行为规范（包括内部和外部的服务要求）；
③企业公关策划与规范。
2.编制视觉系统，内容包括：
①环境文化；
②企业 LOGO；
③统一的公司形象的包装展示；
④制作企业文化宣传栏。
3.建立企业文化的理念系统，内容包括：
①管理层培训；
②员工培训。

图 1.1 “公司文化活动方案”效果图

【知识与技能】

- 文档的新建和保存
- 页面设置
- 编辑文档
- 插入特殊符号
- 设置文本的字体、字号、字形等格式
- 设置对齐方式、缩进、行距和间距等段落格式
- 使用项目符号和编号
- 预览和打印文档

【解决方案】

STEP 1 新建并保存文档

（1）新建文档。

① 单击“开始”按钮，从打开的“开始”菜单中选择“Word 2016”命令，启动 Word 2016。

② 启动 Word 2016 后，从系统给出的“模板”中单击“空白文档”，创建一个空白文档“文档 1”。

活力小贴士 可以把经常用到的程序或文档的快捷方式放置到桌面上，以便随时取用（打开），而且很多应用程序在安装完成时会自动创建桌面快捷方式。所以，双击桌面的快捷方式图标是最常用的打开应用程序的方法。

（2）保存文档。

在 Word 2016 中进行文档编辑时，一定要注意保存文档。因为文档编辑等操作是在计算机内存工作区中进行的，如果不进行保存操作，突然停电或直接关闭电源都会造成文件丢失。因此，及时将文档保存到磁盘上是非常重要的。

活力小贴士 保存文档时，一定要注意文档的"三要素"——文档的位置、文件名和类型，以免之后找不到该文档。

① 单击"文件"选项卡，在打开的列表中选择"保存"选项，将显示图 1.2 所示的"另存为"选项列表。

图 1.2 "另存为"选项列表

② 单击"浏览"选项，打开"另存为"对话框。

③ 将文档重命名为"公司文化活动方案"，选择保存类型为"Word 文档"，将该文档保存在"E:\公司文档\行政部"文件夹中。设置完成后的"另存为"对话框如图 1.3 所示。

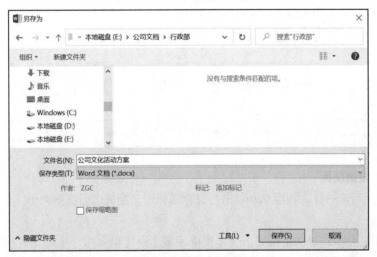

图 1.3 "另存为"对话框

④ 单击"保存"按钮。

**活力
小贴士**　① 快速保存文档。

a. 保存文档时，通常单击快速访问工具栏上的"保存"按钮会更加快捷，如图 1.4 所示。

图1.4　快速访问工具栏上的"保存"按钮

b. 为了避免录入的文字丢失，保存操作可以在编辑过程中随时进行，其快捷操作为按【Ctrl】+【S】组合键。

② 自动保存文档。

为了避免操作过程中由于停电或操作不当导致文字丢失，可以使用 Word 2016 的自动保存功能，单击【文件】→【选项】命令，打开"Word 选项"对话框，选择左侧的"保存"选项。在右侧的"保存文档"选项组中，选中"保存自动恢复信息时间间隔"复选框。然后在其右侧设置合理的自动保存时间间隔，如图 1.5 所示。

图1.5　设置文档自动保存时间间隔

STEP 2　设置页面

与用笔在纸上写字一样，利用 Word 进行文档编辑时，要先进行纸张大小、页边距、页面方向等页面设置操作。

（1）设置纸张大小。单击【布局】→【页面设置】→【纸张大小】命令，从下拉菜单中选择A4，如图 1.6 所示。

（2）设置页边距与纸张方向。单击【布局】→【页面设置】→【页边距】命令，从下拉菜单中选择"自定义边距",打开"页面设置"对话框,在"页边距"选项卡中根据要求设置页边距,并将纸张方向设为"纵向",如图1.7所示,单击"确定"按钮。

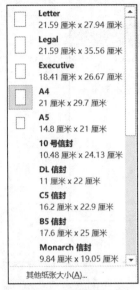

图1.6　设置纸张大小

图1.7　设置页边距和纸张方向

活力 小贴士　设置页边距时,既可以在"页边距"选项卡中单击相应的增减按钮调整页边距的值,也可以在设置页边距的文本框中直接输入所需的页边距的值。

STEP 3　**编辑公司文化活动方案**

(1)单击任务栏上的"输入法"指示器按钮,根据需要和习惯选择不同的输入法。

(2)如图1.8所示,录入"公司文化活动方案"的内容。

图1.8　"公司文化活动方案"文档内容

活力小贴士 新建 Word 文档后，一般 Word 文档的窗口是"页面"视图，如图 1.9 所示，这种视图是与打印时使用的纸张一致的视图，在其上进行编辑都是"所见即所得"的。

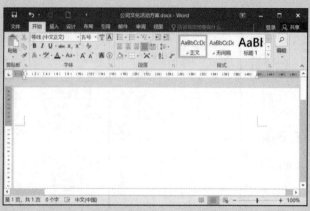

图1.9 文档的"页面"视图

如果默认的不是页面视图，可单击【视图】→【文档视图】→【页面视图】命令来进行编辑。

在 Word 中输入文本时，用户可以连续不断地输入，当文字写到页面的最右端时，插入点会自动移到下一行的行首位置，这就是 Word 的"自动换行"功能。

一篇长文档常常由多个自然段组成，增加新的段落可以通过按【Enter】键的方式实现。段落标记是 Word 中的一种非打印字符，它能够在文档中显示，但不会被打印出来。

微课 1-1 插入
带圈的数字序号

（3）插入带圈的数字序号。

在编辑文档时，有的符号是不能直接用键盘输入的，可以使用其他方法插入，如带圈的数字序号"①""②"……

① 将光标定位在文档正文的第 20 段文字"员工日常行为规范"之前。

② 单击【插入】→【符号】→【其他符号】命令，打开"符号"对话框。

③ 在"符号"选项卡的"子集"下拉列表中，选择"带括号的字母数字"，如图 1.10 所示。

④ 在下方的符号列表框中选择要插入的符号，如"①"，单击"插入"按钮。

⑤ 使用类似的方法，分别在第 21、第 22、第 24、第 25、第 26、第 27、第 29、第 30 段之前插入图 1.11 所示的带圈的数字序号。

图1.10 "符号"对话框

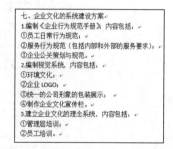

图1.11 在文档中插入带圈的数字序号

STEP 4 设置"公司文化活动方案"的格式

文档编辑完成后，通过对字体、段落、项目符号和编号、对齐等进行设置可对文档进行美化和修饰。

（1）设置标题格式。

将标题的字体格式设置为"宋体、二号、加粗、深蓝色"；段落格式为"居中"、段前间距"0.5行"、段后间距为"1 行"，格式化的效果如图 1.12 所示。

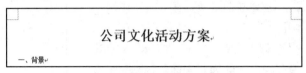

图1.12　标题的格式化效果

① 选中标题文字"公司文化活动方案"。

② 单击"开始"选项卡，在"字体"和"段落"工具栏上单击相应的字体和对齐设置按钮，如图 1.13 所示。

图1.13　"字体"和"段落"工具栏

> **活力小贴士**　设置字体格式还可以采用以下操作。
>
> ① 单击【开始】→【字体】按钮，打开图 1.14 所示的"字体"对话框进行设置。
>
> ② 选中要设置的文本，Word 将自动弹出浮动的"快捷字体工具栏"，在"快捷字体工具栏"中单击相应的按钮即可进行设置。
>
> ③ 选中要设置的文本，单击鼠标右键，从快捷菜单中选择"字体"命令，再在"字体"对话框中进行设置。

图1.14　"字体"对话框

③ 设置标题段落的间距。单击【开始】→【段落】按钮，打开"段落"对话框，设置段前间距为"0.5行"、段后间距为"1行"，如图1.15所示。

（2）设置正文格式。

① 设置正文字体格式。设置正文所有字体为"宋体、小四"，字符间距为"加宽"，磅值为"0.5磅"。

a. 选中正文所有字符。

b. 单击【开始】→【字体】命令，打开"字体"对话框，在"字体"选项卡中，设置中文字体为"宋体"，字号为"小四"，其余不变。

c. 切换到"高级"选项卡，设置间距为"加宽"，磅值为"0.5磅"，如图1.16所示。

② 设置正文段落格式。设置正文所有段落的行距为"固定值"，设置值为"24磅"。

a. 选中正文所有段落。

b. 单击【开始】→【段落】命令，打开"段落"对话框，在"缩进和间距"选项卡中设置行距为"固定值"，设置值为"24磅"，如图1.17所示。

图1.15 "段落"对话框

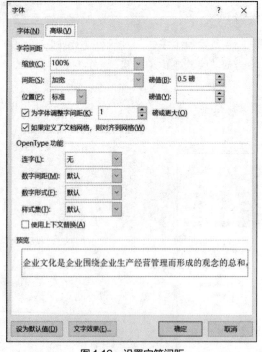

图1.16 设置字符间距

图1.17 设置行距为"固定值"，设置值为"24磅"

③ 设置正文中除编号"一""二""三""四""五""六""七"所在标题段外的其他段落首行缩进2字符。

a. 按住【Ctrl】键，分别选中正文中除编号"一""二""三""四""五""六""七"所在的标题段外的其他段落。

b. 单击【开始】→【段落】按钮，打开"段落"对话框，设置特殊格式为"首行缩进"，缩进值为"2 字符"，如图 1.18 所示。

④ 设置正文标题行格式。设置标题行"一、背景"的格式为"宋体、四号、加粗"，段前、段后间距各为"0.5 行"。采用格式刷复制格式到标题行"二""三""四""五""六""七"所在标题段落。

a. 选中标题行文本"一、背景"。

b. 将其格式设置为"宋体、四号、加粗"，段前段后间距各为"0.5 行"。

c. 保持选中文本状态，双击【开始】→【剪贴板】→【格式刷】命令 格式刷 ，使其呈选中状态，移动鼠标指针，此时鼠标指针变成了一把刷子，按住鼠标左键，刷过"二、方案宗旨"，这样"二、方案宗旨"的段落就拥有了同"一、背景"一样的文本格式。

d. 用同样的方法继续刷"三""四""五""六""七"所在的标题段落。

e. 单击"格式刷"按钮取消格式刷功能，鼠标指针变回正常形状。

设置后的标题段格式如图 1.19 所示。

图 1.18　设置首行缩进

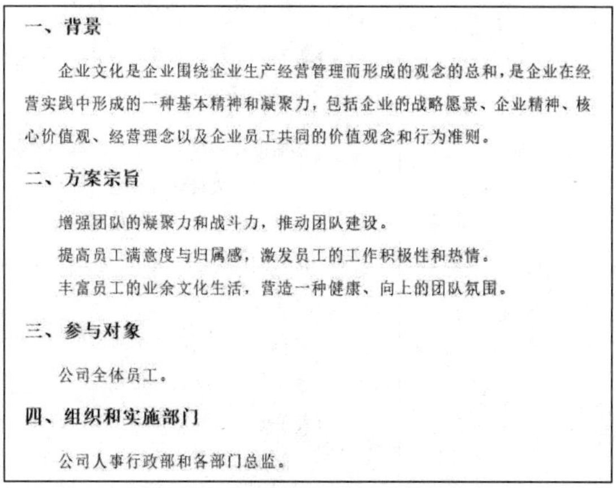

图 1.19　设置后的标题段格式效果

⑤ 设置"二、方案宗旨"的具体内容的格式。为"二、方案宗旨"的具体内容添加项目符号，添加后的效果如图 1.20 所示。

a. 选中这部分的 3 个段落。

b. 单击【开始】→【段落】→【项目符号】下拉按钮，打开"项目符号"下拉菜单，在"项目符号库"中为选中的文本选择需要添加的项目符号，如图 1.21 所示。

二、方案宗旨
◆ 增强团队的凝聚力和战斗力，推动团队建设。
◆ 提高员工满意度与归属感，激发员工的工作积极性和热情。
◆ 丰富员工的业余文化生活，营造一种健康、向上的团队氛围。

图1.20　为"二、方案宗旨"的具体内容添加项目符号

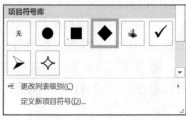

图1.21　"项目符号"下拉菜单

⑥ 设置"六、公司企业文化的内容"的具体内容的格式。参照"二、方案宗旨"的具体内容的格式设置方法，为"六、公司企业文化的内容"的具体内容添加项目符号，效果如图 1.22 所示。

六、公司企业文化的内容
◇ 企业战略愿景：打造国际化的财经互联网第一平台。
◇ 企业精神：激情、创新、致远、责任。
◇ 核心价值观：共享财富成长。
◇ 经营理念：以人为本。

图1.22　为"六、公司企业文化的内容"的具体内容添加项目符号

⑦ 为"七、企业文化的系统建设方案"下面含有带圈的数字序号的段落增加缩进量。

a. 分别选中含有带圈的数字序号的各个段落。

b. 单击【开始】→【段落】→【增加缩进量】命令，为添加了数字序号的段落增加缩进量，效果如图 1.23 所示。

⑧ 保存文档。

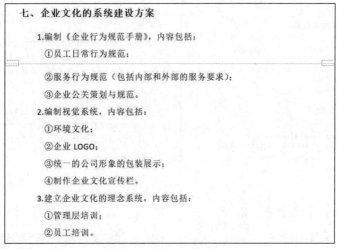

七、企业文化的系统建设方案
1.编制《企业行为规范手册》，内容包括：
①员工日常行为规范；
②服务行为规范（包括内部和外部的服务要求）；
③企业公关策划与规范。
2.编制视觉系统，内容包括：
①环境文化；
②企业 LOGO；
③统一的公司形象的包装展示；
④制作企业文化宣传栏。
3.建立企业文化的理念系统，内容包括：
①管理层培训；
②员工培训。

图1.23　增加段落缩进量

STEP 5　打印文档

文档编排完成后就可以准备打印了。打印前，一般先使用打印预览功能查看文档的整体效果，满意后再打印。

（1）单击【文件】→【打印】命令，将显示图 1.24 所示的打印界面，在窗口的右侧可预览文档打印出来的效果。

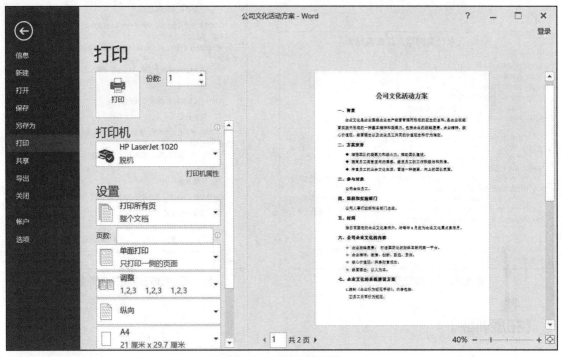

图1.24　文档的打印界面

（2）预览完毕，如果对文档效果满意，可在中间的窗格中设置打印份数、打印机、打印范围等参数，然后单击"打印"按钮，对文档进行打印。

> **活力小贴士**　在打印预览中，如果对文档效果不满意，还需修改，可单击"开始"选项卡，回到文档的编辑状态进行修改。

（3）关闭文档。完成后，单击【文件】→【保存】命令，或按【Ctrl】+【S】组合键，再次确认保存文档，然后关闭文档。

【拓展案例】

（1）制作会议记录。

会议记录是在比较重要的会议上，由专人当场把会议的基本情况记录下来的第一手书面材料。会议记录是会议文件和其他公文形成的基础，一般应包括如下内容：会议名称（要写明召开会议的机关或组织）、会议的年度时间或届次、会议内容摘要、会议的具体时间、会议地点、出席人、列席人、主持人、记录人、议项、会议发言、议决结果、签名。会议记录效果如图 1.25 所示。

（2）制作行政部年度工作要点，效果如图 1.26 所示。

图 1.25 "会议记录"效果图

图 1.26 行政部年度工作要点效果图

【拓展训练】

利用 Word 2016 制作一份公司宣传工作计划，效果如图 1.27 所示。

图 1.27 "公司宣传工作计划"效果图

操作步骤如下。

（1）启动 Word 2016，新建一份空白文档，将文档重命名为"公司宣传工作计划"，并将其保存在"E:\公司文档\行政部"文件夹中。

（2）单击【布局】→【页面设置】按钮，打开"页面设置"对话框，将纸张大小设置为"A4"，页边距分别设置为上"2.5 厘米"、下"2 厘米"、左"2.2 厘米"、右"2.2 厘米"。

（3）按照图 1.28 所示内容录入文字。

公司宣传工作计划
为统一思想，提高员工素质，增强公司的内部凝聚力，建立公司对外的良好形象，更好地在新的一年里做好企业的宣传工作、推动企业文化建设，特制订计划如下。
一、指导思想
坚持企业的兴办方针，突出企业精神的培育，把凝聚人心、鼓舞斗志、促进公司的发展作为工作的出发点和落脚点，发挥好舆论的作用，促进企业文化建设。
二、宣传重点
公司重大经营决策、发展大计、工作举措、新规定、新政策等。
先进事迹、典型报道、工作创新、工作经验。
员工思想动态。
公司管理中的薄弱环节、存在的问题。
企业文化宣传。
三、具体措施
端正认识，宣传工作与经济工作并重。
强化措施，把宣传工作落到实处。
建立公司宣传网络，组建一支有战斗力的宣传队伍。
自 1 月份开始恢复发布《公司简报》。
做好专题宣传活动。
开展先进评优工作，体现人本精神。
加大对外宣传力度，主要是公司形象宣传和产品广告宣传等。

图 1.28　公司宣传工作计划文字内容

（4）设置文章标题格式。

① 选中标题"公司宣传工作计划"。

② 单击【开始】→【字体】工具栏上的相应命令，将标题格式设置为"隶书、二号、红色"；单击"段落"按钮，打开"段落"对话框，将标题对齐方式设置为"居中"，段后间距为"12 磅"。

（5）在"段落"对话框中，将正文所有段落设置为首行缩进 2 字符。

（6）设置正文标题行的格式。

① 选中标题"一、指导思想""二、宣传重点""三、具体措施"，在"字体"工具栏中将标题格式设置为"仿宋、四号、加粗"。

② 单击【开始】→【段落】→【边框】下拉按钮，从打开的下拉菜单中选择"边框和底纹"命令，打开"边框与底纹"对话框，如图 1.29 所示。在"边框"选项卡中设置边框为"方框"，样式为实线，颜色为"自动"，宽度为"0.5 磅"，应用于设置为"文字"，完成后单击"确定"按钮。

（7）设置编号。

选中标题"三、具体措施"下方的两段文字，单击【开始】→【段落】→【项目编号】下拉按钮，打开图 1.30 所示的"编号库"，选中需要的编号样式"1.2.3."，应用于所选段落。

（8）设置项目符号。

① 选中标题"二、宣传重点"下的文本内容后，单击【开始】→【段落】→【项目符号】下拉按钮，打开图 1.31 所示的"项目符号库"，再选择与图 1.32 所示相同的项目符号，将选定的项目符号应用于选中的文本段落。

微课 1-2　设置
项目符号

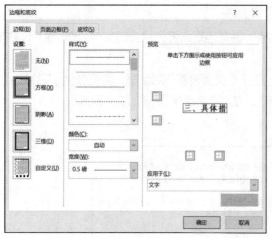

图 1.29 "边框与底纹"对话框

图 1.30 选择需要的编号

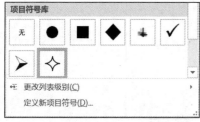

图 1.31 在"项目符号库"中选择项目符号

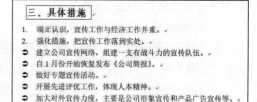

图 1.32 为文本添加项目符号

②选中标题"三、具体措施"下"2."下方段落的文字，单击【开始】→【段落】→【项目符号】下拉按钮，打开"项目符号库"，在"项目符号"选项卡中并没有图 1.33 所示的项目符号。这时，单击"定义新项目符号"命令，打开图 1.34 所示的"定义新项目符号"对话框，单击"符号"按钮，打开"符号"对话框，单击"字体"下拉按钮，选择类别"Wingdings"，再

图 1.33 为文本添加项目符号

在列出的符号中选择需要的符号，如图 1.35 所示，单击"确定"按钮返回"定义新项目符号"对话框，再单击"确定"按钮，将选定的项目符号应用于所选段落。

图 1.34 "定义新项目符号"对话框

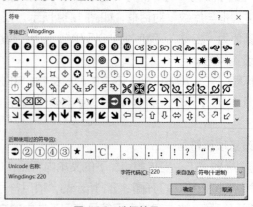

图 1.35 选择符号

（9）增加段落的缩进量。

① 选中标题"二、宣传重点"下已添加项目符号的段落，单击【开始】→【段落】按钮，打开"段落"对话框，设置这部分的段落左侧缩进为"1.4 厘米"，如图 1.36 所示。

② 选中标题"三、具体措施"下的"1"和"2"部分的文字，拖动标尺上的左缩进游标到合适的左缩进量，如图 1.37 所示。

图 1.36　设置段落"左缩进"

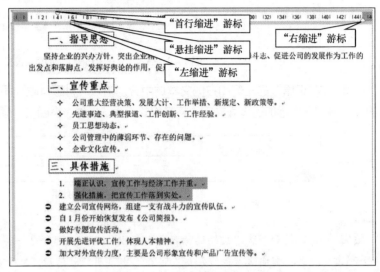

图 1.37　利用标尺进行左缩进的设置

③ 选中"2."下方设置了项目符号的段落。拖动"首行缩进"游标到合适的位置，设置这些段落的首行缩进量，如图 1.38 所示。

（10）添加页面页脚。

① 单击【插入】→【页眉和页脚】→【页眉】命令，弹出图 1.39 所示的"页眉"下拉菜单。

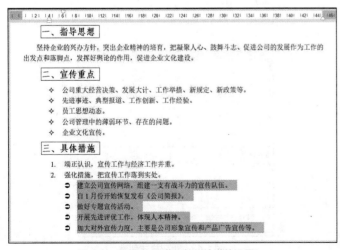

图 1.38　利用标尺进行首行缩进的设置

图 1.39　"页眉"下拉菜单

② 从下拉菜单中选择需要的页眉模板"空白（三栏）"，Word 2016 将在文档的页眉中显示图 1.40 所示的 3 个文本域。

图 1.40 插入"空白（三栏）"的页眉模板

③ 在"页眉"的左侧和右侧文本域中分别输入"科源有限公司""行政部"等字样，删除中间的文本域。选中添加的页眉文字，将其格式设为"楷体、小四号、倾斜、深蓝色"，如图 1.41 所示。

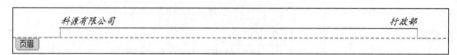

图 1.41 页眉编辑效果

活力
小贴士
① 页眉和页脚中文字的输入和编辑操作与正文部分是一样的。
② 若不需要页眉的分隔线，可在选中页眉的段落后，单击【开始】→【段落】→【边框】右侧的下拉按钮，在打开的下拉菜单中选择"边框和底纹"命令，打开"边框和底纹"对话框，在"边框"对话框中取消应用于段落的边框。

④ 单击【页眉和页脚工具】→【设计】→【导航】→【转至页脚】命令，切换到页脚编辑区。再单击【页眉和页脚】→【页码】命令，打开图 1.42 所示的"页码"下拉菜单。选择"页面底端"命令，显示图 1.43 所示的页码样式列表。在列表中选择"X/Y"组中的"加粗显示的数字 2"选项，可插入有当前页码 X 和文档页数 Y 的文字，将字体设置为"小五号"，对齐方式为"居中"。

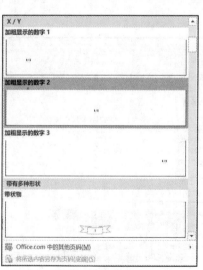

图 1.42 "页码"下拉菜单

图 1.43 页码样式列表

活力小贴士 在给文档添加页眉和页脚时，也可以在图 1.44 所示的"页眉和页脚"工具栏中，插入日期和时间、文档信息、文档部件、图片等内容。

图1.44 "页眉和页脚"工具栏中的其他内容

⑤ 单击【页眉和页脚工具】→【设计】→【关闭页眉和页脚】命令，或在正文文字区双击鼠标左键，关闭页眉和页脚的编辑视图，回到正文编辑视图。

（11）预览文档，如有不满意的地方，可继续修改，当文档效果如图 1.27 所示时，可打印文档，完成所有操作后关闭文档。

【案例小结】

通过本案例的学习，读者将学会 Word 文档的新建和保存、页面设置、文档内容的录入和编辑，学会对文档中字符的字体、颜色、大小、字形进行设置，学会对段落的缩进、间距和行距进行设置，学会利用项目符号和编号对段落进行相关的美化和修饰，以及学会对页面的页眉和页脚等进行设置，并学会预览和打印文档等行政工作中的常用操作。

1.2 案例 2　制作公司会议记录表

示例文件	原始文件：示例文件\素材\行政篇\案例 2\公司会议记录表.docx
	效果文件：示例文件\效果\行政篇\案例 2\公司会议记录表.docx

【案例分析】

公司的行政部经常会召开一些大大小小的会议，如通过召开会议来进行某项工作的分配、某个文件精神的传达或某个议题的讨论等，这就需要行政工作人员制作会议记录表来记录会议的主题、时间、主要内容、形成的决定等。本案例将利用 Word 2016 来为公司制作一份会议记录表，案例主要涉及的知识点是表格的创建、表格内容的编辑、表格格式的设置，制作好的公司会议记录表如图 1.45 所示。

【知识与技能】

- 新建并保存文档
- 插入表格
- 合并/拆分单元格
- 设置表格文本格式

- 调整表格的行高和列宽
- 设置表格的边框和底纹

【解决方案】

STEP 1 **新建并保存文档**

（1）启动 Word 2016，新建空白文档"文档 1"。

（2）将新建的文档重命名为"公司会议记录表"，并将其保存在"E:\公司文档\行政部\"文件夹中。

STEP 2 **输入表格标题**

（1）在文档开始位置输入表格标题文字"公司会议记录表"。

（2）按【Enter】键换行。

STEP 3 **插入表格**

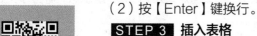

微课 1-3　插入表格

（1）单击【插入】→【表格】命令，打开图 1.46 所示的"表格"下拉菜单，选择"插入表格"命令，打开图 1.47 所示的"插入表格"对话框。

（2）通过观察图 1.45 可知，需要插入一个 10 行 6 列的表格，所以在对话框中分别输入要插入表格的列数为"6"，行数为"10"。

图 1.45　"公司会议记录表"效果图

图 1.46　"表格"下拉菜单

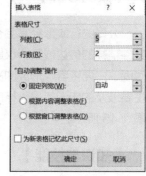

图 1.47　"插入表格"对话框

（3）单击"确定"按钮，出现图 1.48 所示表格。

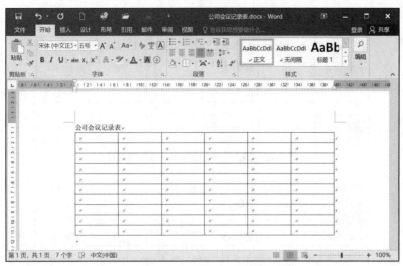

图1.48　插入一个10行6列的表格

**活力
小贴士**　自动插入的表格，会以纸张的正文部分左右边距之间的宽度均分作为列宽，以1行当前文字的高度作为行高绘制表格。

插入表格的常用方法如下。

① 使用"插入表格"对话框插入表格。单击【插入】→【表格】命令，打开"表格"下拉菜单，选择"插入表格"命令，打开"插入表格"对话框，在其中输入表格的列数和行数。

② 快速插入表格。单击【插入】→【表格】命令，打开"表格"下拉菜单，在"插入表格"区域中，拖曳选取合适数量的列数和行数，即可在指定的位置插入表格。选中的单元格将以橙色显示，并在名称区域中显示"列数×行数"的表格信息。

③ 使用内置样式插入表格。单击【插入】→【表格】命令，打开"表格"下拉菜单，选择"快速表格"命令，打开级联菜单，可以从中选择一种内置样式的表格。

④ 绘制表格。单击【插入】→【表格】命令，打开"表格"下拉菜单，选择"绘制表格"命令，此时鼠标指针变成铅笔形状，按住鼠标左键不放在Word文档中绘制出表格边框，然后在适当的位置绘制行和列。绘制完毕，按键盘上的【Esc】键，或者单击【表格工具】→【设计】→【绘图边框】→【绘制表格】命令，结束表格绘制。

对于初学者而言，推荐使用前两种方法。

STEP 4　编辑表格

（1）编辑表格内容。按图1.49所示输入表格的内容，每输完一个单元格中的内容，可按【Tab】键切换至下一单元格继续输入。

（2）合并单元格。

① 选中表格第1行从左向右数第2个和第3个单元格。

② 单击【表格工具】→【布局】→【合并】→【合并单元格】命令，将选定的单元格合并为一个单元格。

③ 参照图1.50格式合并其他需要合并的单元格。

会议主题			会议地点		
会议时间		主持人		记录人	
参会人员					
会议内容					
反映的问题		解决方案		执行部门	执行时间
备注					

图1.49 输入"公司会议记录表"的内容

会议主题		会议地点		
会议时间	主持人		记录人	
参会人员				
会议内容				
反映的问题	解决方案		执行部门	执行时间
备注				

图1.50 编辑后的"公司会议记录表"

（3）保存文件。

活力小贴士 合并单元格的操作也可以是选中要合并的单元格，单击鼠标右键，从快捷菜单中选择"合并单元格"命令。

STEP 5 美化表格

（1）设置表格标题格式。将表格标题文字的格式设置为"黑体、二号、居中"，段后间距为"1行"。

① 选中标题文字"公司会议记录表"。

② 单击【开始】→【字体】工具栏上的按钮，将字体设置为"黑体"，字号设置为"二号"。

③ 单击【开始】→【段落】工具栏上的按钮，将段落的对齐方式设置为"居中"。

④ 打开"段落"对话框，将其段后间距设置为"1行"。

（2）设置表格内文本的格式。

① 选中整张表格。将鼠标指针移到表格上时，当表格左上角出现""符号时，单击该符号，可选中整张表格。

② 单击【开始】→【字体】工具栏上的按钮，将字体设置为"宋体"，字号设置为"小四"。

③ 将表格中已输入内容的单元格的对齐方式设置为"水平居中"（空白单元格除外）。

活力小贴士 "段落"工具栏上的"段落对齐"按钮只是设置了文字在水平方向上的左、中或右对齐，而在表格中，既要考虑文字水平方向的对齐，又考虑垂直方向的对齐，所以这里使用了单元格中的9种水平方向和垂直方向结合的对齐方式之一"水平居中"，使单元格中的内容处于单元格的正中间。

（3）设置表格行高。

① 打开"表格属性"对话框调整行高。

将表格第1、第2、第5行的行高设置为"0.8厘米"，第3、第6、第7、第8、第9、第10行的行高设置为"2厘米"。

微课1-4 设置表格行高

a. 选中表格第1、第2、第5行。

b. 单击【表格工具】→【布局】→【表】→【属性】命令，打开"表格属性"对话框。

c. 切换到"行"选项卡，设置表格的行高，选中"指定高度"复选框，指定高度为"0.8厘米"，如图1.51所示，单击"确定"按钮。

d. 同样，选中表格第3、第6、第7、第8、第9、第10行，将行高设置为"2厘米"。

② 使用鼠标指针调整第4行的行高。

将鼠标指针指向"会议内容"一行的下框线，当鼠标指针变为"⇳"状态时，按住鼠标左键向下拖动，增加"会议内容"一行的行高。

设置表格行高后的表格效果如图1.52所示。

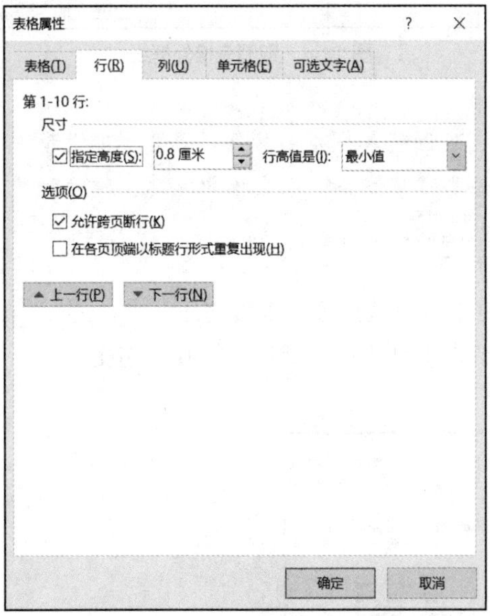

图1.51 设置表格行高

图1.52 设置表格行高后的表格

活力小贴士 调整表格列宽的方法类似于调整行高，可使用"表格属性"对话框的"列"选项卡设置选定列的列宽调整，也可使用鼠标指针调整选定列的列宽。在调整的过程中，如不想影响其他列宽度的变化，可在拖曳时按住键盘上的【Shift】键；若想实现微调，可在拖曳时按住键盘上的【Alt】键。

（4）设置表格的边框样式。

将表格内边框线条设置为"0.75 磅"，外框线设置为"1.5 磅"的黑色实线。

微课 1-5　设置
表格边框样式

① 选中整张表格。

② 单击【表格工具】→【设计】→【表格样式】→【边框】命令，打开"边框和底纹"对话框。

③ 切换到"边框"选项卡，设置为"全部"框线，样式为实线，颜色为"黑色"，宽度为"0.75 磅"，可以在右侧的"预览"框中看到效果，如图 1.53 所示。

④ 单击右侧的"预览"中外框线处，取消表格外框线，如图 1.54 所示。

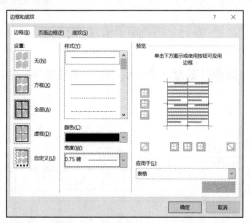

图 1.53　设置全部框线宽度为"0.75 磅"的黑色实线

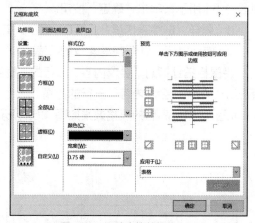

图 1.54　取消表格外框线

活力小贴士　取消某处的线条，也可以单击预览表格效果图外围的各处框线按钮。如要实现上步中的效果，也可以单击🔲、🔲、🔲和🔲按钮，若要"某线条"在表格中显现，该按钮就是凹陷的；若某处没有线条，则该处的按钮是凸起的。

⑤ 选择宽度为"1.5 磅"的黑色实线，再单击表格的外框线处或外框线对应的🔲、🔲、🔲、🔲按钮，使外框线应用宽度为"1.5 磅"的黑色实线，如图 1.55 所示，单击"确定"按钮。

（5）保存文档。

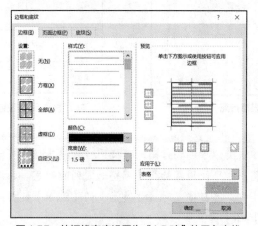

图 1.55　外框线宽度设置为"1.5 磅"的黑色实线

【拓展案例】

（1）制作文件传阅单，效果如表 1.1 所示。

文件传阅分为分传、集中传阅、专传和设立阅文室。分传是按照一定的顺序，分别将文件传送给有关领导批阅；集中传阅是利用机关领导集中学习或开会的机会，将紧急而又简短的传阅件集中传阅；专传是由专人传送给领导审批的过程；设立阅文室是由行政工作人员管理，阅文人到阅文室阅读文件，文件传阅单是文件在传递过程中的记录单。

表 1.1　文件传阅单

来文单位		收文时间		文号		份数	
文件标题							
传阅时间	领导姓名		阅退时间		领导阅文批示		
备注							

（2）制作收文登记表，效果如表 1.2 所示。

收文登记是行政部门日常工作中非常重要的一个环节，收到的公文启封后，收发人员要记载收文日期、来文机关、来文原号、密级、件数、文件标题或事由等信息。

表 1.2　收文登记表

收文日期		来文机关	来文原号	密级	件数	文件标题或事由	编号	处理情况	归档号	备注
月	日									
收文机关：						收文人员签字：				

【拓展训练】

发文是机关或企事业单位行政工作中非常重要的一项工作内容。发文单可供机关、企事业单位拟发文件做记载用。制作发文单，主要涉及的知识点是表格的创建、表格格式的设置以及表格内容的录入和内容格式设置，制作好的发文单效果如图 1.56 所示。

操作步骤如下。

（1）启动 Word 2016，新建一份空白文档。

科源有限公司发文单

密级：

签发人：	规范审核	核稿人：	
	经济审核	核稿人：	
	法律审核	核稿人：	
主办单位：	拟 稿 人		
	审 稿 人		
会签：	共打印　　份，其中文　　份；附件　　份		
	缓　急：		
标题：			
发文　　字 [　]第　　号　　年　　月　　日			
附件：			
主送：			
抄报：			
抄送：			
抄发：			
打字：　　　　校对：　　　　　　监印：			
主题词：			

图1.56 "科源有限公司发文单"效果图

（2）将新建的文档重命名为"科源公司发文单"，以"Word 模板"类型保存在"E:\公司文档\行政部"文件夹中，如图 1.57 所示。

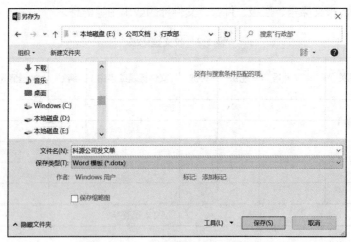

图1.57　将"发文单"保存为文档模板

（3）制作表格标题。

① 参照图 1.56 所示录入表格标题。

② 按【Enter】键换行。

（4）创建表格。

① 单击【插入】→【表格】命令，打开"表格"下拉菜单，选择"插入表格"命令，打开"插入表格"对话框。

② 在对话框中将列数设为"3 列"，行数设为"16 行"后，单击"确定"按钮，创建一个 3 列 16 行的表格，如图 1.58 所示。

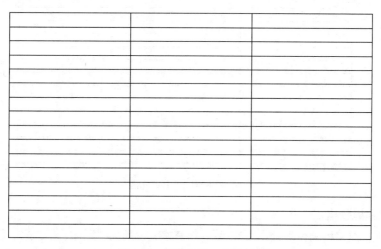

图 1.58　创建 3 列 16 行的表格

活力小贴士　创建表格时，如果所需的表格行列数不是太多，还可以在图 1.59 所示的"插入表格"区域中，拖曳选取要插入表格的列数和行数，即可在指定的位置插入表格。选中的单元格将以橙色显示，并在名称区域中显示"列数×行数"的表格信息。

图 1.59　设置表格行列数

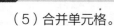

（5）合并单元格。

① 将 A1:A3 单元格区域选中，单击【表格工具】→【布局】→【合并】→【合并单元格】命令，将其合并为一个单元格，如图 1.60 所示。

② 参照图 1.56 所示，将其余需要合并的单元格进行合并处理。

（6）录入表格文字。在表格中录入图 1.56 所示的表格中的文字内容。

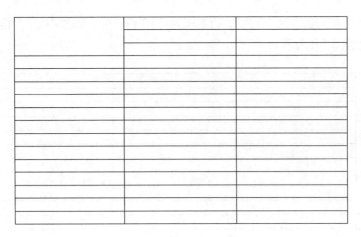

图1.60　合并单元格

（7）设置表格标题格式。

① 选中表格标题"科源有限公司发文单"，将其格式设置为"黑体、小二号、居中"，段后间距为"1行"。

② 选中标题下面的"密级"文字，将对齐方式设置为"右对齐"，右缩进"6字符"。

③ 选中表格的文字内容，将表格内的文字格式设置为"宋体、小四"。

（8）设置单元格对齐方式。

① 选中整张表格，单击【表格工具】→【布局】→【对齐方式】→【中部两端对齐】命令，如图 1.61 所示，将表格中的文字内容设为"中部两端对齐"方式。

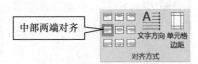

图1.61　设置单元格对齐方式

② 设置表格中 B1:B5 单元格区域的对齐方式为"居中"。

③ 表格其余单元格对齐方式参照图 1.56 所示进行设置。

> **活力小贴士**　设置单元格的格式时，也可先选中要设置对齐方式的单元格，然后单击鼠标右键，从快捷菜单中选择"单元格对齐方式"命令，再选择对齐方式。

（9）设置表格边框。

① 选中整个表格，单击【表格工具】→【设计】→【表样式】→【边框】下拉按钮，从打开的下拉菜单中选择"边框和底纹"命令，打开"边框和底纹"对话框。

② 分别将表格的内外框线设置为"0.75磅"和"1.5磅"，制作完毕的表格如图 1.56 所示。

（10）单击"保存"按钮保存表格。

【案例小结】

本案例通过制作"公司会议记录表""文件传阅单""收文登记表""公司发文单"，能使读者学会插入表格，合并、拆分表格中的单元格等操作，同时读者了解了如何对表格中的内容进行对齐设置，并能对表格和表格中的内容进行其他设置。

1.3 案例 3 制作公司简报

示例文件	原始文件：示例文件\素材\行政篇\案例 3\公司简报–129 期（原文）.docx、行政部 2020 年工作要点.docx
	效果文件：示例文件\效果\行政篇\案例 3\公司简报–129 期.docx

【案例分析】

简报是由组织（企业）内部编发的用来反映情况、沟通信息、交流经验、促进了解的书面报道。简报有一定的发送范围，起着"报告"的作用。简报应包括如下内容：报头（简报名称、期数、编写单位、日期）、正文（标题、前言、主要内容、结尾）、报尾（报送和抄送单位、印数）等，以及简报后附有的附件。

完成后的简报效果图如图 1.62 所示。

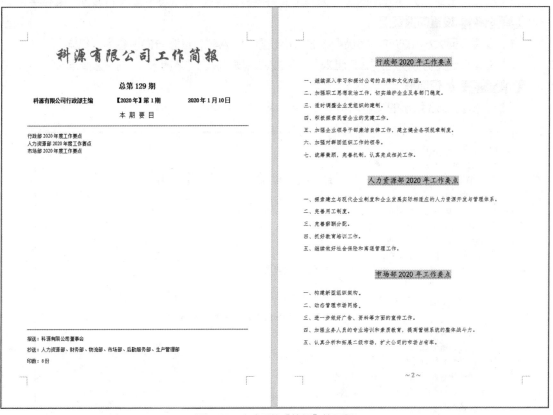

图 1.62 完成后的"简报"效果图

【知识与技能】

- 新建并保存文档

- 设置页面格式
- 文档分页
- 插入文档中的文字
- 绘制图形
- 插入页码
- 编辑艺术字
- 页面分栏
- 设置首字下沉
- 图文排版

【解决方案】

STEP 1 新建并保存文档

（1）启动 Word 2016 程序，新建一个空白文档。

（2）将文档重命名为"公司简报-129 期"，并将其保存在"E:\公司文档\行政部"文件夹中。

STEP 2 设置简报页面

（1）设置页面大小和方向。将页面纸张大小设置为"A4"，纸张方向设置为"纵向"。

（2）设置页边距分别为上"2.5 厘米"、下"2.3 厘米"、左"2 厘米"、右"2 厘米"。

STEP 3 编辑简报

（1）录入图 1.63 所示的文字内容。

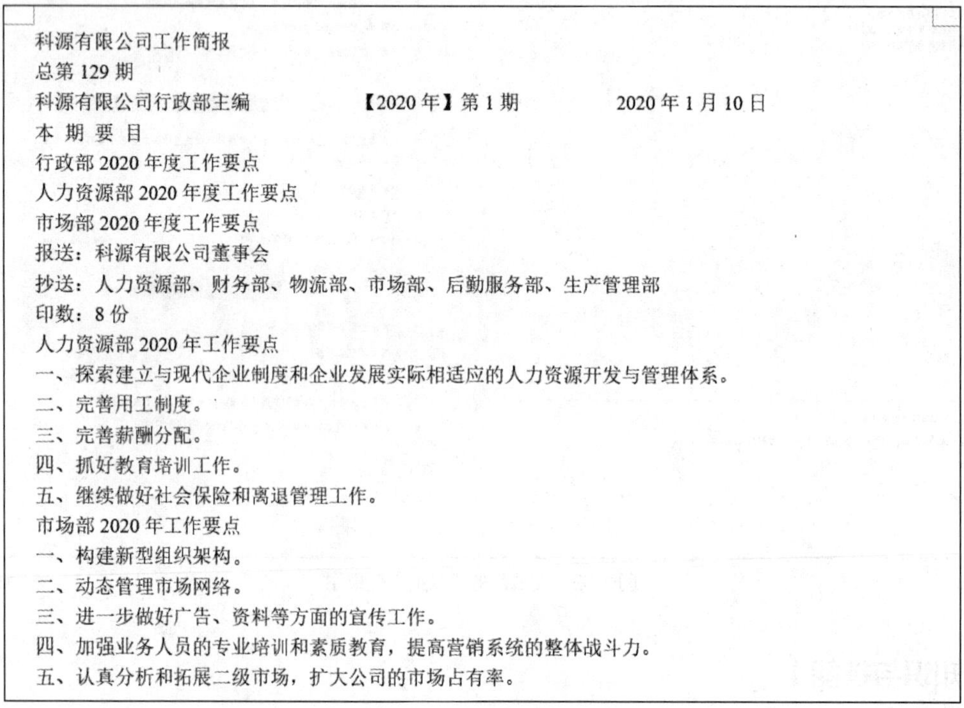

```
科源有限公司工作简报
总第 129 期
科源有限公司行政部主编        【2020 年】第 1 期            2020 年 1 月 10 日
本 期 要 目
行政部 2020 年度工作要点
人力资源部 2020 年度工作要点
市场部 2020 年度工作要点
报送：科源有限公司董事会
抄送：人力资源部、财务部、物流部、市场部、后勤服务部、生产管理部
印数：8 份
人力资源部 2020 年工作要点
一、探索建立与现代企业制度和企业发展实际相适应的人力资源开发与管理体系。
二、完善用工制度。
三、完善薪酬分配。
四、抓好教育培训工作。
五、继续做好社会保险和离退管理工作。
市场部 2020 年工作要点
一、构建新型组织架构。
二、动态管理市场网络。
三、进一步做好广告、资料等方面的宣传工作。
四、加强业务人员的专业培训和素质教育，提高营销系统的整体战斗力。
五、认真分析和拓展二级市场，扩大公司的市场占有率。
```

图 1.63　工作简报文字内容

活力小贴士 ① 在录入有顺序的编号段落时，Word 2016 通常会自动编号，即在进入下一段时，会自动延续编号风格，并自动增加数值，如图 1.64 所示。

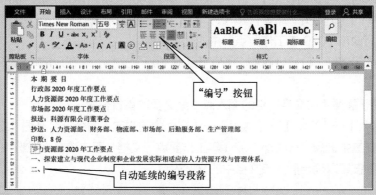

图 1.64　自动编号

② 如果在编辑文档的过程中不需要自动编号，可以单击取消"段落"工具栏中的"编号"按钮，或单击【文件】→【选项】命令，打开图 1.65 所示的"Word 选项"对话框，选择"校对"选项，然后单击"自动更正选项"按钮，打开"自动更正"对话框，切换到图 1.66 所示的"键入时自动套用格式"选项卡，在"键入时自动应用"选项组中取消选中"自动编号列表"复选框，并单击"确定"按钮。

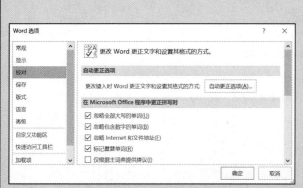

图 1.65　"Word 选项"对话框

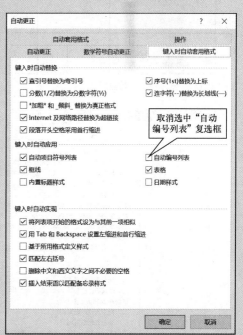

图 1.66　取消选中"自动编号列表"复选框

（2）分页。

简报的封面和正文分别位于第 1 页和后面的页面中，这里需要手动进行分页。

① 将光标定位于封面文字的末尾，即"印数：8 份"之后。

② 单击【布局】→【页面设置】→【分隔符】命令，打开图 1.67 所示的"分隔符"下拉菜单。选择"分节符"中的"下一页"命令，"印数：8 份"之后的文字将被移动到下个页面中。

（3）插入"行政部 2020 年工作要点"中的文字内容。

这里假定事先已做好一份"行政部 2020 年工作要点"文档，现在只需将做好的文档插入当前文档中。

① 将光标置于需要添加文字内容的插入点（第 2 页的首行位置）。

② 单击【插入】→【文本】→【对象】→【文件中的文字】命令，打开图 1.68 所示的"插入文件"对话框，在其中选择"行政部 2020 年工作要点"文档，双击该文档或选中该文档后单击对话框中的"插入"按钮以确定插入该文档中的文字内容。

图 1.67 "分隔符"下拉菜单

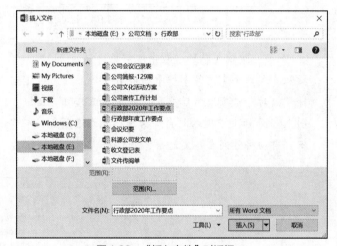

图 1.68 "插入文件"对话框

③ 插入内容后的"公司简报-129 期"文档如图 1.69 所示。

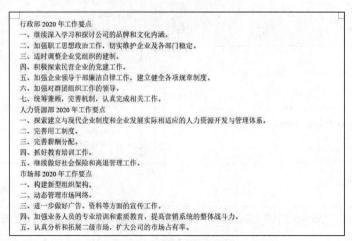

图 1.69 插入文档后的效果

STEP 4 制作简报封面

（1）设置简报标题的格式。将简报标题设为"华文行楷、小初、红色、居中"，段后间距设为"1行"。

（2）设置简报总期数的格式。将简报总期数"总第 129 期"设为"宋体、三号、加粗、居中"。

（3）设置编写单位、期数和编写日期的格式。将编写单位、期数和编写日期设为"宋体、小四号、加粗、居中"，段前段后的间距均为"0.5 行"。

（4）设置"本期要目"的格式为"宋体、四号、居中"，段后间距为"20 磅"。

（5）设置简报报尾格式。

① 在简报报尾文字前面插入适当的换行符，使简报报尾靠近页面底端。

② 将报尾的 3 行文字设为"宋体、五号"，行距为"1.5 倍"。

（6）绘制简报中报头和报尾的分隔线。

① 利用 Word 2016 提供的"形状"工具在"本期要目"一行的下方绘制一条水平直线。

② 单击【插入】→【插图】→【形状】命令，打开图 1.70 所示的"形状"下拉菜单，从"线条"中选择"直线"后，在"本期要目"一行的下方绘制一条水平直线。

③ 选中绘制的直线，单击【绘图工具】→【格式】→【形状样式】→【形状轮廓】命令，打开图 1.71 所示的下拉菜单，在"粗细"命令的子菜单中选择"1.5 磅"，将直线的粗细设置为"1.5 磅"，再将该直线的颜色设置为"红色"。

图1.70 "形状"下拉菜单

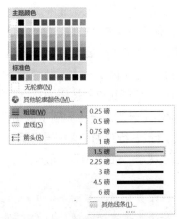

图1.71 设置线条粗细为"1.5 磅"

④ 选中并复制粘贴该直线，将复制的直线移动至报尾的上方，如图 1.72 所示。

报送：科源有限公司董事会

抄送：人力资源部、财务部、物流部、市场部、后勤服务部、生产管理部

印数：8 份

图 1.72　复制并移动到报尾上方的直线

⑤ 预览封面的排版效果，如图 1.73 所示，如果各处不是十分合理，可做一些调整，以使最终的封面更美观。完成后单击"开始"选项卡，返回到页面视图。

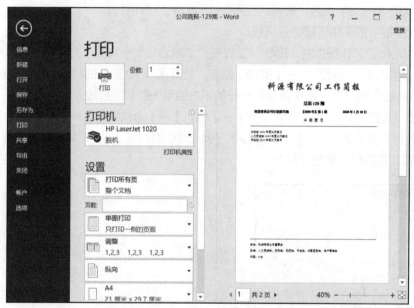

图 1.73　预览封面的效果

STEP 5　**美化修饰简报正文**

（1）设置 3 个正文标题的格式。

① 设置字体格式。按住【Ctrl】键，选中 3 个正文的标题文字"行政部 2020 年工作要点""人力资源部 2020 年工作要点""市场部 2020 年工作要点"，设置标题格式为"楷体、三号"，然后单击【开始】→【字体】→【下划线】下拉按钮，在下拉菜单中选择"点式下划线"为文字添加下划线；再单击"字符底纹"按钮为文字添加字符底纹。

② 单击【开始】→【段落】按钮，打开"段落"对话框，设置段前间距为"1.8 行"，段后间距为"0.5 行"，行距为"1.5 倍行距"，对齐方式为"居中"。设置完成后可看到工具栏上的相应按钮均为凹陷状态，如图 1.74 所示。

活力小贴士　在设置距离、粗细等使用磅值或具体数值时，既可以通过微调按钮进行调整，也可以自行输入设置的数值，如上述的"1.8 行"段前间距。

（2）设置正文其他文字的格式。

① 选中正文其他文字。

② 设置格式为"仿宋、12 磅"，然后单击【开始】→【字体】→【字体颜色】下拉按钮，打开图 1.75 所示的"字体颜色"面板，从"标准色"中选择"深蓝"；再单击【开始】→【段落】按钮，打开"段落"对话框，设置行距为"固定值"，设置值为"26 磅"，设置好的效果如图 1.76 所示。

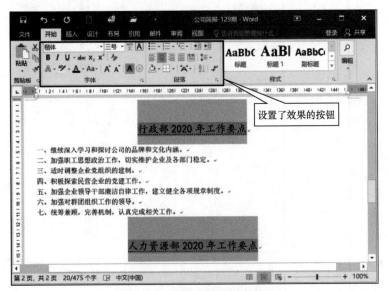

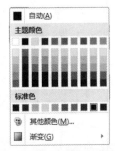

图 1.74　正文标题设置好后的效果　　　　　　　　图 1.75　"字体颜色"面板

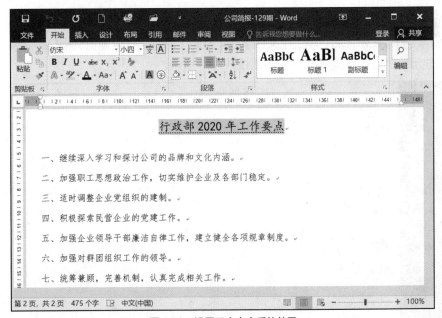

图 1.76　设置正文文字后的效果

微课 1-6　添加
页码

STEP 6　添加页码

（1）单击【布局】→【页面设置】按钮，打开"页面设置"对话框，切换到"版式"选项卡，在"页眉和页脚"选项组中选中"首页不同"复选框，如图 1.77 所示。

（2）将光标位于正文文字（即非首页）任意处，单击【插入】→【页眉和页脚】→【页码】命令，打开"页码"下拉菜单，选择页码位置为"页面底端"，再从级联菜单中选择页码样式为"颚化符"，如图 1.78 所示。

图 1.77　设置文档"首页不同"的页眉和页脚

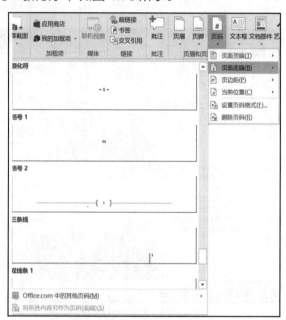

图 1.78　"页码"下拉菜单

STEP 7　预览整体效果

（1）完成所有美化修饰后，单击【文件】→【打印】命令，可以预览文档打印效果，并通过调整右下角的显示比例进行双页预览，其效果如图 1.79 所示。

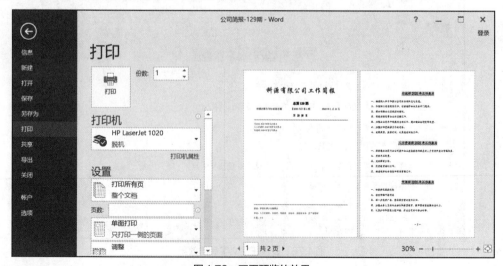

图 1.79　双页预览的效果

（2）所有工作完成后，可保存文档并关闭窗口。

【拓展案例】

制作图 1.80 所示的企业成立公告。

图 1.80 "企业成立公告"效果图

**活力
小贴士**　图章的制作可采用形状与艺术字相结合的方法，操作步骤如下。

① 单击【插入】→【形状】命令，从下拉菜单中选择"基本形状"中的"椭圆"按钮，画一个正圆，将该圆的形状填充设为"无填充颜色"，形状轮廓设为"红色"，粗细设为"2.25 磅"。

② 单击【插入】→【插图】→【形状】命令，从下拉菜单中选择"星与旗帜"中的"五角星"按钮，绘制一个正五角星，将五角星的填充颜色设为"红色"，形状轮廓设为"无轮廓"，将五角星置于圆的正中。

③ 插入艺术字"科源有限公司"，将艺术字的颜色设为"红色"，艺术字的形状设为"上弯弧"，设置环绕方式为非"嵌入型"，调整艺术字的大小并置于正圆中的合适位置。

④ 按住【Shift】键，选中正圆、五角星和艺术字，单击【绘图工具】→【格式】→【排列】→【组合】按钮右侧的下拉按钮，从列表中选择"组合"命令。

【拓展训练】

根据图 1.81 所示的效果图制作一份科源有限公司的周年庆小报。

制作科源有限公司周年庆小报，涉及的知识主要有艺术字的设置、段落的分栏设置、文本框的操作、图片的设置等。

操作步骤如下。

（1）新建文档，将文档重命名为"科源有限公司周年庆小报"，并将文档保存在"E:\公司文档\行政部"文件夹中。

热烈庆祝科源有限公司成立十二周年

图1.81 "科源有限公司周年庆小报"效果图

（2）根据小报需要的版面大小，设置页面。

① 设置纸张大小为"A4"。

② 设置纸张方向为"横向"，页边距均为"2.2厘米"。

（3）按图1.82所示录入相应的文字。

春华秋实、岁月如歌。科源有限公司迎来了成立十二周年纪念。十二年来，公司创业不凡、业绩喜人，这是公司全体员工汗水和智慧的结晶，是广大用户倾注热情和厚爱的必然，也是社会各界和各级领导部门全力支持的成果。
十二年磨砺，十二年发展，十二年奋进，十二年辉煌。回顾十二年的发展历程，满腔热血的科源人，在各级领导和公司党组的亲切关心与关怀下，背负着光荣与梦想，在天地间驰骋，十二年来用心捧出了辉煌的科源。员工人数从2007年公司成立时12人发展到85人。产值也呈逐年上升趋势，从成立之初的580万元到今年的3000万元。公司目前的业务范围主要包括应用软件研发、系统集成、技术服务、产品营销、IT外包服务。
在当今这个信息时代，我们面对的是一个风云变幻而又充满活力的市场，面临的是一个千载难逢而又充满挑战的历史机遇。在公司未来的发展中，我们要以全新的姿态，在信息产业领域创造出更多辉煌，为客户提供更优质的服务、为社会创造更大的价值。相信下一个十二年后会有更多新朋老友相聚一堂，共同见证科源的腾飞与梦想！祝愿大家，祝福科源，愿我们风雨同舟，成就梦想！

图1.82 录入文字

（4）制作小报标题。

① 在正文前为标题留出一行空行，并将光标置于空行处。

② 单击【插入】→【文本】→【艺术字】命令，打开图1.83所示的"艺术字库"列表。

③ 单击"艺术字库"列表中的艺术字样式"填充-蓝色，着色1，阴影"后，输入艺术字标题文字"热烈庆祝科源有限公司成立十二周年"。

④ 选中添加的艺术字，单击【绘图工具】→【格式】→【排列】→【环绕文字】命令，打开图1.84所示的"文字环绕方式"下拉菜单，将添加的艺术字环绕方式设置为"嵌入型"。

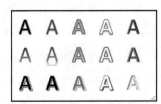

图1.83 "艺术字库"列表

图1.84 "文字环绕"下拉菜单

⑤ 选中添加的艺术字，单击【绘图工具】→【格式】→【艺术字样式】→【文本效果】命令，从打开的下拉菜单中选择图1.85所示的"棱台"中的"圆"。

⑥ 将艺术字标题的字体设置为"黑体、水平居中"。

（5）对正文进行分栏设置。

先在正文最后按【Enter】键增加一个段落，选中除该段外的所有正文文字，单击【布局】→【页面设置】→【分栏】命令，打开图1.86所示的"分栏"下拉菜单，选择"两栏"，获得分栏的效果如图1.87所示。

微课1-7 分栏设置

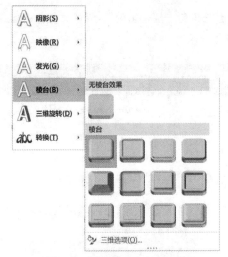

图1.85 设置艺术字文字效果

图1.86 "分栏"下拉菜单

热烈庆祝科源有限公司成立十二周年

春华秋实、岁月如歌，科源有限公司迎来了成立十二周年纪念。十二年来，公司创业不凡、业绩喜人，这是公司全体员工汗水和智慧的结晶，是广大用户倾注热情和厚爱的必然，也是社会各界和各级领导部门全力支持的成果。十二年磨砺，十二年发展，十二年奋进，十二年辉煌。回顾十二年的发展历程，满腔热血的科源人，在各级领导和公司党组的亲切关心与关怀下，背负着光荣与梦想，在天地间驰骋，十二年来用心捧出了辉煌的科源。员工人数从2007年公司成立时12人发展到85人。产值也呈逐年上升趋势，从成立之初的580万元到今年的3000万元。公司目前的业务范围主要包括应用软件研

发、系统集成、技术服务、产品营销、IT外包服务。
在当今这个信息时代，我们面对的是一个风云变幻而又充满活力的市场，面临的是一个千载难逢而又充满挑战的历史机遇。在公司未来的发展中，我们要以全新的姿态，在信息产业领域创造出更多辉煌，为客户提供更优质的服务，为社会创造更大的价值，相信下一个十二年后会有更多新型艺友相聚一堂，共同见证科源的腾飞与梦想！祝愿大家，祝福科源，愿我们风雨同舟，成就梦想！

图1.87 分两栏的正文文字

① 分栏时，除了下拉菜单中列出的"一栏""两栏""三栏""偏左""偏右"的预设效果之外，可选择"更多分栏"，打开图 1.88 所示的"分栏"对话框。

在"栏数"文本框中输入需要分栏的列数，可以分成更多栏。默认情况下，分栏会设置为"栏宽相等"，若需要不同的栏宽，可取消选中"栏宽相等"复选框，"宽度"和"间距"便可自行设置。

② 分栏时，每栏之间还可以添加一条分隔线，只需选中"分栏"对话框中的"分隔线"复选框即可。

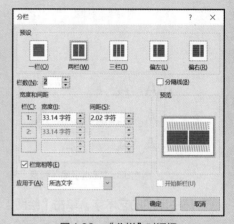

图1.88 "分栏"对话框

（6）设置正文文字及段落的格式。

① 选中所有正文文字。

② 设置正文文字的格式为"华文行楷、小四"，段落首行缩进 2 字符。

为文档进行整体美化修饰，可调整窗口右下角的"显示比例"，设置比较小的显示比例以便查看整体效果，这里设置 80%的比例，如图 1.89 所示。

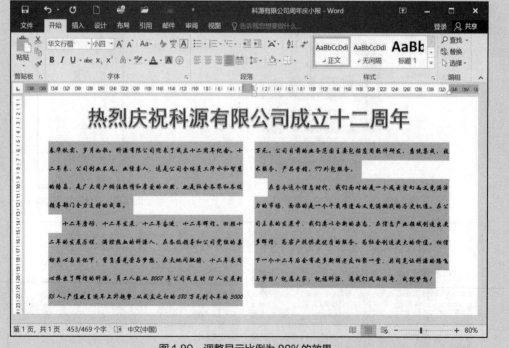

图1.89 调整显示比例为 80%的效果

（7）设置正文第 1 段"首字下沉"。

① 选中需要设置首字下沉的段落或将光标置于需要设置首字下沉的段落中。

② 单击【插入】→【文本】→【首字下沉】命令，打开图 1.90 所示的"首字下沉"下拉菜单，单击"首字下沉选项"命令，打开"首字下沉"对话框，将位置设为"下沉"，字体设为"华文行楷"，下沉行数设为"2"，如图 1.91 所示。单击"确定"按钮，得到图 1.92 所示的首字下沉效果。

微课 1-8 首字下沉

图 1.90 "首字下沉"下拉菜单

图 1.91 "首字下沉"对话框

图 1.92 设置首字下沉效果

活力小贴士 设置首字下沉时，如果直接选择"首字下沉"下拉菜单中的"下沉"命令，则会显示 Word 2016 的默认下沉效果，如需进一步设置，应选择"首字下沉选项"命令。

（8）制作文本框。

① 将光标置于正文的末尾，按【Enter】键添加一个段落。

② 单击【插入】→【文本】→【文本框】命令，打开图 1.93 所示的"文本框"下拉菜单。单击"内置"中的"简单文本框"选项，出现图 1.94 所示的简单文本框。

③ 在文本框中输入文字内容，如图 1.95 所示。

图1.93 "文本框"下拉菜单

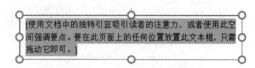

图1.94 插入的简单文本框

1. 生产管理部完成全年 2200 万元的产值，创利润 360 万元；
2. 物流部完成全年 800 万元的产值，创利润 36 万元。

图1.95 在文本框中输入文字

④ 选中文本框中的文本，单击【开始】→【段落】→【边框】下拉按钮，从下拉菜单中选择"边框和底纹"命令，打开"边框和底纹"对话框，在其中设置应用于文字的边框为"方框"，样式为"虚线"颜色为"绿色"，宽度为"1.0 磅"，如图 1.96 所示。设置应用于段落的底纹为"白色 背景 1，深色 15%"，如图 1.97 所示。

图1.96 设置应用于文字的边框效果

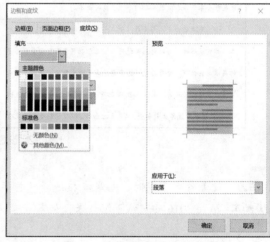

图1.97 设置应用于段落的底纹效果

⑤ 设置文本框边框的格式。在文本框边框上单击鼠标右键，从弹出的快捷菜单中选择"设置形状格式"，打开"设置形状格式"窗格，在"形状选项"中选择"线条"选项，单击"复合类型"按钮，从列表中选择"由粗到细"线型，线条宽度为"6 磅"，如图 1.98 所示。再选择上方的"颜色"选项，将线条颜色设置为"蓝色"，如图 1.99 所示。

图 1.98　设置文本框边框的线型

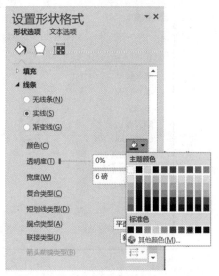

图 1.99　设置文本框边框的颜色

⑥ 根据文字内容调整文本框的大小，效果如图 1.100 所示。

> 1. 生产管理部完成全年 2200 万元的产值，创利润 360 万元；
>
> 2. 物流部完成全年 800 万元的产值，创利润 36 万元。

图 1.100　设置好的文本框效果

活力小贴士　① 若要调整文本框这样的图形对象的大小，可以先按住【Alt】键再拖动文本框边框进行微调。

② 若要调整文本框的位置，则可选中文本框边框，使用鼠标或按【Ctrl】+【↑】、【Ctrl】+【↓】、【Ctrl】+【←】、【Ctrl】+【→】组合键进行微调。

③ 若要对文本框边框进行设置，可先选中文本框，然后单击【绘图工具】→【格式】→【形状样式】→【形状轮廓】命令，打开图 1.101 所示的"形状轮廓"下拉菜单，通过"粗细""虚线"等命令进行相关设置。

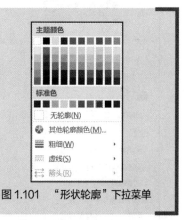

图 1.101　"形状轮廓"下拉菜单

⑦ 单击【绘图工具】→【格式】→【排列】→【环绕文字】命令，从下拉列表中选择"嵌入型"。

（9）插入图片并设置图片格式。

① 将光标置于正文第 2 段中，单击【插入】→【插图】→【图片】命令，弹出图 1.102 所示的"插入图片"对话框，选择"公司文档"文件夹中的"公司"图片，单击"插入"按钮，将所需的图片插入当前文档。

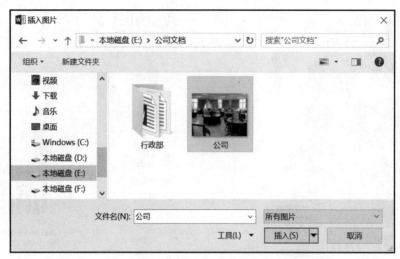

图1.102 "插入图片"对话框

② 选中图片，单击【图片工具】→【格式】→【大小】命令，打开"布局"对话框，在"大小"选项卡中，选中"锁定纵横比"复选框，设置高度的绝对值为"4.5 厘米"，自动获得宽度的绝对值为"6 厘米"，如图 1.103 所示。

③ 单击【图片工具】→【格式】→【排列】→【环绕文字】命令，打开图 1.104 所示的"文字环绕"下拉菜单，选择"紧密型环绕"。

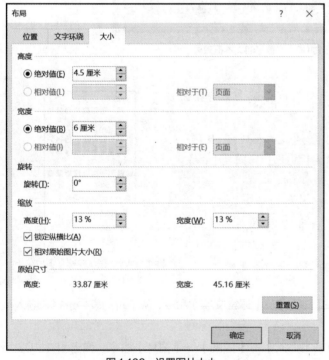

图1.103 设置图片大小

图1.104 设置图片的环绕方式

④ 调整图片到合适的位置，如图 1.105 所示。

图 1.105　插入图片后的效果

（10）插入形状。

① 单击【插入】→【插图】→【形状】命令，打开"形状"下拉菜单。单击"星与旗帜"中的"前凸带形"按钮，如图 1.106 所示，并将其插入文档，如图 1.107 所示。

② 在插入的形状上单击鼠标右键，从弹出的快捷菜单中选择"添加文字"命令，在形状上添加文字"喜报"。

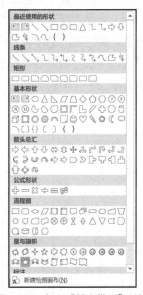

图 1.106　插入"前凸带形"形状

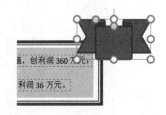

图 1.107　绘制的"前凸带形"形状

③ 将"前凸带形"形状填充为"黄色"，将添加的文字"喜报"的格式设置为"华文隶书、三号、深蓝色"。

④ 利用形状的绿色旋转柄，将形状旋转至一定的角度，效果如图 1.108 所示。

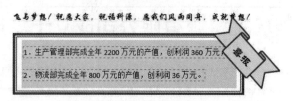

图 1.108　旋转形状至合适的角度

【案例小结】

本案例 2016 进行通过运用 Word 2016 制作公司简报、企业成立公告及公司小报，介绍了使用 Word 2016 进行图文混排的操作方法，包括艺术字、文本框、图片、形状等的添加、编辑和修饰以及对图形进行组合等的操作方法。同时，本案例也介绍了文档的分栏、图片与文字的环绕设置等的操作方法。

1.4　案例 4　制作会议室管理表

示例文件	原始文件：示例文件\素材\行政篇\案例 4\公司会议室管理表.xlsx
	效果文件：示例文件\效果\行政篇\案例 4\公司会议室管理表.xlsx

【案例分析】

在各企业、事业单位的日常工作中，往往会定期或不定期召开会议，需要使用会议室来传达相关事宜。为确保合理有效地使用会议室，需要使用会议室的部门应该提前向行政部提出申请，说明使用时间和需求，行政部则依此制定相应的会议室使用安排。为了协调各部门的申请，提高会议室的使用效率，行政部可以制作 Excel 提醒表。本案例通过制作"公司会议室管理表"来介绍 Excel 2016 在会议室管理方面的应用。制作好的公司会议室管理表的效果如图 1.109 所示。

公司会议室使用安排表

日期	时间段			使用部门	会议主题	会议地点	备注
2020-8-18	上午	8:30	10:30	行政部	总经理办公会	公司1会议室	
	下午	14:30	16:00	人力资源部	人事工作例会	公司3会议室	
		14:30	15:30	财务部	财务经济运行分析会	公司2会议室	
2020-8-19	上午	8:30	11:00	人力资源部	新员工面试	公司1会议室	
	下午	14:00	15:00	行政部	1号楼改造方案确定会	公司3会议室	
		15:30	17:30	行政部	质量认证体系培训	多功能厅	
2020-8-20	上午	10:00	11:30	市场部	合同谈判	公司1会议室	
	下午	14:30	16:30	财务部	预算管理知识学习	多功能厅	
2020-8-21	上午	9:00	11:00	物流部	物资采购协调会	公司2会议室	
	下午	15:30	16:30	市场部	8月销售总结	公司3会议室	
2020-8-22	上午	9:00	12:00	人力资源部	新员工培训	多功能厅	
	下午	14:00	17:00	人力资源部	新员工培训	多功能厅	

图 1.109　"公司会议室管理表"效果图

【知识与技能】

- 新建工作簿
- 重命名工作表
- 设置单元格格式
- 工作表格式设置
- 条件格式的应用
- TODAY 函数、NOW 函数的使用
- 取消网格线

【解决方案】

STEP 1 新建工作簿，重命名工作表

（1）启动 Excel 2016，新建一个空白工作簿。

（2）将新建的工作簿重命名为"公司会议室管理表"，并将其保存在"E:\公司文档\行政部"中。

（3）将"公司会议室管理表"工作簿中的"Sheet1"工作表重命名为"重大会议日程安排提醒表"。

STEP 2 创建"重大会议日程安排提醒表"

（1）在"重大会议日程安排提醒表"中输入工作表标题。在 A1 单元格中输入"公司会议室使用安排表"。

（2）输入表格标题。在 A2:H2 单元格区域中分别输入表格各个字段的标题，如图 1.110 所示。

图 1.110 "重大会议日程安排提醒表"标题字段

STEP 3 输入会议室使用安排

参照图 1.111，在"重大会议日程安排提醒表"中输入会议室使用的相关信息。

	A	B	C	D	E	F	G	H
1	公司会议室使用安排表							
2	日期	时间段			使用部门	会议主题	会议地点	备注
3	2020-8-18	上午	2020-8-18 8:30	2020-8-18 10:30	行政部	总经理办公会	公司1会议室	
4		下午	2020-8-18 14:30	2020-8-18 16:00	人力资源部	人事工作例会	公司3会议室	
5			2020-8-18 14:30	2020-8-18 15:30	财务部	财务经济运行分析会	公司2会议室	
6	2020-8-19	上午	2020-8-19 8:30	2020-8-19 11:00	人力资源部	新员工面试	公司1会议室	
7		下午	2020-8-19 14:00	2020-8-19 15:00	行政部	1号楼改造方案确定会	公司3会议室	
8			2020-8-19 15:30	2020-8-19 17:30	行政部	质量认证体系培训	多功能厅	
9	2020-8-20	上午	2020-8-20 10:00	2020-8-20 11:30	市场部	合同谈判	公司1会议室	
10		下午	2020-8-20 14:30	2020-8-20 16:30	财务部	预算管理知识学习	多功能厅	
11	2020-8-21	上午	2020-8-21 9:00	2020-8-21 11:00	物流部	物资采购协调会	公司2会议室	
12		下午	2020-8-21 15:30	2020-8-21 16:30	市场部	8月销售总结	公司3会议室	
13	2020-8-22	上午	2020-8-22 9:00	2020-8-22 12:00	人力资源部	新员工培训	多功能厅	
14		下午	2020-8-22 14:00	2020-8-22 17:00	人力资源部	新员工培训	多功能厅	
15								

图 1.111 会议室使用的相关信息

活力 小贴士 本案例以"2020-8-19"作为当前的系统日期，该表为"2020-8-18"至"2020-8-22"一周（指一周的 5 天工作日）的日程。读者应用时，可根据效果适当修改日期。

STEP 4 合并单元格

（1）将表格中的标题单元格合并后居中。

① 选中 A1:H1 单元格区域。

② 单击【开始】→【对齐方式】→【合并后居中】命令，将选中的单元格合并。

活力 小贴士 合并单元格还有一种操作方法：选中要合并的单元格，单击【开始】→【单元格】→【格式】命令，打开图 1.112 所示的"格式"下拉菜单，单击"设置单元格格式"命令，打开"设置单元格格式"对话框，单击"对齐"选项卡，如图 1.113 所示；选中"文本控制"中的"合并单元格"复选框；若要实现"合并后居中"，可再在"水平对齐"下拉列表中选择"居中"。

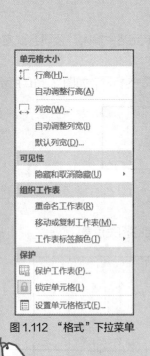

图 1.112 "格式"下拉菜单

图 1.113 "设置单元格格式"对话框中的"对齐"选项卡

（2）合并标题字段的 B2:D2 单元格区域。

（3）分别合并 A3:A5、A6:A8、A9:A10、A11:A12、A13:A14、B4:B5、B7:B8 单元格区域，效果如图 1.114 所示。

	A	B	C	D	E	F	G	H
1				公司会议室使用安排表				
2	日期		时间段		使用部门	会议主题	会议地点	备注
3	2020-8-18	上午	2020-8-18 8:30	2020-8-18 10:30	行政部	总经理办公会	公司1会议室	
4		下午	2020-8-18 14:30	2020-8-18 16:00	人力资源部	人事工作例会	公司3会议室	
5			2020-8-18 14:30	2020-8-18 15:30	财务部	财务经济运行分析会	公司2会议室	
6	2020-8-19	上午	2020-8-19 8:30	2020-8-19 11:00	人力资源部	新员工面试	公司1会议室	
7		下午	2020-8-19 14:00	2020-8-19 15:00	行政部	1号楼改造方案确定会	公司3会议室	
8			2020-8-19 15:30	2020-8-19 17:30	行政部	质量认证体系培训	多功能厅	
9	2020-8-20	上午	2020-8-20 10:00	2020-8-20 11:30	市场部	合同谈判	公司1会议室	
10		下午	2020-8-20 14:30	2020-8-20 16:30	财务部	预算管理知识学习	多功能厅	
11	2020-8-21		2020-8-21 9:00	2020-8-21 11:00	物流部	物资采购协调会	公司2会议室	
12			2020-8-21 15:30	2020-8-21 16:30	市场部	8月销售总结	公司3会议室	
13	2020-8-22	上午	2020-8-22 9:00	2020-8-22 12:00	人力资源部	新员工培训	多功能厅	
14		下午	2020-8-22 14:00	2020-8-22 17:00	人力资源部	新员工培训	多功能厅	
15								

图 1.114　合并单元格

STEP 5　设置单元格的时间格式

（1）选中 C3:D14 单元格区域。

（2）单击【开始】→【数字】→【数字格式】按钮，打开"设置单元格格式"对话框。

（3）在"数字"选项卡中，选中"分类"列表框中的"时间"，选择右侧"类型"列表框中的"13:30"，如图 1.115 所示。

图 1.115　设置时间格式

（4）单击"确定"按钮，完成单元格的时间格式设置，效果如图 1.116 所示。

	A	B	C	D	E	F	G	H
1				公司会议室使用安排表				
2	日期		时间段		使用部门	会议主题	会议地点	备注
3	2020-8-18	上午	8:30	10:30	行政部	总经理办公会	公司1会议室	
4		下午	14:30	16:00	人力资源部	人事工作例会	公司3会议室	
5			14:30	15:30	财务部	财务经济运行分析会	公司2会议室	
6	2020-8-19	上午	8:30	11:00	人力资源部	新员工面试	公司1会议室	
7		下午	14:00	15:00	行政部	1号楼改造方案确定会	公司3会议室	
8			15:30	17:30	行政部	质量认证体系培训	多功能厅	
9	2020-8-20	上午	10:00	11:30	市场部	合同谈判	公司1会议室	
10		下午	14:30	16:30	财务部	预算管理知识学习	多功能厅	
11	2020-8-21	上午	9:00	11:00	物流部	物资采购协调会	公司2会议室	
12		下午	15:30	16:30	市场部	8月销售总结	公司3会议室	
13	2020-8-22	上午	9:00	12:00	人力资源部	新员工培训	多功能厅	
14		下午	14:00	17:00	人力资源部	新员工培训	多功能厅	
15								

图 1.116　设置时间格式后的表格

STEP 6 设置文本格式

（1）设置表格的标题行的字体格式。设置 A1 单元格的字体为"华文行楷"，字号为"24"。

（2）设置表格标题字段的格式。设置 A2:H2 单元格区域的字体为"宋体"，字号为"16"，字形为"加粗"，对齐方式为"居中"。

（3）设置其余文本的格式。设置 A3:H14 单元格区域的文本的字体为"宋体"，字号为"14"，设置 A3:D14 单元格区域的对齐方式为"居中"。

STEP 7 设置行高和列宽

（1）设置行高。

① 将第 1 行的行高设置为"45"。

② 将第 2 行的行高设置为"30"。

③ 将第 3~14 行的行高设置为"28"。

（2）设置列宽。

分别将鼠标指针移至表格各列的列标交界处，当鼠标指针变成双向箭头状"↔"时双击，Excel 2016 将自动调整列宽。

STEP 8 设置表格边框

为 A2:H14 单元格区域设置图 1.117 所示的内细外粗的边框。

图 1.117　设置表格边框

STEP 9 使用"条件格式"设置高亮提醒

使用"条件格式"，可以将过期的会议室安排与未进行的会议室安排用不同的颜色区分开来，更直观地表现会议室的使用情况。

这里，主要通过 Excel 2016 的"条件格式"功能判断"日期"和"时间段"，即该会议的日期与时间段是否在当前的日期和时间段之前。若是，则字体显示为蓝色加删除线区分，且单元格背景显示为浅绿色；若不是，则单元格背景显示为黄色。

（1）设置"日期"高亮提醒。

① 选中 A3:A14 单元格区域。

② 设置在当前日期之前的条件格式。

a. 单击【开始】→【样式】→【条件格式】→【突出显示单元格规则】→【小于】命令，如图 1.118 所示。

b. 打开"小于"对话框，设置对比值为"=TODAY()"，如图 1.119 所示。在"设置为"的下拉列表中选择"自定义格式"，如图 1.120 所示，打开"设置单元格格式"对话框。

图 1.118　选择条件格式的规则

微课 1-9　使用条件格式设置"日期"高亮显示

图 1.119　设置"小于"规则的对比值

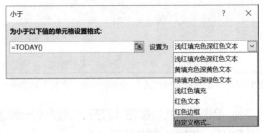

图 1.120　设置条件单元格格式

**活力
小贴士**　TODAY 函数说明如下。

① 功能：返回系统当前日期（本案例设置的当前日期为 2020 年 8 月 19 日）。

② 语法：TODAY()。

③ 注意：使用该函数时不需要输入参数。

c. 单击"字体"选项卡，单击"颜色"的下拉按钮，选择标准色　"蓝色"，选中"删除线"复选框，如图 1.121 所示。

d. 单击"填充"选项卡，设置背景色为"浅绿"，如图 1.122 所示，单击"确定"按钮返回"小于"对话框，再单击"确定"按钮。

③ 设置在当前日期之后的条件格式。

a. 单击【开始】→【样式】→【条件格式】→【管理规则】命令，打开图 1.123 所示的"条件格式规则管理器"对话框，在对话框中可显示之前添加的条件格式。

b. 单击"新建规则"按钮，打开"新建格式规则"对话框。在"选择规则类型"列表框中选择"只为包含以下内容的单元格设置格式"选项，

图 1.121　"设置单元格格式"对话框中的"字体"选项卡

在"编辑规则说明"栏中，第 1 个选项选择"单元格值"，第 2 个选项选择"大于或等于"，在第 3 个选项中输入"=TODAY()"，如图 1.124 所示。

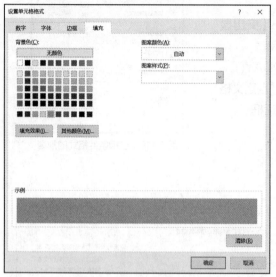

图 1.122 "设置单元格格式"对话框中的"填充"选项卡

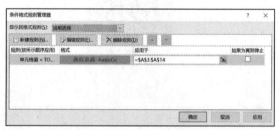

图 1.123 "条件格式规则管理器"对话框

　　c. 单击"格式"按钮，打开"设置单元格格式"对话框，切换到"填充"选项卡，设置背景色为"黄色"，如图 1.125 所示。

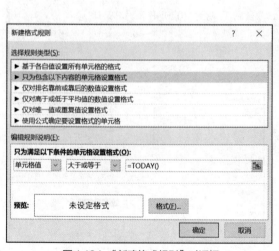

图 1.124 "新建格式规则"对话框

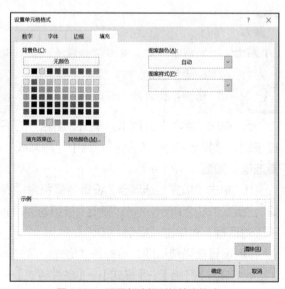

图 1.125 设置新建规则的填充格式

　　d. 单击"确定"按钮，返回"新建格式规则"对话框，可预览设置的格式，如图 1.126 所示。
　　e. 单击"确定"按钮，返回"条件格式规则管理器"对话框，可查看新添加的规则，如图 1.127 所示。
　　f. 再单击"确定"按钮，完成条件格式设置。

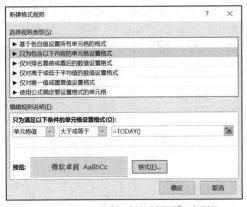

图 1.126　返回“新建格式规则”对话框

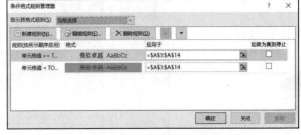

图 1.127　返回“条件格式规则管理器”对话框

此时，系统将根据条件格式里设置的条件，判断表格里的日期是否在当前日期之前。若是，则单元格显示浅绿色背景，单元格里的日期显示为蓝色加删除线。若不是，则单元格显示黄色背景，如图 1.128 所示。

（2）设置“时间段”高亮提醒。

① 选中 C3:D14 单元格区域。

② 按设置“日期”条件格式的操作方法，设置“时间段”条件格式，不同的是设置“时间段”高亮提示中应用的公式为“=NOW()”，如图 1.129 所示。

公司会议室使用安排表

日期	时间段			使用部门	会议主题	会议地点	备注
2020-8-18	上午	8:30	10:30	行政部	总经理办公会	公司1会议室	
	下午	14:30	16:00	人力资源部	人事工作例会	公司3会议室	
		14:30	15:30	财务部	财务经济运行分析会	公司2会议室	
2020-8-19	上午	8:30	11:00	人力资源部	新员工面试	公司1会议室	
	下午	14:00	15:00	行政部	1号楼改造方案确定会	公司3会议室	
		15:30	17:30	行政部	质量认证体系培训	多功能厅	
2020-8-20	上午	10:00	11:30	市场部	合同谈判	公司1会议室	
	下午	14:30	16:30	财务部	预算管理知识学习	多功能厅	
2020-8-21	上午	9:00	11:00	物流部	物资采购协调会	公司2会议室	
	下午	15:30	16:30	市场部	8月销售总结	公司3会议室	
2020-8-22	上午	9:00	12:00	人力资源部	新员工培训	多功能厅	
	下午	14:00	17:00	人力资源部	新员工培训	多功能厅	

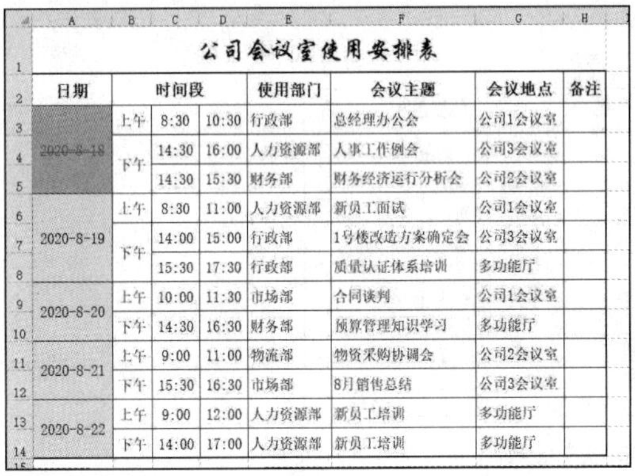

图 1.128　设置条件格式后的“日期”

图 1.129　设置后的“时间段”条件格式

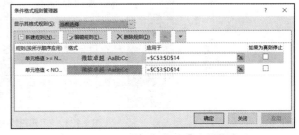

> **活力小贴士**　NOW 函数说明如下。
>
> ① 功能：返回系统当前日期和时间（本案例设置的当前日期和时间为 2020 年 8 月 19 日 16:00）。
>
> ② 语法：NOW()。
>
> ③ 注意：使用该函数时不需要输入参数。

③ 单击“确定”按钮，得到的表格如图 1.130 所示。

STEP 10　取消背景网格线

Excel 默认情况下会显示灰色的网格线，而这个网格线会对显示效果产生很大的影响。取消网格线会使观看的视觉重点落到工作表的内容上。

公司会议室使用安排表

日期	时间段			使用部门	会议主题	会议地点	备注
~~2020-8-18~~	上午	~~8:30~~	~~10:30~~	行政部	总经理办公会	公司1会议室	
	下午	~~14:30~~	~~16:00~~	人力资源部	人事工作例会	公司3会议室	
		~~14:30~~	~~15:30~~	财务部	财务经济运行分析会	公司2会议室	
2020-8-19	上午	~~8:30~~	~~11:00~~	人力资源部	新员工面试	公司1会议室	
	下午	~~14:00~~	~~15:00~~	行政部	1号楼改造方案确定会	公司3会议室	
		~~15:30~~	17:30	行政部	质量认证体系培训	多功能厅	
2020-8-20	上午	10:00	11:30	市场部	合同谈判	公司1会议室	
	下午	14:30	16:30	财务部	预算管理知识学习	多功能厅	
2020-8-21	上午	9:00	11:00	物流部	物资采购协调会	公司2会议室	
	下午	15:30	16:30	市场部	8月销售总结	公司3会议室	
2020-8-22	上午	9:00	12:00	人力资源部	新员工培训	多功能厅	
	下午	14:00	17:00	人力资源部	新员工培训	多功能厅	

图 1.130　设置条件格式后的“时间段”

（1）单击选中“重大会议日程安排提醒表”。

（2）单击“视图”选项卡，在“显示”组中，取消选中“网格线”复选框，设置后的表格如图 1.109 所示。

【拓展案例】

（1）制作“工作日程安排表”，效果如图 1.131 所示。

工作日程安排表

日期	时间	工作内容	地点	参与人员
~~2020-8-13~~	9:00	OA系统升级方案	第1会议室	各部门主管
~~2020-8-15~~	8:30	绩效方案初步讨论	第2会议室	董事长、副总、部门主管
~~2020-8-16~~	14:00	客户接待	锦城宾馆	行政部、市场部
2020-8-19	10:00	现有信息平台流程的改进	行政部	方志成、李新、余致
2020-8-20	9:30	策划活动执行方案	第3会议室	行政部、市场部、财务部
2020-8-23	15:00	员工福利制度的确定	第2会议室	总经理、人力资源部、部门主管
2020-8-25	10:30	公司劳动纪律检查、整顿	第1会议室	人力资源部、部门主管
2020-8-26	8:30	新员工培训	多功能厅	人力资源部、新员工
2020-8-28	9:00	公司上半年工作总结	多功能厅	全体员工
2020-9-1	14:30	岗位职责的修定	第3会议室	部门主管
2020-9-3	11:00	办公用品分发	行政部库房	各部门主管、王利、彭诗琪

图 1.131 “工作日程安排表”效果图

（2）制作工作日历并凸显周末，效果如图 1.132 所示。

工作日历

日期	时间	工作内容	地点	参与人员
2020-8-13	9:00	OA系统升级方案	第1会议室	各部门主管
2020-8-15	8:30	绩效方案初步讨论	第2会议室	董事长、副总、部门主管
2020-8-16	14:00	客户接待	锦城宾馆	行政部、市场部
2020-8-19	10:00	现有信息平台流程的改进	行政部	方志成、李新、余致
2020-8-20	9:30	策划活动执行方案	第3会议室	行政部、市场部、财务部
2020-8-23	15:00	员工福利制度的确定	第2会议室	总经理、人力资源部、部门主管
2020-8-25	10:30	公司劳动纪律检查、整顿	第1会议室	人力资源部、部门主管
2020-8-26	8:30	新员工培训	多功能厅	人力资源部、新员工
2020-8-28	9:00	公司上半年工作总结	多功能厅	全体员工
2020-9-1	14:30	岗位职责的修定	第3会议室	部门主管
2020-9-3	11:00	办公用品分发	行政部库房	各部门主管、王利、彭诗琪

图 1.132　在工作日历中凸显周末

【拓展训练】

为了增强员工归属感，提高企业凝聚力，越来越多的企业都将庆祝员工生日作为一种员工福利，让员工感受公司给予的温暖。因此，行政部的工作又多了一项，即为员工庆生。行政工作人员要记住每个员工的生日不太现实，但可以借助 Excel 2016 的"条件格式"功能设置员工生日提醒。例如，根据员工出生信息制作"员工生日提醒表"，将当月过生日的员工的信息凸显出来，效果如图 1.133 所示。

操作步骤如下。

（1）启动 Excel 2016，新建一个空白工作簿，将工作簿重命名为"员工生日提醒表"，并将其保存在"E:\公司文档\行政部"文件夹中。

（2）输入员工的基本信息，如图 1.134 所示。

（3）使用"条件格式"设置员工生日高亮提醒。

① 选中 A2:D26 单元格区域。

② 单击【开始】→【样式】→【条件格式】→【新建规则】命令，如图 1.135 所示，打开"新建格式规则"对话框。

姓名	部门	性别	出生日期
方成建	市场部	男	1970-9-9
桑南	人力资源部	女	1982-11-4
何宇	市场部	男	1974-8-5
刘光利	行政部	女	1969-7-24
钱新	财务部	女	1973-10-19
曾科	财务部	男	1985-6-20
李莫薷	物流部	女	1980-11-29
周苏嘉	行政部	女	1979-5-21
黄雅玲	市场部	女	1981-9-8
林菱	市场部	女	1983-4-29
司马意	行政部	男	1973-9-23
令狐珊	物流部	女	1968-6-27
慕容勤	财务部	男	1984-2-10
柏国力	人力资源部	男	1967-3-13
周谦	物流部	男	1990-9-24
刘民	市场部	男	1969-8-2
尔阿	物流部	男	1984-5-25
夏蓝	人力资源部	女	1988-5-15
皮桂华	行政部	女	1969-2-26
段齐	人力资源部	男	1968-4-5
费乐	财务部	男	1986-12-1
高亚玲	行政部	女	1978-2-16
苏洁	市场部	女	1980-9-30
江宽	人力资源部	男	1975-5-7
王利伟	市场部	男	1978-10-12

图 1.133 "员工生日提醒表"效果图

	A	B	C	D
1	姓名	部门	性别	出生日期
2	方成建	市场部	男	1970-9-9
3	桑南	人力资源部	女	1982-11-4
4	何宇	市场部	男	1974-8-5
5	刘光利	行政部	女	1969-7-24
6	钱新	财务部	女	1973-10-19
7	曾科	财务部	男	1985-6-20
8	李莫薷	物流部	女	1980-11-29
9	周苏嘉	行政部	女	1979-5-21
10	黄雅玲	市场部	女	1981-9-8
11	林菱	市场部	女	1983-4-29
12	司马意	行政部	男	1973-9-23
13	令狐珊	物流部	女	1968-6-27
14	慕容勤	财务部	男	1984-2-10
15	柏国力	人力资源部	男	1967-3-13
16	周谦	物流部	男	1990-9-24
17	刘民	市场部	男	1969-8-2
18	尔阿	物流部	男	1984-5-25
19	夏蓝	人力资源部	女	1988-5-15
20	皮桂华	行政部	女	1969-2-26
21	段齐	人力资源部	男	1968-4-5
22	费乐	财务部	男	1986-12-1
23	高亚玲	行政部	女	1978-2-16
24	苏洁	市场部	女	1980-9-30
25	江宽	人力资源部	男	1975-5-7
26	王利伟	市场部	男	1978-10-12

图 1.134 员工基本信息

图 1.135 "条件格式"下拉菜单

③ 在"选择规则类型"列表框中选择"使用公式确定要设置格式的单元格"，然后在"编辑规则说明"栏中输入公式"=Month(Today())=Month($D2)"，如图 1.136 所示。

> **活力小贴士**
>
> （1）Month 函数说明如下。
>
> ① 功能：返回日期（以序列数表示）中的月份。月份是介于 1（一月）到 12（十二月）的整数（本训练设置的当前日期为 2020 年 8 月 20 日）。
>
> ② 语法：Month()。
>
> （2）"Month(Today())"的作用是获取系统日期的月份。
>
> （3）"Month($D2)"的作用是取 D 列员工出生日期的月份。
>
> （4）"=Month(Today())=Month($D2)"的作用是找出员工出生月份与系统当前月份相同的值。

④ 单击"格式"按钮，打开"设置单元格格式"对话框，切换到"填充"选项卡，选中背景色中的"橙色"，如图 1.137 所示。

图 1.136 "新建格式规则"对话框

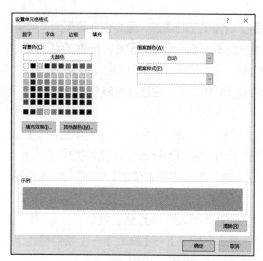

图 1.137 设置新建规则的填充格式

⑤ 单击"确定"按钮，返回"新建格式规则"对话框，可预览设置的格式，如图 1.138 所示。

⑥ 单击"确定"按钮，将新添加的规则应用到选定的区域中，效果如图 1.133 所示。

【案例小结】

本案例通过制作"公司会议室管理表""工作日程安排表""员工生日提醒表"等，主要介绍了工作簿的创建、工作表重命名、设置单元格格式、工作表格式设置、条件格式的应用，并重点介绍了使用函数 TODAY 和 NOW 来判断"日期"和"时间段"是否已经超过了当前的日期和时间。此外，为增强表格的显示效果，还介绍了如何取消工作表的网格线。

图 1.138 返回"新建格式规则"对话框

1.5 案例 5 制作客户回访函

示例文件	原始文件：示例文件\素材\行政篇\案例 5\客户回访函\客户回访函.docx、客户信息.xlsx 效果文件：示例文件\效果\行政篇\案例 5\客户回访函\客户回访函（合并）.docx、客户回访函（信封）.docx

【案例分析】

现代商务活动中，制作邀请函、会议通知、聘书、客户回访函等时，往往需用计算机完成信函的信纸、内容、信封的制作和批量打印等工作。本案例将讲解如何通过 Word 2016 中的"邮件合并”功能，方便、快捷地完成以上工作。

制作邮件合并文档可利用“邮件合并”功能，即单击【邮件】→【开始邮件合并】→【开始邮件合并】命令，打开“开始邮件合并”下拉菜单，选择“邮件合并分步向导”命令，启动邮件合并向导，按向导的提示，创建邮件合并文档。此外，还可以按以下操作步骤实现“邮件合并”文档的创建。即创建制作主文档→制作邮件的数据源数据库→建立主文档与数据源的连接→在主文档中插入域→邮件合并。

案例中的客户信息如图 1.139 所示。

客户姓名	称谓	购买产品	购买时间	通信地址	联系电话	邮编
李凯文	先生	凯立德GPS导航仪	2019-11-27	成都一环路南三段XX号	8XXX8361	610043
田文丽	女士	联想YOGA710笔记本电脑	2020-1-12	成都市五桂桥迎晖路XXX号	8XXX2507	610025
彭剑峰	先生	华硕FL5900笔记本电脑	2019-10-5	成都市金牛区羊西线蜀西路XX号	8XXX5646	610087
周云娟	女士	索尼FDR-AX40摄像机	2020-3-23	成都高新区桂溪乡XX村XXX号	8XXX7983	610010
程立伟	先生	惠普Pro MFP M177fw打印机	2019-10-16	成都市二环路西二段XX号	6XXX2178	610072

图 1.139　客户信息

为加强公司与客户的沟通、交流，为客户提供优质的售后服务，需进行客户信函回访。要制作的客户回访函如图 1.140 所示。

客户回访函

尊敬的**李凯文先生**，您好！

感谢您对本公司产品的信任与支持，您于 **2019** 年 **11** 月 **27** 日在本公司购买**凯立德 GPS 导航仪**，在使用过程中，有需要公司服务时，请拨打公司客户服务部电话。公司将为您提供优质、周到的服务。

谢谢！

科源有限公司

2020 年 9 月 30 日

公司服务热线：028-8XXXX555

图 1.140　“客户回访函”效果图

【知识与技能】

- 新建并保存文档
- 制作数据源
- 建立主文档和数据源的连接
- 插入合并域
- 设置邮件合并文档的格式
- 设置域代码
- 实现邮件合并
- 制作邮件信封

【解决方案】

STEP 1　制作主文档

（1）启动 Word 2016，新建一个空白文档。

（2）录入图 1.141 所示的“客户回访函”内容，对“客户回访函”的字体和段落进行适当的格式化处理。

（3）在客户回访函的下方利用艺术字制作公司服务热线的文本内容，效果如图 1.142 所示。

（4）将“客户回访函”作为邮件的主文档，保存在“E:\公司文档\行政部\客户回访函”文件夹中。

STEP 2　制作邮件的数据源数据库（客户信息）

（1）启动 Excel 2016。

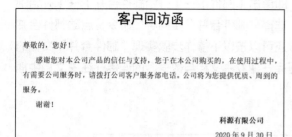

图 1.141 "客户回访函"内容

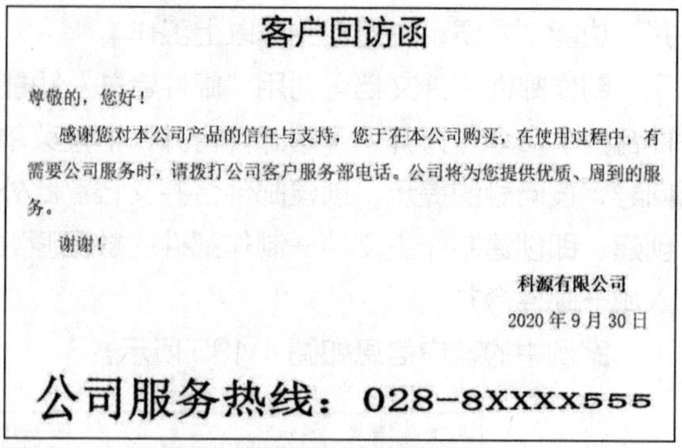

图 1.142 "客户回访函"效果

（2）在"Sheet1"工作表中录入图 1.143 所示的"客户信息"数据。

图 1.143 邮件的数据源"客户信息"

（3）将"客户信息"作为邮件的数据源，保存在"E:\公司文档\行政部\客户回访函"文件夹中。

（4）关闭制作好的数据源文件。

> **活力小贴士** 制作邮件数据源还可以用以下方法。
> ① 利用 Word 2016 制作表格。
> ② 使用数据库的数据表制作表格。

STEP 3　建立主文档与数据源的连接

（1）打开制作好的主文档"客户回访函"。

（2）单击【邮件】→【开始邮件合并】→【选择收件人】命令，打开"选择收件人"下拉菜单，在下拉菜单中选择"使用现有列表"命令，打开"选取数据源"对话框，选取保存的"客户信息"数据文件，如图 1.144 所示。选中该文件，单击"打开"按钮，弹出图 1.145 所示的"选择表格"对话框。

图 1.144 "选取数据源"对话框

图1.145 "选择表格"对话框

（3）在对话框中选中"Sheet1$"工作表，然后单击"确定"按钮。

STEP 4 在主文档中插入域

（1）在主文档"客户回访函"中将光标移至信函中"尊敬的"之后，单击【邮件】→【编写和插入域】→【插入合并域】命令，打开图1.146所示的"插入合并域"下拉菜单。选择"客户姓名"命令，在主文档中插入"客户姓名"域，如图1.147所示。

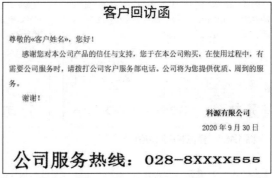

图1.146 "插入合并域"下拉菜单　　　　　　　　图1.147 插入"客户姓名"域

（2）使用类似的操作，在"客户姓名"域之后插入"称谓"域，在"您于"之后插入"购买时间"域，在"购买的"之后插入"购买产品"域。插入域之后的信函如图1.148所示。

（3）分别对信函中插入的域设置图1.149所示的字符格式，如字体、字形、字号和颜色等，使插入的域更醒目。

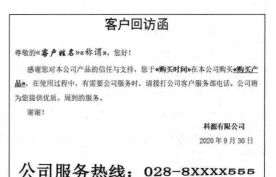

图1.148 插入合并域后的信函　　　　　　　　图1.149 设置插入域的字符格式

STEP 5　预览信函

（1）单击【邮件】→【预览结果】→【预览结果】命令，如图 1.150 所示，生成图 1.151 所示的客户个人信函预览效果。

图 1.150　"邮件"选项卡上的"预览结果"按钮

（2）单击"预览结果"工具栏上的"上一记录" ◀ 或"下一记录" ▶ 按钮，可预览其他客户的信函。

STEP 6　修改"购买时间"域格式

（1）再次单击"预览结果"按钮，取消预览。

（2）在"购买时间"域上单击鼠标右键，从弹出的快捷菜单中选择"切换域代码"命令，显示的域代码如图 1.152 所示。

微课 1-10　修改"购买时间"域格式

客户回访函

尊敬的 李凯文先生，您好！

　　感谢您对本公司产品的信任与支持，您于 11/27/2019 在本公司购买凯立德 GPS 导航仪，在使用过程中，有需要公司服务时，请拨打公司客户服务部电话。公司将为您提供优质、周到的服务。

　　谢谢！

科源有限公司

2020 年 9 月 30 日

公司服务热线：028-8XXXX555

图 1.151　预览客户回访函

客户回访函

尊敬的《客户姓名》《称谓》，您好！

　　感谢您对本公司产品的信任与支持，您于{ MERGEFIELD 购买时间 }在本公司购买《购买产品》，在使用过程中，有需要公司服务时，请拨打公司客户服务部电话。公司将为您提供优质、周到的服务。

　　谢谢！

科源有限公司

2020 年 9 月 30 日

公司服务热线：028-8XXXX555

图 1.152　显示域代码

> **活力小贴士**
>
> 在 Word 中将域用于文档中可能会更改数据的占位符，还可用于在邮件合并文档中创建套用信函和标签，这些类型的字段也称为域代码。
>
> 域代码出现在大括号（{ }）内。域的作用类似于 Excel 中的公式的功能，域代码类似于公式，而域结果类似于该公式生成的值。
>
> 除了使用菜单命令显示域代码外，也可通过按【Alt】+【F9】组合键，在文档中对显示域代码和域结果进行切换。
>
> 域代码的语法：{ 域名称 指令 可选开关 }。
>
> ① 域名称：该名称显示在"域"对话框的域名称列表中。
>
> ② 指令：用于特定域的任何指令或变量。需要说明的是，并非所有域都有参数，在某些域中，参数为可选项，而非必选项。
>
> ③ 可选开关：开关可用于特定域的任何可选设置。需要说明的是，并非所有域都设有可用开关（用于控制域结果的格式设置的域除外）。

（3）在域代码"{MERGEFIELD 购买时间}"的"购买时间"之后添加域开关，将域代码修改为"{MERGEFIELD 购买时间\@"YYYY 年 M 月 D 日"}"，如图 1.153 所示。

（4）修改域代码后，再次预览结果时，可显示图 1.154 所示的日期格式。

客户回访函

尊敬的《客户姓名》《称谓》，您好！

感谢您对本公司产品的信任与支持，您于{ MERGEFIELD 购买时间 \@"YYYY 年 M 月 D 日"}在本公司购买《购买产品》，在使用过程中，有需要公司服务时，请拨打公司客户服务部电话。公司将为您提供优质、周到的服务。

谢谢！

科源有限公司

2020 年 9 月 30 日

公司服务热线：028-8XXXX555

图 1.153　为域代码添加开关

客户回访函

尊敬的李凯文先生，您好！

感谢您对本公司产品的信任与支持，您于 2019 年 11 月 27 日在本公司购买凯立德 GPS 导航仪，在使用过程中，有需要公司服务时，请拨打公司客户服务部电话。公司将为您提供优质、周到的服务。

谢谢！

科源有限公司

2020 年 9 月 30 日

公司服务热线：028-8XXXX555

图 1.154　修改域代码后的日期格式

STEP 7　合并邮件

（1）单击【邮件】→【完成】→【完成并合并】命令，在打开的下拉菜单中选择"编辑单个文档"命令，弹出图 1.155 所示的"合并到新文档"对话框。

图 1.155　"合并到新文档"对话框

 活力小贴士　合并邮件时，若想要直接打印合并后的文档，可单击"完成并合并"下拉菜单中的"打印文档"命令。

（2）选中"全部"单选按钮，然后单击"确定"按钮，生成合并文档。

（3）将合并后生成的新文档重命名为"客户回访函（合并）"，并将其保存在"E:\公司文档\行政部"文件夹中。生成的信函的效果如图 1.156 所示（图中显示仅为部分信函）。

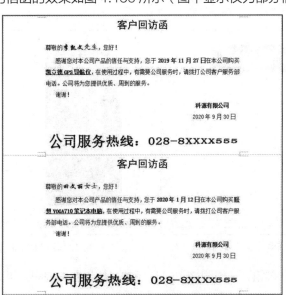

图 1.156　"客户回访函"效果图

活力小贴士 进行邮件合并时，一般默认将数据源中提供的全部数据进行合并；若用户只需合并部分数据，则可单击【邮件】→【开始邮件合并】→【编辑收件人列表】命令，从弹出的"邮件合并收件人"对话框中选取需要的收件人，或者对收件人进行筛选等调整，如图 1.157 所示。

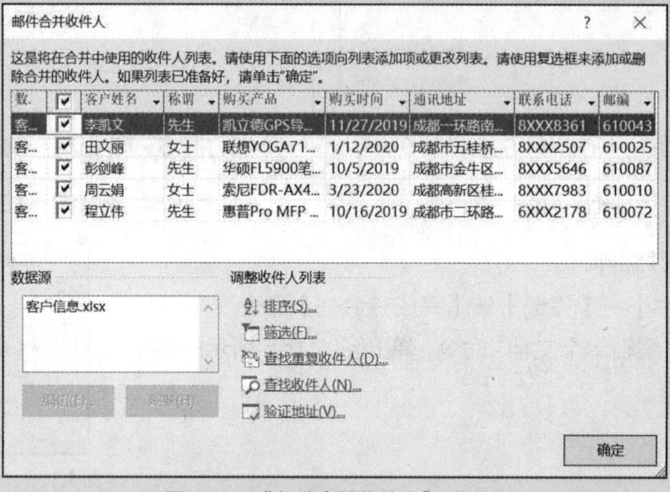

图 1.157 "邮件合并收件人"对话框

STEP 8 制作信封

（1）启动 Word 2016。

（2）单击【邮件】→【创建】→【中文信封】命令，打开图 1.158 所示的"信封制作向导"第 1 步对话框。

（3）单击"下一步"按钮，弹出图 1.159 所示的"信封制作向导"第 2 步对话框，选择所需的信封样式，设置信封选项。

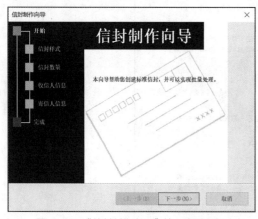

图 1.158 "信封制作向导"第 1 步对话框

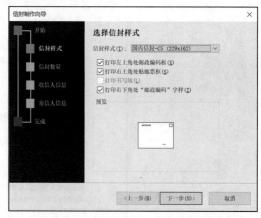

图 1.159 "信封制作向导"第 2 步对话框

（4）单击"下一步"按钮，弹出图 1.160 所示的"信封制作向导"第 3 步对话框，选择生成信封的方式和数量。

（5）单击"下一步"按钮，弹出图 1.161 所示的"信封制作向导"第 4 步对话框，从文件中获取并匹配收信人信息。

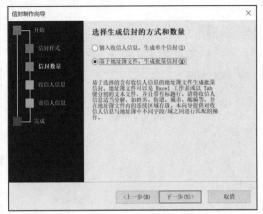

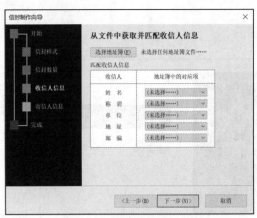

图 1.160 "信封制作向导"第 3 步对话框

图 1.161 "信封制作向导"第 4 步对话框

① 选择前面制作好的"客户信息"作为信封的数据源。单击"选择地址簿"按钮，打开图 1.162 所示的"打开"对话框，在查找范围中选择"E:\公司文档\行政部\客户回访函"文件夹，再将文件类型选择为"Excel"后，选定数据源文件"客户信息"，单击"确定"按钮后，返回"信封制作向导"第 4 步对话框。

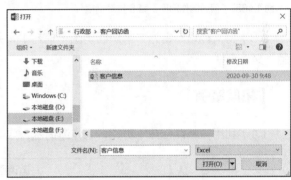

图 1.162 "打开"对话框

② 分别在收件人的"姓名""称谓""地址""邮编"下拉列表中选择数据源中的"客户姓名""称谓""通讯地址"和"邮编"，如图 1.163 所示。

（6）单击"下一步"按钮，弹出图 1.164 所示的"信封制作向导"第 5 步对话框，输入寄信人信息。

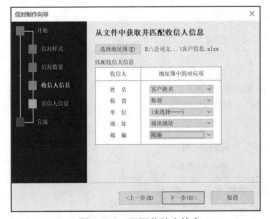

图 1.163 匹配收件人信息

图 1.164 "信封制作向导"第 5 步对话框

（7）单击"下一步"按钮，弹出图 1.165 所示的"信封制作向导"第 6 步对话框，单击"完成"按钮完成信封的制作，最终效果如图 1.166 所示。

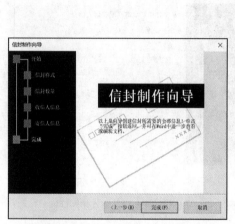

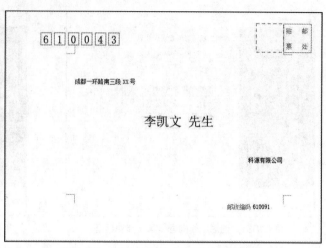

图 1.165 "信封制作向导"第 6 步对话框　　　图 1.166 "客户回访函（信封）"效果图

（8）将文档重命名为"客户回访函（信封）"，并将信封保存在"E:\公司文档\行政部\客户回访函"文件夹中。

【拓展案例】

（1）利用"邮件合并"功能，制作邀请函，效果如图 1.167 所示。

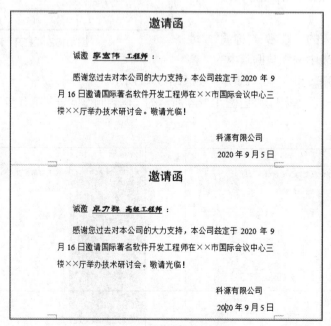

图 1.167 "邀请函"效果图

（2）制作员工荣誉证书，效果如图 1.168 所示。

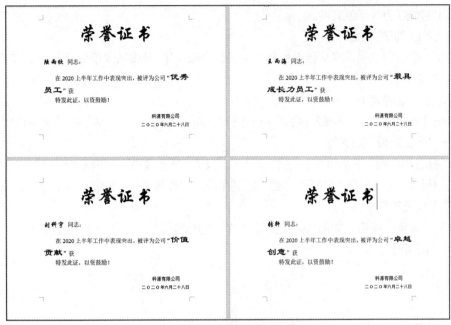

图1.168 "荣誉证书"效果图

【拓展训练】

制作员工工作证，效果如图 1.169 所示。

操作步骤如下。

（1）准备数据源。

① 启动 Word 2016 程序，新建一个空白文档。

② 创建图 1.170 所示的"员工信息"，将创建好的数据源文件重命名为"员工信息"，并将其保存在"E:\公司文档\行政部\工作证"文件夹中。

图1.169 "员工工作证"效果图

员工号	姓名	部门
KY001	方成建	市场部
KY002	桑南	人力资源部
KY003	何宇	市场部
KY004	刘光利	行政部
KY005	钱新	财务部
KY006	曾科	财务部
KY007	李莫薷	物流部
KY008	周苏嘉	行政部
KY009	黄雅玲	市场部
KY010	林黛	市场部
KY011	司马意	行政部
KY012	令狐珊	物流部
KY013	慕容勤	财务部
KY014	柏国力	人力资源部
KY015	周谦	物流部
KY016	刘民	市场部
KY017	尔阿	物流部
KY018	夏蓝	人力资源部
KY019	皮桂华	行政部
KY020	段齐	人力资源部
KY021	费乐	财务部
KY022	高亚玲	行政部
KY023	苏洁	市场部
KY024	江宽	人力资源部
KY025	王利伟	市场部

图1.170 "员工信息"效果图

③ 关闭制作好的数据源文件。

（2）设计工作证的版式。

① 新建一个空白文档，将文档重命名为"工作卡版式"，并将其保存在"E:\公司文档\行政部\工作证"文件夹中。

② 设计工作证的大小

a. 单击【邮件】→【开始邮件合并】→【开始邮件合并】命令，从下拉菜单中选择"标签"命令，打开"标签选项"对话框。

b. 从"标签供应商"下拉列表中选择"APLI"，再从"产品编号"列表框中选择"APLI 02922"，如图 1.171 所示。可在右侧的"标签信息"区域中看到高度为 12.7 厘米、宽度为 8.9 厘米等。这样就确定了工作证的尺寸。

c. 单击"确定"按钮，文档页面中出现 4 个小的标签区域，表明一个页面可以制作 4 个工作证，如图 1.172 所示。

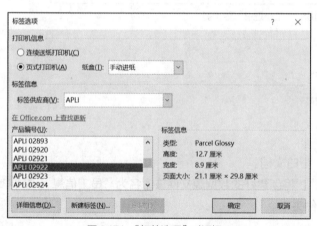

图 1.171 "标签选项"对话框

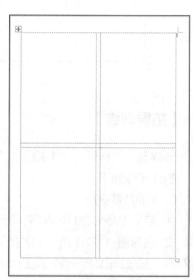

图 1.172 4 个小的标签区域

> **活力小贴士** 这里产生的标签区域实际是用虚线表格划分出来的，一般情况下，如果页面上未显示虚框，可单击【表格工具】→【布局】→【表】→【查看网格线】命令，以显示表格虚框。

③ 输入工作证的内容。

a. 将光标定位于第 1 个标签区域中。

b. 输入图 1.173 所示的内容。

④ 为标签区域添加背景图片。

a. 将光标置于第 1 个标签区域中，单击【插入】→【插图】→【图片】命令，打开"插入图片"对话框，插入"E:\公司文档\行政部\工作证"文件夹中准备好的"工作证背景"图片，再单击"插入"按钮，如图 1.174 所示。

图 1.173　输入工作证内容

图 1.174　"插入图片"对话框

b. 将插入的图片的尺寸调整为一张标签的大小（高度为 12.7 厘米，宽度为 8.9 厘米）。

c. 选中图片，单击【绘图工具】→【格式】→【排列】→【环绕文字】命令，打开图 1.175 所示的下拉菜单，选择"衬于文字下方"。

d. 适当调整图片的位置，使其与标签区域重叠，形成图 1.176 所示的标签效果。

图 1.175　"文字环绕"下拉菜单

图 1.176　添加背景后的标签效果

⑤ 设置工作证的文字的格式。设置"科源有限公司"的格式为"宋体、四号、居中"，段前段后间距均为"0.5 行"；"工作证"的格式为"方正姚体、一号、加粗、居中"。设置"姓名:""部门:""员工号:"的格式为"宋体、四号"，左缩进"5.5 字符"，行距为"1.25"。

⑥ 添加"照片框"。

a. 单击【插入】→【插图】→【形状】命令，从打开的形状列表中选择"矩形"。

b. 按住鼠标左键不放，在工作证中央位置拖曳出一个矩形框，释放鼠标左键。

c. 选中矩形框，单击【绘图工具】→【格式】→【形状样式】→【形状填充】命令，选择"无填充颜色"作为照片框的填充颜色。

d. 选中矩形框，单击【绘图工具】→【格式】→【形状样式】→【形状轮廓】命令，选择【虚线】→【短划线】命令作为照片框的轮廓。

e. 在矩形上单击鼠标右键，在弹出的快捷菜单中选择"编辑文字"命令，然后输入文字"照片"，设置文字颜色为"黑色"。

⑦ 利用"直线"工具，在"姓名:""部门:""员工号:"后添加直线，效果如图 1.177 所示。

⑧ 保存工作证版式。

（3）邮件合并。

① 打开数据源。

a. 单击【邮件】→【开始邮件合并】→【选择收件人】命令，从打开的下拉菜单中选择"使用现有列表"命令，打开"选取数据源"对话框。

b. 选取保存在"E:\公司文档\行政部\工作证"文件夹中的"员工信息"作为邮件合并的数据源。

c. 单击"打开"按钮，建立起主文档"工作证"和数据源"员工信息"的连接。

② 插入合并域

a. 将光标定位于标签区域的"姓名:"之后，单击【邮件】→【编写和插入域】→【插入合并域】命令，打开图 1.178 所示的"插入合并域"对话框。

图 1.177　工作证版式

图 1.178　"插入合并域"对话框

b. 在"域"列表框中选择与标签区域中对应的域名称"姓名"，单击"插入"按钮，将"姓名"域插入标签区域中。

c. 采用类似操作，分别将"部门"和"员工号"域插入标签区域中的对应位置，结果如图 1.179 所示。

（4）预览合并效果。

① 单击【邮件】→【预览结果】→【预览结果】命令，可以看到域名称已变成了实际的工作人员信息，如图 1.180 所示。

② 单击"预览结果"中的记录浏览按钮 ⏮ ◀ [1 　　] ▶ ⏭，可预览其他工作证的效果。

图1.179 插入合并域的标签

图1.180 工作证合并域后的预览效果

（5）更新标签。

在对标签类型的邮件合并文档进行预览时，看到只有一个标签有内容，如图1.181所示。接下来更新其他工作人员的标签。

单击【邮件】→【编写和插入域】→【更新标签】命令，生成图1.182所示的多张标签。

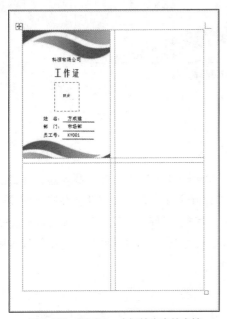

图1.181 仅显示一个标签内容的文档

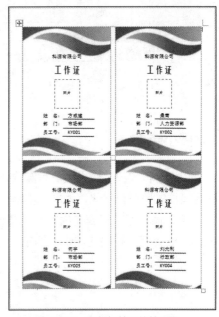

图1.182 更新标签后的效果图

（6）完成合并。

图1.182所示的多张工作证仅为预览效果下的文档，接下来需要生成合并后的文档或打印文档。

① 单击【邮件】→【完成】→【完成并合并】命令，从下拉菜单中选择"编辑个人文档"命令，打开"合并到新文档"对话框。

② 选择"全部"选项后，单击"确定"按钮，生成新文档"标签 1"。

③ 将合并后生成的新文档重命名为"工作证"，并将其保存在"E:\公司文档\行政部\工作证"文件夹中。

活力小贴士 根据设置的标签尺寸，在一张 A4 纸上有 4 个标签，由于"员工信息"的记录数为 25 条，因此，合并后的新文档会有 7 页，在第 7 页中，将会产生 3 个空白标签，空白标签样式如图 1.183 所示。这些标签可作为备用标签。

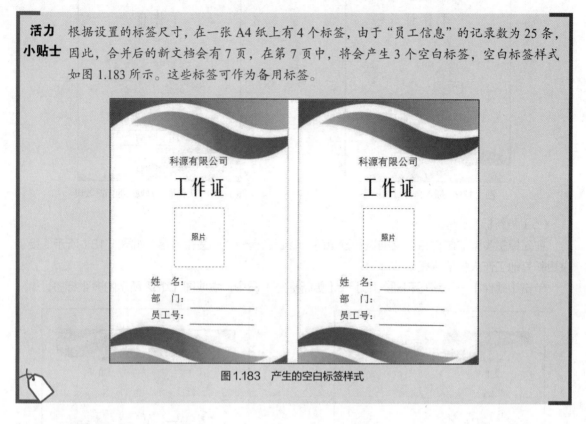

图 1.183　产生的空白标签样式

【案例小结】

实际工作中行政部工作人员常常需要处理大量报表、信件一类的文档，其主要内容、格式都相同，只是具体的数据有变化，为减少重复工作，可使用"邮件合并"功能。邮件合并的处理过程：创建主文档，输入固定不变的内容；创建或打开数据源，存放变动的信息内容，数据源一般来自 Excel、Access 等；在主文档中的相应位置插入合并域执行合并操作，将数据源中的变动数据和主文档的固定文本进行合并，生成一个合并文档或打印输出。

第2篇

人力资源篇

02

人力资源部在企业中的地位至关重要，如何招聘合适、优秀的员工，如何激发员工的创造力，为员工提供各种保障，是人力资源部需要重点关注的问题。坚持"尊重劳动、尊重知识、尊重人才、尊重创造"的方针，为企业运行做好服务和保障。本篇针对人力资源部在工作中遇到的几类管理问题，提炼出了人力资源部最需要的 Office 2016 办公软件应用案例，以帮助人力资源工作人员用高效的方法处理各方面的事务，从而快速、准确地调配企业内的人力资源。

学习目标

📖 知识点	📖 技能点	📖 素养点
• 工作表基本操作 • 插入和编辑 SmartArt 图形 • 插入、编辑、格式化表格 • 编辑和制作演示文稿 • 数据输入和数据验证 • SUM、IF、MOD、TEXT、MID、COUNTIF 函数	• 熟练运用 SmartArt 图形、形状等工具 • 熟悉运用 Word 的表格制作常用人力资源管理表格 • 使用 PowerPoint 制作常见的会议、培训、演示等幻灯片 • 使用 Excel 制作员工档案等基本信息文件	• 树立"四个尊重"和信息保密意识 • 自主学习和终身学习的意识 • 不断学习和适应发展的能力

2.1 案例 6 公司员工聘用管理

示例文件	原始文件：示例文件\素材\人力资源篇\案例 6\公司人员招聘流程图.xlsx、应聘人员面试成绩表.xlsx 效果文件：示例文件\效果\人力资源篇\案例 6\公司人员招聘流程图.xlsx、应聘人员面试成绩表.xlsx

【案例分析】

在现代社会中，人才是企业成功的关键因素。员工招聘是人力资源管理中的一项非常重要的工作。规范化的招聘流程是企业招聘到合适、优秀的员工的前提。本案例将利用 Excel 2016 制作"公司人员招聘流程图"和"应聘人员面试成绩表"，为企业人力资源工作人员在员工聘用管理工作方面提供实用简便的解决方案，效果如图 2.1 和图 2.2 所示。

公司人员招聘流程图

项目	流程	支持图表	责任部门
人力需求	• 部门人力需求申请 • 审核	人员需求表	人力需求部门 人力资源部
招聘计划	• 申请汇总 • 招聘计划 • 审核	岗位说明书 招聘计划表	人力需求部门 总经办
人员招聘	• 人员招聘 • 初试 • 复试 • 办理入职	应聘人员登记表 员工资料 劳动合同	人力需求部门 人力资源部 总经办 需求部门主管
试用	• 试用 • 入职培训	企业文化及各项规章 制度资料	人力需求部门 人力资源部
聘用	• 正式聘用	员工试用期满考核表	需求部门主管

图 2.1 公司人员招聘流程图

应聘人员面试成绩表

姓名	个人修养	求职意愿	综合素质	性格特征	专业知识和技能	语言能力	总评成绩	录用结论
李博阳	7	7	15	6	28	12	75	未录用
张雨菲	9	8	16	7	32	11	83	录用
王彦	6	8	12	5	21	9	61	未录用
刘启亮	9	9	16	7	23	8	72	录用
郑威	7	9	17	6	26	11	76	未录用
程渝丰	9	10	18	8	33	13	91	录用
李晓敏	6	9	13	6	20	10	64	未录用
郑君乐	8	9	16	7	29	11	80	录用
陈远	8	7	17	8	31	12	83	录用
王秋琳	9	8	16	7	33	13	86	录用
赵筱鹏	7	8	13	4	28	11	71	未录用
孙原屏	9	7	16	8	30	13	83	录用
王乐泉	9	8	17	8	31	14	87	录用
段维东	8	10	18	9	25	12	82	录用
张婉玲	8	7	14	7	22	8	66	未录用

图 2.2 "应聘人员面试成绩表"效果图

【知识与技能】

- 新建、保存工作簿
- 重命名工作表
- 设置表格格式
- 插入和编辑 SmartArt 图形
- 使用 SUM 和 IF 函数
- 取消显示编辑栏和网格线

- 美化修饰表格

【解决方案】

STEP 1 新建"公司人员招聘流程图"工作簿

（1）启动 Excel 2016，新建一个空白工作簿。

（2）将新建的工作簿重命名为"公司人员招聘流程图"，并将其保存在"E:\公司文档\人力资源部"中。

STEP 2 重命名工作表

（1）双击"Sheet1"工作表标签，进入标签重命名状态，输入"招聘流程图"。

（2）按【Enter】键确认。

STEP 3 创建"招聘流程图"

（1）创建图 2.3 所示的"招聘流程图"的框架。

	A	B	C	D
1	公司人员招聘流程图			
2	项目	流程	支持图表	责任部门
3			人员需求表	人力需求部门人力资源部
4			岗位说明书招聘计划表	人力需求部门总经办
5			应聘人员登记表员工资料劳动合同	人力需求部门人力资源部总经办需求部门主管
6			企业文化及各项规章制度资料	人力需求部门人力资源部
7			员工试用期满考核表	需求部门主管

图 2.3 "招聘流程图"的框架

（2）设置表格标题格式。

① 选中 A1:D1 单元格区域，单击【开始】→【对齐方式】→【合并后居中】命令，将表格标题合并居中。

② 将表格标题的格式设置为"宋体、28 磅、加粗"。

（3）设置表格内文本的格式。

① 将表格列标题 A2:D2 单元格区域内的文本的格式设置为"宋体、16 磅、加粗、水平居中、垂直居中"。

② 将 A3:D7 单元格区域内的文本的格式设置为"宋体、14 磅、水平居中、垂直居中、自动换行"。

③ 将 C3:D7 单元格区域内的文本内容按图 2.4 所示进行手动换行处理。

	项目	流程	支持图表	责任部门
2				
3			人员需求表	人力需求部门 人力资源部
4			岗位说明书 招聘计划表	人力需求部门 总经办
5			应聘人员登记表 员工资料 劳动合同	人力需求部门 人力资源部 总经办 需求部门主管
6			企业文化及各项规章制度资料	人力需求部门 人力资源部
7			员工试用期满考核表	需求部门主管

图 2.4 文本手动换行后的效果

活力
小贴士

单元格内文本的换行。

单元格中的内容，有时候因长度超过单元格宽度而需要排列成多行，Excel 可自动将超过单元格宽度的文字排列到第 2 行去，并支持一些手动设置。

（1）自动换行。

① 选中需要换行的单元格区域，单击【开始】→【对齐方式】→【自动换行】命令，便可使该区域中内容超过列宽的单元格内的文字自动换行。

② 也可以单击【开始】→【对齐方式】→【设置单元格格式：对齐方式】命令，弹出"设置单元格格式"对话框，在"对齐"选项卡中的"文本控制"栏中选中"自动换行"复选框，如图 2.5 所示。

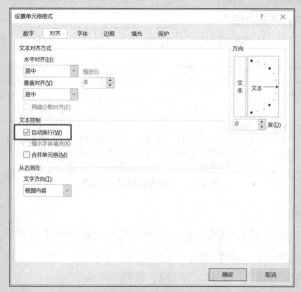

图 2.5　设置"自动换行"

（2）手动换行。

如果想在指定位置实现文本换行，可以进行手动调整。其操作是双击单元格，使单元格处于编辑状态，将光标定位于需要换行的位置，按【Alt】+【Enter】组合键实现手动换行，按【Enter】键确定。

（4）设置表格的边框和底纹。

① 选中 A2:D7 单元格区域。

② 单击【开始】→【字体】→【框线】下拉按钮，在打开的下拉菜单中选择"所有框线"命令；再次单击"框线"下拉按钮，在打开的下拉菜单中选择"粗外侧框线"命令。

③ 将 A2:D2 单元格区域填充为"橙色"，其余每行分别使用不同的浅色系颜色进行填充。

（5）调整表格的行高和列宽。

① 选中表格的第 1 行，单击鼠标右键，在打开的快捷菜单中选择"行高"命令，打开"行高"对话框，输入"60"，单击"确定"按钮。

② 类似的方法，将表格的第 2 行的行高设置为"50"，第 3～7 行的行高设置为"128"。

③ 选中表格的第 1 列，单击鼠标右键，在打开的快捷菜单中选择"列宽"命令，打开"列宽"对话框，输入"22"，单击"确定"按钮。

④ 运用类似的方法，将表格的第 2 列的列宽设置为"35"，第 3 列和第 4 列的列宽设置为"25"。完成后的表格如图 2.6 所示。

项目	流程	支持图表	责任部门
		人员需求表	人力需求部门 人力资源部
		岗位说明书 招聘计划表	人力需求部门 总经办
		应聘人员登记表 员工资料 劳动合同	人力需求部门 人力资源部 总经办 需求部门主管
		企业文化及各项规章 制度资料	人力需求部门 人力资源部
		员工试用期满 考核表	需求部门主管

公司人员招聘流程图

图 2.6　绘制完成的"招聘流程图"效果图

STEP 4 应用 SmartArt 绘制"招聘流程图"

（1）单击【插入】→【插图】→【SmartArt】命令，打开"选择 SmartArt 图形"对话框。

（2）在"选择 SmartArt 图形"对话框左侧的类型框中选择"列表"类型，再从中间的子类型框中选择"垂直块列表"，如图 2.7 所示。

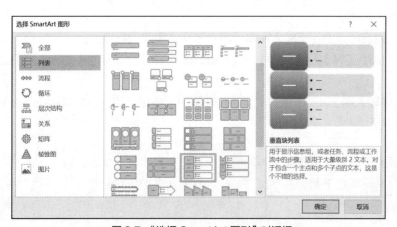

微课 2-1　应用
SmartArt 绘制
"招聘流程图"

图 2.7　"选择 SmartArt 图形"对话框

（3）单击"确定"按钮，返回工作表。在工作表中可见图 2.8 所示的 SmartArt 图形。

（4）添加形状。

插入的图形默认只有 3 组形状，由图 2.6 的表格可知，要绘制的招聘流程图需要 5 组形状，需要添加形状。

① 单击【SmartArt 工具】→【设计】→【创建图形】→【添加形状】命令，添加图 2.9 所示的第 4 组形状的第 1 级。

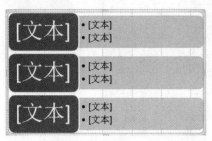

图 2.8 "垂直块列表"的 SmartArt 图形

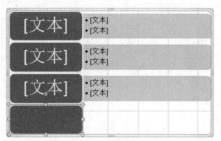

图 2.9 添加形状的第 1 级

② 选中新添加的形状，再单击【SmartArt 工具】→【设计】→【创建图形】→【添加形状】下拉按钮，打开图 2.10 所示下拉菜单，选择"在下方添加形状"命令，添加第 4 组第 2 级的形状，如图 2.11 所示。

图 2.10 "添加形状"下拉菜单

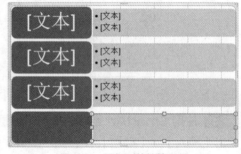

图 2.11 添加形状的第 2 级

③ 运用类似的操作，添加第 5 组形状。

（5）编辑流程图的内容。

编辑流程图中的内容时，为便于输入文字，可打开文本窗格进行输入。

① 单击【SmartArt 工具】→【设计】→【创建图形】→【文本窗格】命令，打开图 2.12 所示的文本窗格。

② 在文本窗格中输入图 2.13 所示的文字。在文本窗格中输入的内容会自动在 SmartArt 图形中显示，如图 2.14 所示。

活力小贴士 在文本窗格中，默认的第 2 级文本框有两个，用户在编辑时可根据内容的需要，增加或减少第 2 级文本框的个数，实际操作类似于添加或减少项目符号。

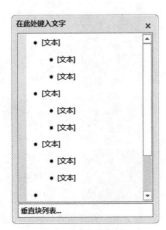

图 2.12　文本窗格

图 2.13　招聘流程图的文字内容

图 2.14　SmartArt 图形中显示的流程图内容

（6）修饰"招聘流程图"。

① 选中 SmartArt 图形。

② 将图形中的文本的格式设置为"宋体、16 磅、加粗"。

③ 调整 SmartArt 图形大小，使 SmartArt 图形中的文本能清晰地显示在图形中。

④ 单击【SmartArt 工具】→【设计】→【SmartArt 样式】→【更改颜色】命令，打开图 2.15 所示的颜色列表，选择"彩色"系列中的"彩色范围-个性色 3 至 4"。

修饰后的 SmartArt 图形效果如图 2.16 所示。

（7）将绘制的 SmartArt 图形移动到"招聘流程图"工作表中，并根据表格的行高和列宽适当调整 SmartArt 图形的大小，使其与工作表内的内容相匹配。

（8）取消编辑栏和网格线的显示。单击"视图"选项卡，在"显示"命令组中，取消选中"编辑栏"和"网格线"复选框。此时网格线会被隐藏起来，工作表显得简洁美观。

（9）保存并关闭文档。

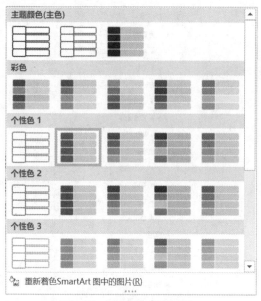

图 2.15 SmartArt 颜色列表

图 2.16 修饰后的 SmartArt 图形效果

STEP 5 创建"应聘人员面试成绩表"

（1）启动 Excel 2016，新建一个空白工作簿。

（2）将创建的工作簿重命名为"应聘人员面试成绩表"，并将其保存在"E:\公司文档\人力资源部"中。

（3）将"Sheet1"工作表重命名为"面试成绩"。

（4）在"面试成绩"工作表中，输入图 2.17 所示的应聘人员面试成绩。

	A	B	C	D	E	F	G	H	I
1	姓名	个人修养	求职意愿	综合素质	性格特征	专业知识和技能	语言能力	总评成绩	录用结论
2	李博阳	7	7	15	6	28	12		
3	张雨菲	9	8	16	7	32	11		
4	王彦	6	8	12	5	21	9		
5	刘启亮	9	9	16	7	23	8		
6	郑威	7	9	17	6	26	11		
7	程渝丰	9	10	18	8	33	13		
8	李晓敏	6	9	13	6	20	10		
9	郑君乐	8	9	16	7	29	11		
10	陈远	8	7	17	8	31	12		
11	王秋琳	9	8	16	7	33	13		
12	赵筱鹏	7	8	13	4	28	11		
13	孙原屏	9	7	16	8	30	13		
14	王乐泉	9	8	17	8	31	14		
15	段维东	8	10	18	9	25	12		
16	张婉玲	8	7	14	7	22	8		

图 2.17 应聘人员面试成绩

STEP 6 统计"总评成绩"

（1）选中 H2 单元格。

（2）单击【开始】→【编辑】→【自动求和】命令，自动构造出图 2.18 所示的公式。

（3）确认参数区域正确后，按【Enter】键，得出计算结果。

（4）选中 H2 单元格，拖曳填充柄至 H16 单元格，计算出所有面试人员的"总评成绩"，如图 2.19 所示。

姓名	个人修养	求职意愿	综合素质	性格特征	专业知识和技能	语言能力	总评成绩	录用结论	
李博阳	7	7	15	6	28	12	=SUM(B2:G2)		
张雨菲	9	8	16	7	32	11	SUM(**number1**, [number2], ...)		
王彦	6	8	12	5	21	9			
刘启亮	9	9	16	7	23	8			
郑威	7	9	17	6	26	11			
程渝丰	9	10	18	8	33	13			
李晓敏	6	9	13	6	20	10			
郑君乐	8	9	16	7	29	11			
陈远	8	7	17	8	31	12			
王秋琳	9	8	16	7	33	13			
赵筱鹏	7	8	13	4	28	11			
孙原屏	9	7	16	8	30	13			
王乐泉	9	8	17	8	31	14			
段维东	8	10	18	9	25	12			
张婉玲	8	7	14	7	22	8			

图 2.18   构造"总评成绩"计算公式

姓名	个人修养	求职意愿	综合素质	性格特征	专业知识和技能	语言能力	总评成绩	录用结论
李博阳	7	7	15	6	28	12	75	
张雨菲	9	8	16	7	32	11	83	
王彦	6	8	12	5	21	9	61	
刘启亮	9	9	16	7	23	8	72	
郑威	7	9	17	6	26	11	76	
程渝丰	9	10	18	8	33	13	91	
李晓敏	6	9	13	6	20	10	64	
郑君乐	8	9	16	7	29	11	80	
陈远	8	7	17	8	31	12	83	
王秋琳	9	8	16	7	33	13	86	
赵筱鹏	7	8	13	4	28	11	71	
孙原屏	9	7	16	8	30	13	83	
王乐泉	9	8	17	8	31	14	87	
段维东	8	10	18	9	25	12	82	
张婉玲	8	7	14	7	22	8	66	

图 2.19   计算出所有面试人员的"总评成绩"

STEP 7   显示"录用结论"

假设总评成绩在 80 分以上予以录用，否则不录用，据此得出"录用结论"。

（1）选中 I2 单元格。

（2）单击【公式】→【函数库】→【插入函数】命令，打开图 2.20 所示的"插入函数"对话框。

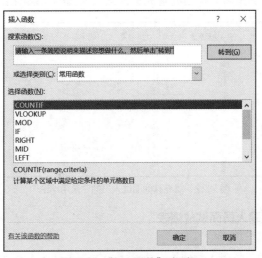

微课 2-2 显示
面试"录用结论"

图 2.20   "插入函数"对话框

（3）在"选择函数"列表框中选择"IF"，单击"确定"按钮，打开"函数参数"对话框。

> **活力小贴士**　IF 函数根据指定条件满足与否返回不同的结果。如果指定条件的计算结果为 TRUE，IF 函数将返回某个值；如果该条件的计算结果为 FALSE，则返回另一个值。例如，输入"=IF(A1=0,"零","非零")"，若 A1 等于 0，返回"零"；若 A1 不等于 0，则返回"非零"。
>
> 语法：IF(Logical_test,[Value_if_true],[Value_if_false])。
>
> ① Logical_test：计算结果可能为 TRUE 或 FALSE 的任意值或表达式。例如，A1=0 就是一个逻辑表达式；若 A1 单元格中的值为 0，表达式的结果为 TRUE；若 A1 中的值为其他值，表达式的结果为 FALSE。
>
> ② Value_if_true：当 Logical_test 参数的计算结果为 TRUE 时所要返回的值。
>
> ③ Value_if_false：当 Logical_test 参数的计算结果为 FALSE 时所要返回的值。
>
> 如果要返回的值是文本，需用英文状态下的双引号（"零"），如果返回值是数字、日期、公式，则不需使用任何符号。

（4）按图 2.21 所示设置参数，单击"确定"按钮，得到该区域中第 1 个人的录用结论。

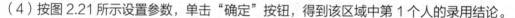

图 2.21　设置 IF 函数的参数

（5）选中 I2 单元格，拖曳填充柄自动填充其他面试人员的"录用结论"，如图 2.22 所示。

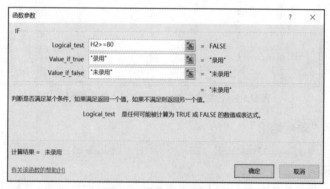

A 姓名	个人修养	求职意愿	综合素质	性格特征	专业知识和技能	语言能力	总评成绩	录用结论
李博阳	7	7	15	6	28	12	75	未录用
张雨菲	9	8	16	7	32	11	83	录用
王彦	6	8	12	5	21	9	61	未录用
刘启亮	9	9	16	7	23	8	72	未录用
郑威	7	9	17	6	26	11	76	未录用
程渝丰	9	10	18	8	33	13	91	录用
李晓敏	6	9	13	6	20	10	64	未录用
郑君乐	8	9	16	7	29	11	80	录用
陈远	8	7	17	8	31	12	83	录用
王秋琳	9	8	16	7	33	13	86	录用
赵筱鹏	7	8	13	4	28	11	71	未录用
孙原屏	9	7	16	8	30	13	83	录用
王乐泉	9	8	17	8	31	14	87	录用
段维东	8	10	18	9	25	12	82	录用
张婉玲	7	7	14	7	22	8	66	未录用

图 2.22　填充其他面试人员的"录用结论"

STEP 8　美化"应聘人员面试成绩表"

（1）添加表格标题。

① 选中表格的第 1 行，单击【开始】→【单元格】→【插入】命令，插入一个空白行。

② 输入表格标题"应聘人员面试成绩表"

③ 设置表格标题的格式为"黑体、22 磅、合并居中"。

④ 设置标题行的行高为"42"。

（2）设置表格的列标题的格式。

① 选中 A2:I2 单元格区域。

② 设置该单元格区域的格式为"宋体、11 磅、加粗、居中、自动换行"。

③ 为 A2:I2 单元格区域添加蓝色底纹，并设置字体颜色为"白色，背景 1"。

（3）选中 A1:I17 单元格区域，设置表格的列宽为"9"。

（4）设置表格的边框。

① 选中 A2:I17 单元格区域。

② 单击【开始】→【字体】→【框线】下拉按钮，在打开的下拉菜单中选择"所有框线"命令；再次单击"框线"下拉按钮，在打开的下拉菜单中选择"粗外侧框线"命令。

（5）添加"录用说明"。

① 选中 A19 单元格。

② 输入录用说明内容"录用说明：总评成绩在 80 分以上予以录用，否则未录用。"

（6）保存并关闭文档。

【拓展案例】

（1）制作"公司面试管理流程图"，效果如图 2.23 所示。

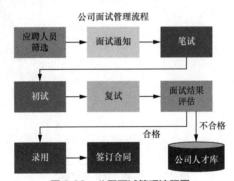

图 2.23　公司面试管理流程图

（2）制作"员工试用期管理流程图"，效果如图 2.24 所示。

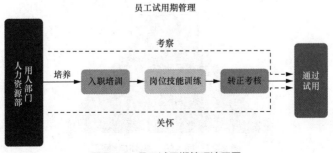

图 2.24　员工试用期管理流程图

【拓展训练】

利用 SmartArt 图形中的棱锥图制作人力资源管理的经典激励理论——马斯洛需要层次图，效果如图 2.25 所示。

操作步骤如下。

（1）启动 Excel 2016，新建一个空白工作簿，将工作簿重命名为"马斯洛需要层次图"，并将其保存在"E:\公司文档\人力资源部"文件夹中。

（2）单击【插入】→【插图】→【SmartArt】命令，打开"选择 SmartArt 图形"对话框。

（3）在"选择 SmartArt 图形"对话框中选择图 2.26 所示的"棱锥图"后，选择"基本棱锥图"，单击"确定"按钮。

图 2.25　马斯洛需要层次图

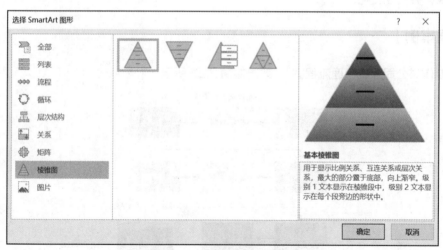

图 2.26　选择"基本棱锥图"

（4）此时在文档中会出现图 2.27 所示的"基本棱锥图"。

图 2.27　插入的"基本棱锥图"

（5）选中任一形状，单击【SmartArt 工具】→【设计】→【创建图形】→【添加形状】命令，按需要添加相应的形状。

（6）分别在"基本棱锥图"的文本框中输入图 2.25 所示的相应的文字内容。

活力小贴士 添加文字时，位于顶部形状中的字符将会超出形状外，可适当地采用一些小技巧来进行处理。先在顶端的框中以一个空格字符将占位符占去，然后借助"文本框"工具来输入顶部的文字，适当地调整文本框的位置来适应形状，再将文本框的填充色和线条颜色均设置为"无"。

（7）单击【SmartArt 工具】→【设计】→【SmartArt 样式】→【更改颜色】命令，打开图 2.28 所示的下拉菜单，选择"彩色"中的第 4 种颜色"彩色范围-个性色 4 至 5"，设置整个组织结构图的配色方案。

（8）单击【SmartArt 工具】→【设计】→【SmartArt 样式】→【其他】命令，打开"SmartArt 样式"列表，选择"三维"中的"嵌入"选项，为整个组织结构图应用新的样式。

（9）选中棱锥图，设置适当的字体、字号和文字颜色。

（10）取消显示编辑栏和网格线。

（11）完成后的图形如图 2.25 所示，保存并关闭文件。

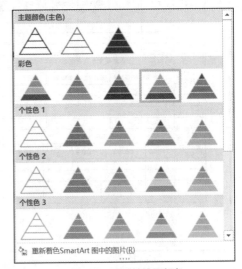

图 2.28　更改棱锥图颜色

【案例小结】

本案例通过制作"公司人员招聘流程图""应聘人员面试成绩表""公司面试管理流程图""员工试用期管理流程图"和"马斯洛需要层次图"，主要介绍了创建工作簿、编辑工作表、应用 SmartArt 工具创建和编辑图形、使用 SUM 和 IF 函数进行计算的操作方法。此外，本案例还介绍了合并居中、文本换行、设置文本格式，以及取消显示工作表的编辑栏和网格线等表格的美化修饰操作的方法，以增强表格的显示效果。

2.2　案例 7　制作员工基本信息表

示例文件 原始文件：示例文件\素材\人力资源篇\案例 7\员工基本信息表.docx
效果文件：示例文件\效果\人力资源篇\案例 7\员工基本信息表.docx

【案例分析】

公司员工的基本信息管理是人力资源部的一项非常重要的工作。制作一份专业、规范的员工基本信息表，有利于收集、整理员工的基本信息，也是实现员工信息管理工作的首要任务。本案例将讲解利用 Word 2016 制作员工基本信息表的方法，员工基本信息表的效果如图 2.29 所示。

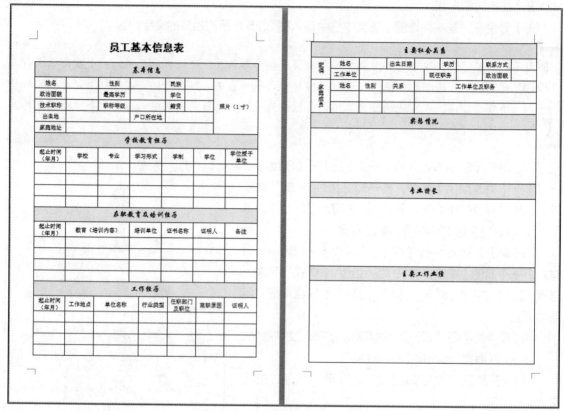

图 2.29 "员工基本信息表"效果图

【知识与技能】

- 新建并保存文档
- 插入表格
- 合并和拆分单元格
- 插入行/列
- 调整表格的行高和列宽
- 改变文字方向
- 设置表格的边框和底纹

【解决方案】

STEP 1 新建并保存文档

（1）启动 Word 2016 应用程序，新建一个空白文档。

（2）将创建的新文档重命名为"员工基本信息表"，并将其保存在"E:\公司文档\人力资源部"文件夹中。

 **设置页面**

（1）设置页面纸张大小为"A4"。

（2）设置纸张方向为"纵向"，页边距上下为"2.5 厘米"，左右为"2 厘米"。

STEP 3 **插入表格**

（1）输入表格标题"员工基本信息表"，按【Enter】键换行。

（2）插入表格。

① 单击【插入】→【表格】命令，打开"表格"下拉菜单，从下拉菜单中选择"插入表格"命令，打开"插入表格"对话框。

② 在"插入表格"对话框中设置要创建的表格的列数为"7"，行数为"30"，然后单击"确定"按钮，在文档中插入一个空白表格。

> **活力**
> **小贴士**　当表格的行数较多时，可先设置大概的行数和列数，然后在操作过程中根据需要进行行、列的增加和删除。

STEP 4 **编辑表格**

（1）在表格中输入图 2.30 所示的内容。

基本信息						
姓名		性别		民族		照片（1寸）
政治面貌		最高学历		学位		
技术职称		职称等级		籍贯		
出生地			户口所在地			
家庭地址						
学校教育经历						
起止时间（年月）	学校	专业	学习形式	学制	学位	学位授予单位
在职教育及培训经历						
起止时间（年月）	教育（培训内容）		培训单位	证书名称	证明人	备注
工作经历						
起止时间（年月）	工作地点	单位名称	行业类型	任职部门及职位	离职原因	证明人
奖惩情况						
专业特长						
主要工作业绩						

图 2.30 "员工基本信息表"的内容

（2）合并单元格。

① 选中表格的第 1 行"基本信息"所在行的所有单元格，如图 2.31 所示。

基本信息							
姓名		性别		民族		照片（1寸）	
政治面貌		最高学历		学位			
技术职称		职称等级		籍贯			

图 2.31　选定需合并的区域

② 单击【表格工具】→【布局】→【合并】→【合并单元格】命令，将选中的单元格合并为一个单元格。

> **活力小贴士**　若要合并单元格，还可以先选中要合并的单元格，再单击鼠标右键，然后在弹出的快捷菜单中选择"合并单元格"命令。

③ 采用同样的操作方法，对"学校教育经历""在职教育及培训经历""工作经历""奖惩情况""专业特长""主要工作业绩"所在的行进行相应的合并操作。

④ 对表格中其余需要合并的单元格进行合并，效果如图 2.32 所示。

基本信息						
姓名		性别		民族		照片（1寸）
政治面貌		最高学历		学位		
技术职称		职称等级		籍贯		
出生地			户口所在地			
家庭地址						
学校教育经历						
起止时间（年月）	学校	专业	学习形式	学制	学位	学位授予单位
在职教育及培训经历						
起止时间（年月）	教育（培训内容）		培训单位	证书名称	证明人	备注
工作经历						
起止时间（年月）	工作地点	单位名称	行业类型	任职部门及职位	离职原因	证明人
奖惩情况						
专业特长						
主要工作业绩						

图 2.32　合并处理后的表格

（3）在表格中添加"主要社会关系"的相关内容。

① 选中表格最后6行。

② 单击【表格工具】→【布局】→【行和列】→【在上方插入】命令，在选中的行之上添加6个空行。

③ 如图2.33所示，对添加的行进行拆分和合并，并输入相应的文字。

主要社会关系							
配偶	姓名		出生日期		学历		联系方式
	工作单位				现任职务		政治面貌
家庭成员	姓名		性别		关系		工作单位及职务

图2.33　在表格中添加"主要社会关系"的相关内容

STEP 5　美化修饰表格

（1）设置表格的行高。

① 选中整个表格。

② 单击【表格工具】→【布局】→【表】→【属性】命令，打开图2.34所示的"表格属性"对话框。

> **活力小贴士**　选择整个表格有以下两种操作方法。
> ① 常规的选定方法是按住鼠标左键不放，拖曳鼠标指针进行选择。
> ② 将光标置于表格中，在表格左上角将出现⊞符号，单击此符号即可选中整个表格。

③ 在"表格属性"对话框中单击"行"选项卡，选中"指定高度"复选框，将行高设置为"0.8厘米"，如图2.35所示。

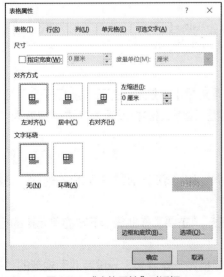

图2.34　"表格属性"对话框

图2.35　设置表格的行高

（2）设置表格标题的格式。

① 选中表格标题"员工基本信息表"。

② 将标题的格式设置为"黑体、二号、加粗、居中"，段后间距为"1行"。

（3）设置表格内文字的格式。

① 选中整个表格。

② 将表格内所有文字的格式设置为"宋体、小四"。

③ 设置整个表格中所有文字的对齐方式为"水平居中"。

（4）设置表中各栏目的格式。

① 选中表格中的"基本信息"单元格，将字体设置为"华文行楷"，字号设置为"三号"。

② 单击【表格工具】→【设计】→【表格样式】→【底纹】命令，打开图2.36所示的"底纹颜色"下拉列表，设置单元格底纹为"白色 背景1，深色5%"，设置后效果如图2.37所示。

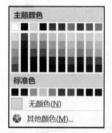

图2.36 "底纹颜色"下拉列表

基本信息					
姓名		性别		民族	
政治面貌		最高学历		学位	照片（1寸）
技术职称		职称等级		籍贯	
出生地		户口所在地			
家庭地址					

图2.37 设置字体和底纹后的效果

③ 用同样的方法对"学校教育经历""在职教育及培训经历""工作经历""主要社会关系""奖惩情况""专业特长""主要工作业绩"所在单元格的字体和底纹进行设置。

（5）设置文字方向。

① 选中"配偶"单元格。

② 单击【表格工具】→【布局】→【对齐方式】→【文字方向】命令，将原来默认的横排文字方向改为竖排文字方向。

③ 用同样的方法将"家庭成员"单元格的文字方向改为竖排。

（6）设置表格的边框。

① 选中整个表格。

② 单击【表格工具】→【设计】→【表格样式】→【边框】下拉按钮打开，从打开的下拉菜单中选择"边框和底纹"命令，打开"边框和底纹"对话框，将表格边框设置为外边框宽度为"1.5磅"、内框线宽度为"0.75磅"，如图2.38所示。

STEP 6 调整表格的整体效果

（1）调整部分单元格的行高和列宽。适当减小"配偶"和"家庭成员"单元格的列宽，使其竖排文字刚好被容纳。

（2）使用手动调整的方式增加"奖惩情况""专业特长""主要工作业绩"下方的单元格的行高，以增加预留空间。

（3）根据单元格中文本的实际情况，适当地对整个表格做一些调整，一份专业而规范的"员工基本信息表"就制作完成了。

图2.38 "边框和底纹"对话框

（4）保存美化后的表格。

【拓展案例】

（1）制作"员工培训计划表"，效果如图 2.39 所示。

员 工 培 训 计 划 表

单位＿＿＿＿＿＿＿＿＿＿＿＿＿　　　编号＿＿＿＿＿＿＿＿＿＿＿

工	培 训 类 别										备注
	培 训 名 称										
号	姓名	工作类别									

批准 ＿＿＿＿＿＿＿　　审核 ＿＿＿＿＿＿＿　　　拟订＿＿＿＿＿＿＿

图2.39 "员工培训计划表"效果图

（2）制作"公司应聘人员登记表"，效果如图 2.40 所示。

（3）制作"员工面试表"，效果如图 2.41 所示。

公司应聘人员登记表

基 本 资 料				
姓名	性别	出生年月		照片
民族	婚姻状况	政治面貌		
身份证号码		籍贯		
文化程度	所学专业	技术职称		
毕业学校		毕业时间		
家庭住址				
通讯地址		邮编		
户口所在地		联系电话		
档案所在地		档案是否能够调入		
现工作单位		目前收入		
现任职务		专业工龄		

学 习 及 培 训 情 况				
由年月	至年月	学时	学习及培训单位	学习及培训内容	结果

工 作 简 历				
由年月	至年月	在何单位何部门	从事何种工作	职业

| 应聘岗位 | | 预计到岗时间 | |

业 务 专 长

工 作 业 绩 与 研 究 成 果

其 他 特 长

面 试 记 录			
考核项目	评价	考核项目	评价
专业知识		气质形象	
业务技能		性格潜力	
经验能力		语言文字	
其他项目			
综合评价			
面试结果			
部门主管及人力资源部主管意见			

图 2.40 "公司应聘人员登记表"效果图

员工面试表

面试职位		姓名		年龄		面试编号	
居住地			联系方式				
时间		毕业学校			专业		
学历		期望月薪			专长		
工作经历							

问　　题	回　　答	评价（分数）
1		5　4　3　2　1
	理由	
2		5　4　3　2　1
	理由	
3		5　4　3　2　1
	理由	
综合议价（分数） A　B　C　D　E	考官评语	分数 总计

图 2.41 "员工面试表"效果图

（4）制作"员工工作业绩考核表"，效果如图 2.42 所示。

员工工作业绩考核表

重点工作项目	目标衡量标准	关键策略	权重(%)	资源支持承诺	参与评价者评分	自评得分	上级评分
1.							
2.							
3.							
4.							
5.							
合计	评价得分=∑（评分*权重)		100%				

图 2.42 "员工工作业绩考核表"效果图

【拓展训练】

利用 Word 2016 制作一份图 2.43 所示的"员工工作态度评估表"。

员工工作态度评估表

日期\姓名	第一季度	第二季度	第三季度	第四季度	平均分
慕容上	91	92	95	96	93.5
柏国力	88	84	80	82	83.5
全清晰	80	82	87	87	84.0
文留念	83	88	78	80	82.3
皮未来	90	80	70	70	77.5
段齐	84	83	82	85	83.5
费乐	84	84	83	84	83.8
高玲珑	85	83	84	82	83.5
黄信念	80	79	90	81	82.5

图 2.43 "员工工作态度评估表"效果图

操作步骤如下。

（1）启动 Word 2016，新建一个空白文档，将文档重命名"员工工作态度评估表"，并将其保存在"E:\公司文档\人力资源部"文件夹中。

（2）输入表格标题文字"员工工作态度评估表"。

（3）单击【插入】→【表格】命令，打开"表格"下拉菜单，从下拉菜单中选择"插入表格"命令，打开"插入表格"对话框，插入一个 6 列、10 行的表格。

（4）根据图 2.44 输入表格中的内容。

	第一季度	第二季度	第三季度	第四季度	平均分
慕容上	91	92	95	96	
柏国力	88	84	80	82	
全清晰	80	82	87	87	
文留念	83	88	78	80	
皮未来	90	80	70	70	
段齐	84	83	82	85	
费乐	84	84	83	84	
高玲珑	85	83	84	82	
黄信念	80	79	90	81	

图 2.44 "员工工作态度评估表"的内容

（5）计算平均分。

① 将光标置于第 2 行的"平均分"列单元格中，单击【表格工具】→【布局】→【数据】→【公式】命令，打开图 2.45 所示的"公式"对话框。

微课 2-3 计算平均分

② 在"公式"文本框中输入计算平均分的公式或从"粘贴函数"下拉列表中选择需要的函数，输入参与计算的单元格，再在"编号格式"组合框中输入"0.0"，将计算结果设置为保留 1 位小数，如图 2.46 所示，最后单击"确定"按钮。

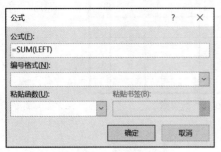

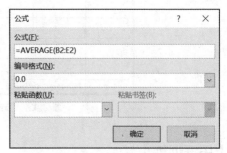

图 2.45 "公式"对话框　　　　　　　图 2.46 在"公式"对话框中进行输入

> **活力小贴士** 在公式或函数中一般引用单元格的名称来表示参与运算的参数。单元格名称的表示方法：列标采用字母 A、B、C……来表示，行号采用数字 1、2、3……来表示。因此，若表示第 2 列第 3 行的单元格，其名称为"B3"。

（6）依次计算出其他行的平均分。

（7）设置表格标题的格式。

① 选中表格标题"员工工作态度评估表"。

② 将标题的格式设置为"黑体、二号、加粗、居中"，段后间距为"1 行"。

（8）添加斜线表头。

① 将光标置于表格第 1 行第 1 列的单元格中。

② 首先输入"时间"，按【Enter】键后，再输入"姓名"。

③ 设置"时间"的对齐方式为"右对齐"，"姓名"为"左对齐"。

（9）设置表格的边框。

① 选中整个表格，为表格设置外粗内细的边框线。

② 添加斜线表头框线。将鼠标指针移至表头单元格左侧，当鼠标指针变成"➜"形状时，单击选中该单元格。再单击【表格工具】→【设计】→【表格样式】→【边框】下拉按钮，选择"边框和底纹"打开"边框和底纹"对话框，选择 0.75 磅的单实线，单击◥按钮，为该单元格添加斜线。

> **活力小贴士** 绘制斜线表头的操作方法如下。
> ① 通过设置表格的边框来添加斜线表头。将光标定位于要添加斜线表头的单元格，单击【表格工具】→【设计】→【表格样式】→【边框】下拉按钮，选择"斜下框线"◺或"斜上框线"◹。
> ② 通过"绘制表格"工具绘制斜线表头。单击【表格工具】→【设计】→【绘图边框】→【绘制表格】命令，当鼠标指针变为铅笔形状时，在相应单元格中绘制斜线即可。
> ③ 通过插入形状绘制斜线表头。单击【插入】→【插图】→【形状】下拉按钮，选择"直线"，可绘制单斜线或多斜线的表头。

（10）将表格中除斜线表头外的其他单元格的对齐方式设置为"水平居中"。

（11）适当地对整个表格做一些调整，就完成了"员工工作态度评估表"的制作。

**活力
小贴士**

（1）重复标题行。

用 Word 制作表格时，当表格中的数据量较大时，表格长度往往会超过一页。Word 提供了"重复标题行"功能，即让标题行反复出现在每一页表格的首行或数行，这样便于表格内容的表达，也能满足某些时候表格打印的要求。操作方法如下。

① 选择一行或多行标题行，选定内容必须包括表格的第 1 行。

② 单击【表格工具】→【布局】→【数据】→【重复标题行】命令。要重复的标题行必须是该表格的第 1 行或开始的连续数行，否则"重复标题行"按钮将处于禁止状态。在每一页重复出现表格的标题行给阅读、使用表格的人员带来了很大方便。

（2）表格和文本之间的转换。

对于已经编辑好的 Word 文档来说，如果想把文本转换成表格的形式，或者想把表格转换成文本，也很容易实现。

通常在制作表格时，采用先绘制表格再输入文字的方法。也可先输入文字再利用 Word 提供的表格与文字之间的"相互转换"功能将文字转换成表格。

① 文字转换成表格。

a. 插入分隔符（分隔符：将表格转换为文本时，用分隔符标识文字分隔的位置；而在将文本转换为表格时，用其标识新行或新列的起始位置），以指示将文本分成列的位置。使用段落标记指示要开始新行的位置，如图 2.47 和图 2.48 所示。

> 第一季度,第二季度,第三季度,第四季度↵
> A,B,C,D↵

图 2.47　使用逗号作为分隔符

> 第一季度 → 第二季度 → 第三季度 → 第四季度↵
> A → B → C → D↵

图 2.48　使用制表符作为分隔符

b. 选择要转换为表格的文本。

c. 单击【插入】→【表格】命令，打开"表格"下拉菜单，从下拉菜单中选择"文本转换为表格"命令，打开图 2.49 所示的"将文字转换成表格"对话框。

d. 在"将文字转换成表格"对话框的"文字分隔位置"中，选中要在文本中使用的分隔符对应的单选按钮。

e. 在"列数"框中，选择列数。如果未看到预期的列数，则可能是文本中的一行或多行缺少分隔符。这里的行数由文本的段落标记决定，因此为默认值。

图 2.49　"将文字转换成表格"对话框

f. 选择需要的任何其他选项，然后单击"确定"按钮，即可将图 2.48 转换成图 2.50 所示的表格。

② 表格转换成文本

a. 选择要转换成文本的表格。

b. 单击【表格工具】→【布局】→【数据】→【转换为文本】命令，打开图 2.51 所示的"表格转换成文本"对话框。

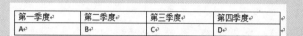

图 2.50　由文本转换成的表格　　　　图 2.51　"表格转换成文本"对话框

c. 在"文字分隔符"中，选中要用于代替列边界的分隔符对应的单选按钮，表格各行默认用段落标记分隔。然后单击"确定"按钮即可将表格转换成文本。

【案例小结】

本案例通过制作"员工基本信息表""员工培训计划表""公司应聘人员登记表""员工面试表""员工工作业绩考核表""员工工作态度评估表"等人力资源部的常用表格，讲解了在 Word 2016 中创建和插入表格、设置表格的行高和列宽等基本操作，同时介绍了斜线表头的绘制方法、表格数据的计算方法。此外，本案例还介绍了表格中单元格的合并和拆分、表格内字符的格式化处理、表格的边框和底纹设置等美化修饰操作。

2.3 案例 8　制作新员工培训讲义

示例文件	原始文件：示例文件\素材\人力资源篇\案例 8\欢迎加入.jpg、奖杯.jpg
	效果文件：示例文件\效果\人力资源篇\案例 8\新员工培训.pptx

【案例分析】

企业对员工进行培训是企业进行人力资源开发的重要途径。员工培训不仅能够提高员工的思想认识和技术水平，也有助于培养员工的团队精神，增强员工的凝聚力和向心力，满足企业发展对高素质人才的需要。本案例运用 PowerPoint 2016 制作了新员工培训讲义，以提高员工培训的效果。新员工培训讲义的效果如图 2.52 所示。

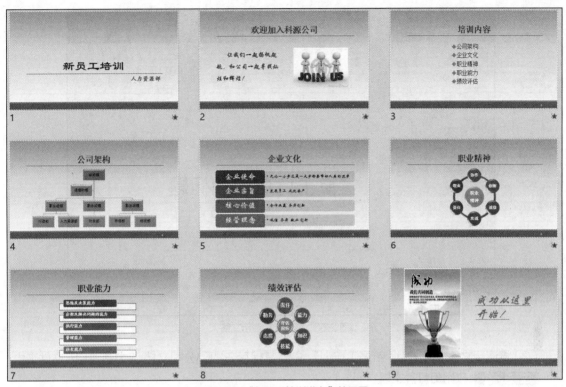

图 2.52 "新员工培训讲义"效果图

【知识与技能】

- 新建和保存演示文稿
- 插入幻灯片
- 设置幻灯片的主题
- 修改幻灯片的版式
- 编辑幻灯片的内容
- 编辑图片、SmartArt 图形
- 设置幻灯片内容的格式
- 插入幻灯片编号
- 设置幻灯片的动画和切换效果
- 设置和放映幻灯片

【解决方案】

STEP 1 新建和保存演示文稿

（1）启动 Powerpoint 2016，新建一个空白演示文稿，窗口中会自动出现一张"标题幻灯片"版式的幻灯片，如图 2.53 所示。

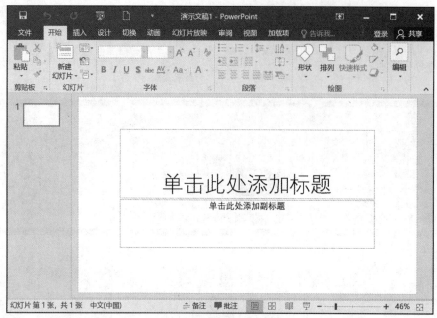

图 2.53　新建空白演示文稿

（2）将演示文稿重命名为"新员工培训"，并将其保存在"E:\公司文档\人力资源部"文件夹中。

STEP 2　**应用幻灯片主题**

（1）单击【设计】→【主题】→【其他】命令，打开图 2.54 所示的"主题"下拉菜单。

（2）在 PowerPoint 2016 的内置主题菜单中单击"回顾"主题，将选中的主题应用到幻灯片中，图 2.55 所示为应用了"回顾"主题后的标题幻灯片的效果。

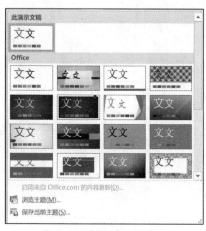

图 2.54　"主题"下拉菜单

图 2.55　应用了"回顾"主题后的标题幻灯片的效果

活力
小贴士　应用幻灯片主题可以简化高水准的演示文稿的创建过程，使演示文稿具有统一的风格。用户可在编辑幻灯片前应用幻灯片主题，也可在编辑完幻灯片后再应用。

STEP 3　编辑新员工培训讲义

（1）制作第 1 张幻灯片。

① 单击"单击此处添加标题"占位符，输入标题"新员工培训"，并将其格式设置为"隶书、72 磅、深蓝色、居中"。

② 单击"单击此处添加副标题"占位符，输入副标题"人力资源部"，并将其格式设置为"楷体、32 磅、加粗、右对齐"。

（2）制作第 2 张幻灯片。

① 单击【开始】→【幻灯片】→【新建幻灯片】命令，插入一张版式为"标题和内容"的新幻灯片，如图 2.56 所示。

图 2.56　插入版式为"标题和内容"的新幻灯片

② 单击【开始】→【幻灯片】→【版式】命令，打开图 2.57 所示的"版式"下拉菜单，选择"两栏内容"幻灯片版式，应用"两栏内容"版式后的幻灯片如图 2.58 所示。

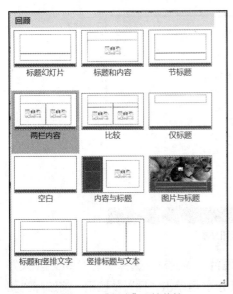

图 2.57　"版式"下拉菜单

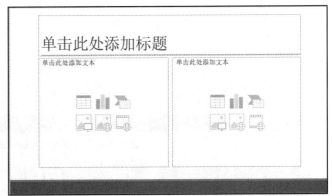

图 2.58　应用"两栏内容"版式

活力
小贴士
插入新幻灯片时，单击【开始】→【幻灯片】→【新建幻灯片】下拉按钮，可打开图2.59所示的"新建幻灯片"下拉菜单，也可从中选择需要的幻灯片版式。

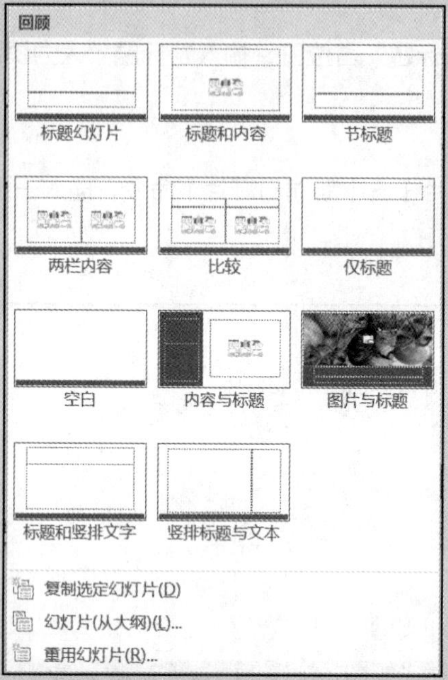

图 2.59 "新建幻灯片"下拉菜单

③ 在幻灯片的标题占位符中输入"欢迎加入科源公司"文本。

④ 在左侧的内容框中输入图 2.60 所示的文本。

图 2.60 第 2 张幻灯片的标题和文本

⑤ 在右侧的内容框中单击"图片"选项，打开"插入图片"对话框。选择"E:\公司文档\人力资源部\素材"文件夹中的"欢迎加入"图片，如图 2.61 所示。再单击"插入"按钮，将选择的图片插入到右侧的内容框中。

图 2.61 "插入图片"对话框

⑥ 对幻灯片中的字体、颜色、段落等的格式进行适当的设置，再适当地调整图片的位置和大小，如图 2.62 所示。

图 2.62 第 2 张幻灯片的效果图

（3）制作第 3 张新幻灯片，插入一张版式为"标题和内容"的新幻灯片，创建图 2.63 所示的第 3 张幻灯片。

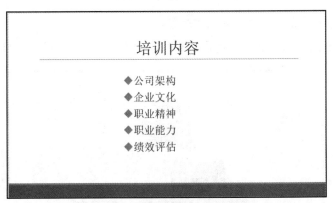

图 2.63 演示文稿的第 3 张幻灯片

（4）制作第 4 张新幻灯片。

① 插入一张版式为"标题和内容"的新幻灯片。

② 在标题中输入"公司架构"，并适当设置标题格式。

③ 插入 SmartArt 图形。

a. 在下方的内容框中单击"插入 SmartArt 图形"选项，打开"选择 SmartArt 图形"对话框。

b. 在左侧的列表框中选择"层次结构"，在右侧的列表框中选择图 2.64 所示的"组织结构图"。

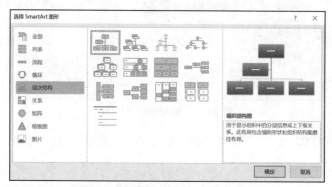

图 2.64 "选择 SmartArt 图形"对话框

c. 单击"确定"按钮，在幻灯片中插入图 2.65 所示的组织结构图。

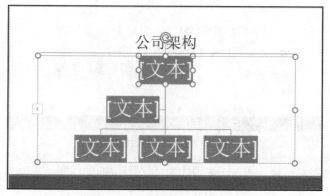

图 2.65 在幻灯片中插入组织结构图

④ 编辑 SmartArt 图形。

a. 单击第 1 行图形区域，在其中将显示光标插入点，输入"总经理"，如图 2.66 所示。

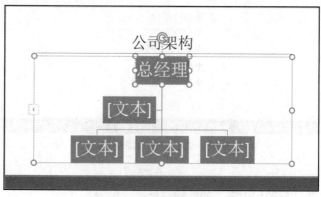

图 2.66 输入"总经理"

b. 按同样的操作方法，分别在其他图形区域内输入图 2.67 所示的内容。

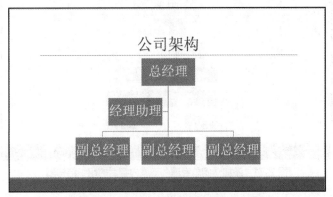

图 2.67　在组织结构图中输入其他内容

活力
小贴士　在组织结构图中输入文本内容时，可单击组织结构图左边框上的按钮打开文本窗格，再在其中输入相应内容，如图 2.68 所示。

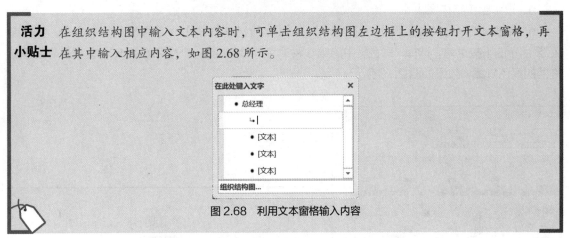

图 2.68　利用文本窗格输入内容

c. 分别选中各个"副总经理"，单击【SmartArt 工具】→【设计】→【创建图形】→【添加形状】下拉按钮，打开图 2.69 所示的下拉菜单，选择"在下方添加形状"命令，添加图 2.70 所示的形状。

d. 分别在"副总经理"的各下属框中输入图 2.71 所示的内容。

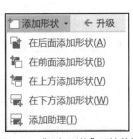

图 2.69　"添加形状"下拉菜单

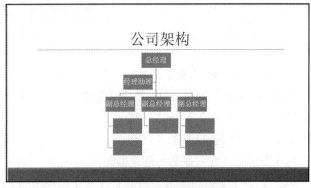

图 2.70　在组织结构图中添加形状

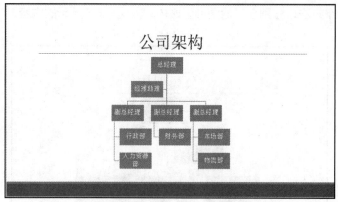

图 2.71　添加"副总经理"下属内容后的组织结构图

⑤ 修饰 SmartArt 图形。

a. 选中组织结构图。

b. 单击【SmartArt 工具】→【设计】→【SmartArt 样式】→【更改颜色】命令，打开图 2.72 所示的下拉菜单，选择"彩色"中的第 5 种颜色"彩色范围-个性色 5 至 6"，设置整个组织结构图的配色方案，效果如图 2.73 所示。

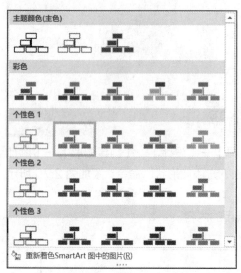

图 2.72　"更改颜色"下拉菜单

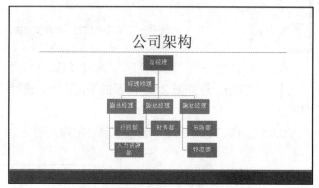

图 2.73　设置整个组织结构图的配色方案

c. 单击【SmartArt 工具】→【设计】→【SmartArt 样式】→【其他】命令，打开图 2.74 所示的"SmartArt 样式"下拉菜单，选择"三维"中的"优雅"样式，对整个组织结构图应用新的样式，效果如图 2.75 所示。

⑥ 修改组织结构图的布局。

a. 选中左边第 1 个"副总经理"框图。

b. 单击【SmartArt 工具】→【设计】→【创建图形】→【布局】命令，打开图 2.76 所示的下拉菜单，选择"标准"样式，将组织结构图的布局修改为图 2.77 所示的样式。

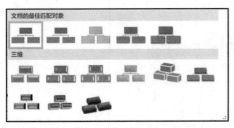

图 2.74 "SmartArt 样式"下拉菜单

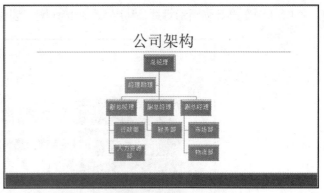

图 2.75 对整个组织结构图应用"优雅"样式

图 2.76 "布局"下拉菜单

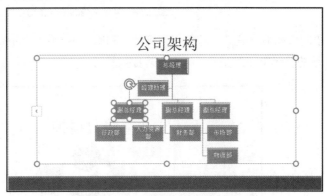

图 2.77 改变组织结构图的布局

c. 分别选中第 2 和第 3 个"副总经理"框图，也将其布局修改为"标准"样式。

⑦ 设置组织结构图的字体格式。

a. 选中整个组织结构图。

b. 将组织结构图中所有文本的格式设置为"黑体、20 磅、深蓝色"。

第 4 张幻灯片制作完成后的效果如图 2.78 所示。

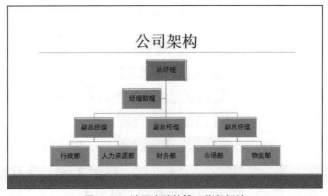

图 2.78 演示文稿的第 4 张幻灯片

（5）制作第 5 张新幻灯片，利用 SmartArt 图形创建图 2.79 所示的演示文稿的第 5 张幻灯片。

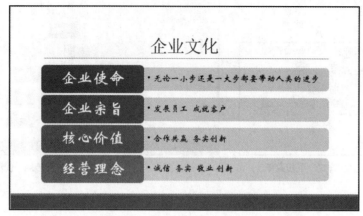

图 2.79　演示文稿的第 5 张幻灯片

（6）制作第 6、第 7、第 8 张幻灯片。利用 SmartArt 图形，分别创建图 2.80、图 2.81 和图 2.82 所示的演示文稿的第 6、第 7、第 8 张幻灯片。

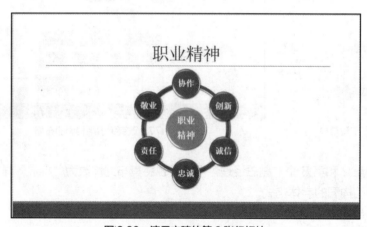

图 2.80　演示文稿的第 6 张幻灯片

图 2.81　演示文稿的第 7 张幻灯片

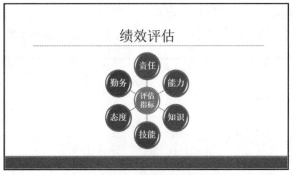

图 2.82　演示文稿的第 8 张幻灯片

（7）制作第 9 张幻灯片。插入一张版式为"空白"的新幻灯片，在幻灯片中插入一个文本框，输入文本"成功从这里开始！"，将文本的格式设置为"华文行楷、65 磅、倾斜、下划线、红色"。在文字左侧插入一张图片，如图 2.83 所示。至此，幻灯片的内容制作完毕。

STEP 4　修饰新员工培训讲义

（1）设置背景样式。

① 单击【设计】→【变体】→【其他】命令，从打开的列表中选择"背景样式"，打开图 2.84 所示的"背景样式"下拉菜单。

图 2.83　演示文稿的第 9 张幻灯片

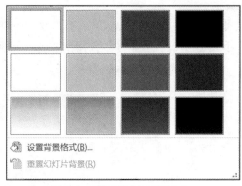

图 2.84　"背景样式"下拉菜单

② 在下拉菜单中单击"样式 9"，将选中的样式应用到所有幻灯片中。

活力小贴士　设置背景样式时，若只想将选定的样式应用于所选幻灯片中，可右击该样式，在弹出的快捷菜单中选择"应用于所选幻灯片"命令即可，如图 2.85 所示。

图 2.85　设置背景样式快捷菜单

（2）插入幻灯片编号。

① 单击【插入】→【文本】→【幻灯片编号】命令，打开图2.86所示的"页眉和页脚"对话框。

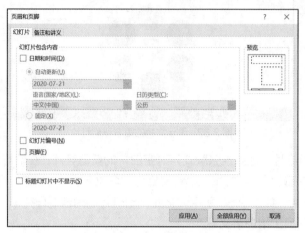

图2.86 "页眉和页脚"对话框

② 选择"幻灯片"选项卡，选中"幻灯片编号"和"标题幻灯片中不显示"复选框，然后单击"全部应用"按钮，在幻灯片中插入幻灯片编号。

活力小贴士 默认情况下插入的幻灯片编号可能不太令人满意，可单击【视图】→【母版视图】→【幻灯片母版】命令，打开图2.87所示的幻灯片母版视图，对幻灯片编号的字体、字号以及编号位置进行调整。

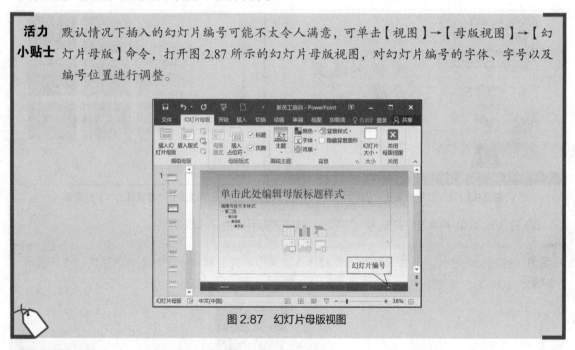

图2.87 幻灯片母版视图

微课2-4 设置
幻灯片动画效果

STEP 5 设置幻灯片的放映效果

（1）设置幻灯片的动画效果。

① 选择第1张幻灯片，选中标题文本"新员工培训"，单击【动画】→【动画】→【其他】命令，打开图2.88所示的"动画"下拉菜单。

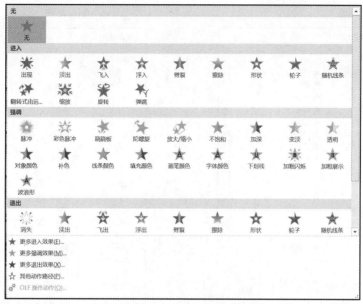

图2.88 "动画"下拉菜单

② 单击"进入"中的"形状"效果，为标题添加进入动画效果"形状"。

活力小贴士　（1）PowerPoint 提供对象进入、强调及退出的动画效果，此外还可设置动作路径，将对象动画按设定路径进行展现。

（2）如需要设置其他进入动画效果，单击图2.88所示的"动画"下拉菜单中的"更多进入效果"命令，可打开图2.89所示的"更改进入效果"对话框。单击"更多强调效果"命令，可打开图2.90所示的"更改强调效果"对话框。单击"更多退出效果"命令，可打开图2.91所示的"更改退出效果"对话框。单击"其他动作路径"命令，可打开图2.92所示的"更改动作路径"对话框。

图2.89 "更改进入效果"对话框

图2.90 "更改强调效果"对话框

图 2.91 "更改退出效果"对话框　　　图 2.92 "更改动作路径"对话框

③ 单击【动画】→【动画】→【效果选项】命令，打开 "效果选项"下拉菜单，在下拉菜单中选择形状为"菱形"。

④ 设置动画速度。单击【动画】→【计时】→【持续时间】命令，设置为"快速（1秒）"。

⑤ 同样，选中幻灯片副标题，将其进入效果设置为"自左侧擦除"，速度为"中速（2秒）"。

⑥ 选中其他幻灯片中的对象，为其设置适当的动画效果。

（2）设置幻灯片的切换效果。

① 选中演示文稿中的任意一张幻灯片，单击【切换】→【切换到此幻灯片】→【其他】命令，打开图 2.93 所示的"幻灯片切换效果"下拉菜单。

微课 2-5　设置幻灯片切换效果

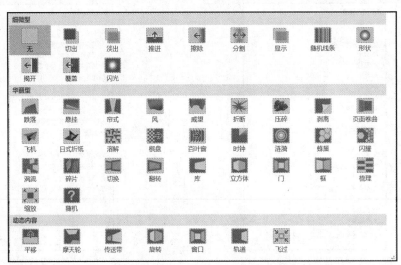

图 2.93 "幻灯片切换效果"下拉菜单

② 从"华丽型"列表组中选择"立方体"。

③ 单击【动画】→【切换到此幻灯片】命令设置切换持续时间为"1.5 秒",再将换片方式设置为"单击鼠标时"。

④ 单击"全部应用"按钮,将选择的幻灯片切换效果应用于所有幻灯片。

（3）设置幻灯片的放映方式。

① 单击【幻灯片放映】→【设置幻灯片放映】命令,打开图 2.94 所示的"设置放映方式"对话框。

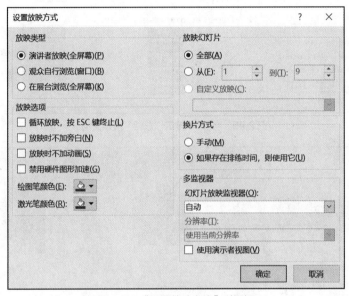

图 2.94 "设置放映方式"对话框

② 对幻灯片的放映方式进行设置。设置放映类型为"演讲者放映（全屏幕）",换片方式为"手动"。

（4）放映幻灯片。设置完毕,单击【幻灯片放映】→【开始放映幻灯片】→【从头开始】命令或者选择"从当前幻灯片开始"选项,可进入幻灯片放映视图,观看幻灯片。

（5）保存演示文稿后关闭 PowerPoint 2016。

> **活力小贴士** 若用户需要将制作好的演示文稿直接用于放映,也可将文件类型保存为"PowerPoint 放映"格式,即以".ppsx"格式进行保存。但需注意的是,"PowerPoint 放映"格式的演示文稿不能再进行编辑。

【拓展案例】

（1）制作"公司年度工作总结"演示文稿,效果如图 2.95 所示。

（2）制作"述职报告"演示文稿,效果如图 2.96 所示。

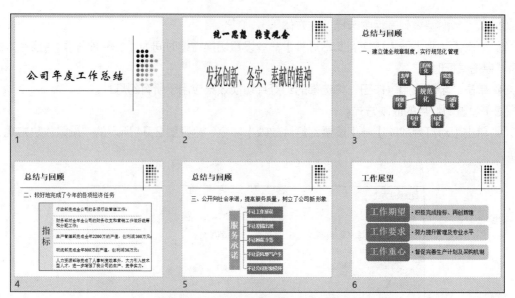

图 2.95 "公司年度工作总结"演示文稿

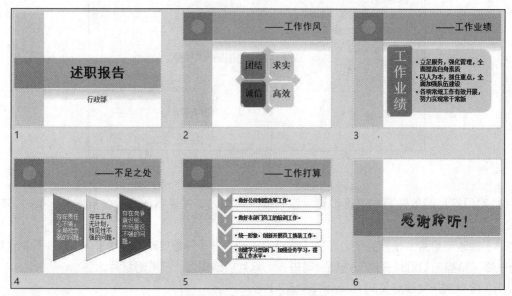

图 2.96 "述职报告"演示文稿

【拓展训练】

利用 PowerPoint 2016 制作"岗位竞聘"演示文稿，用于岗位竞聘时播放，效果如图 2.97 所示。操作步骤如下。

（1）启动 Powerpoint 2016，新建一个空白演示文稿，窗口中会自动出现一张"标题幻灯片"版式的幻灯片，将该文稿重命名为"岗位竞聘"，并将其保存在"E:\公司文档\人力资源部"文件夹中。

（2）单击"单击此处添加标题"文本框，输入标题"岗位竞聘"，并将其格式设置为"宋体、60 磅、加粗、居中"。

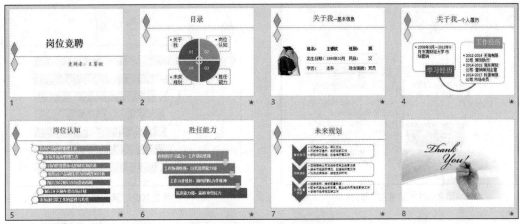

图 2.97 "岗位竞聘"演示文稿

（3）单击"单击此处添加副标题"文本框，输入副标题"竞聘者：王睿钦"，并将其格式设置为"华文行楷、32 磅、右对齐"，如图 2.98 所示。

（4）单击【开始】→【幻灯片】→【新建幻灯片】命令，插入一张版式为"标题和内容"的新幻灯片，选择 SmartArt 图形中的"循环矩阵"样式在该幻灯片的相应位置上制作图 2.99 所示的内容，并对字体、颜色等进行适当的设置。

图 2.98　第 1 张幻灯片

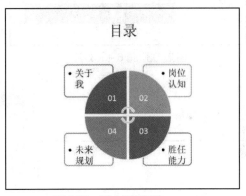

图 2.99　第 2 张幻灯片

（5）插入一张版式为"两栏内容"的新幻灯片，在该幻灯片的相应位置上分别制作图 2.100 所示的内容，并对字体、颜色等进行适当的设置。

（6）创建第 4、第 5、第 6、第 7 张幻灯片，效果如图 2.101、图 2.102、图 2.103 和图 2.104 所示。

（7）最后，插入一张版式为"空白"的新幻灯片，在幻灯片中插入图片"Thank you!"，并适当地调整图片的大小和位置，如图 2.105 所示。

（8）设计幻灯片母版。

① 单击【视图】→【演示文稿视图】→【幻灯片母版】命令，切换到"幻灯片母版"视图，如图 2.106 所示。

图 2.100　第 3 张幻灯片

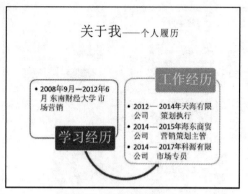

图 2.101　第 4 张幻灯片

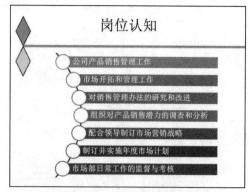

图 2.102　第 5 张幻灯片

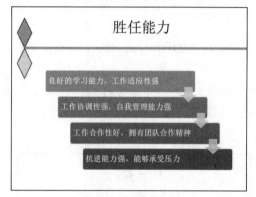

图 2.103　第 6 张幻灯片

图 2.104　第 7 张幻灯片

图 2.105　第 8 张幻灯片

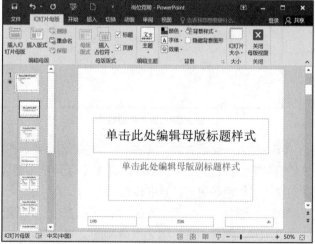

图 2.106　"幻灯片母版"视图

② 在"标题幻灯片"版式中插入两个菱形和一条直线，并适当地设置它们的格式，将这 3 个图形进行组合后，移至图 2.107 所示的位置。

③ 复制"标题幻灯片"中的自绘图形，单击窗口左侧的"标题和内容"版式，将复制的自绘图形粘贴至图 2.108 所示的位置。

图 2.107 在"标题幻灯片"版式中插入自绘图形

图 2.108 在"标题和内容"版式中插入自绘图形

④ 单击【幻灯片母版】→【关闭】→【关闭母版视图】命令，返回普通视图。

（9）分别为幻灯片中的对象设置适当的动画效果。

（10）将幻灯片的切换方式设置为"垂直百叶窗"效果。

（11）保存演示文稿。

（12）并放映幻灯片观看。

【案例小结】

本案例以制作"新员工培训""公司年度工作总结""述职报告""岗位竞聘"等常见的幻灯片演示文稿为例，讲解了利用 PowerPoint 2016 创建和编辑演示文稿、复制和移动幻灯片等相关操作，然后介绍了利用模板和幻灯片母版对演示文稿进行美化修饰的操作方法。

幻灯片演示文稿的另外一个重要功能是实现了演示文稿的动画播放。本案例介绍了幻灯片中的对象的进入动画，也讲解了自定义动画方案、幻灯片切换以及幻灯片播放等知识。

2.4 案例 9 制作员工人事档案表

| 示例文件 | 原始文件：示例文件\素材\人力资源篇\案例 9\员工人事档案表.xlsx |
| | 效果文件：示例文件\效果\人力资源篇\案例 9\员工人事档案表.xlsx |

【案例分析】

员工人事档案管理是人力资源部的基础工作。员工人事档案表是企业掌握员工的基本信息的一个重要途径。通过员工人事档案表不但可以了解员工的基本信息，还可以随时对员工的基本情况进行查看、统计和分析等。本案例以制作"员工人事档案表"为例，介绍 Excel 2016 在员工信息管理中的应用，效果如图 2.109 所示。

【知识与技能】

- 新建工作簿、重命名工作表
- 数据的输入
- 设置数据验证

- IF、MOD、TEXT、MID、COUNTIF 函数的使用
- 导出数据
- 工作表的修饰
- 复制工作表

	A	B	C	D	E	F	G	H	I
1	公司员工人事档案表								
2	编号	姓名	部门	身份证号码	入职时间	学历	职称	性别	出生日期
3	KY001	方成建	市场部	5XXXXX197009090030	1993-7-10	本科	高级经济师	男	1970-9-9
4	KY002	桑南	人力资源部	4XXXXX19821104626X	2006-6-28	专科	助理统计师	女	1982-11-4
5	KY003	何宇	市场部	5XXXXX197408058434	1997-3-20	硕士	高级经济师	男	1974-8-5
6	KY004	刘光利	行政部	6XXXXX19690724800X	1991-7-15	中专	无	女	1969-7-24
7	KY005	钱新	财务部	4XXXXX19731019842X	1997-7-1	本科	高级会计师	女	1973-10-19
8	KY006	曾科	财务部	5XXXXX198506208452	2010-7-20	硕士	会计师	男	1985-6-20
9	KY007	李莫薷	物流部	5XXXXX198011298443	2003-7-10	本科	助理会计师	女	1980-11-29
10	KY008	周苏嘉	行政部	3XXXXX197905210924	2001-6-30	本科	工程师	女	1979-5-21
11	KY009	黄雅玲	市场部	1XXXXX198109088000	2005-7-5	本科	经济师	女	1981-9-8
12	KY010	林菱	市场部	5XXXXX198304298428	2005-6-28	专科	工程师	女	1983-4-29
13	KY011	司马意	行政部	5XXXXX19730923821X	1996-7-2	本科	助理工程师	男	1973-9-23
14	KY012	令狐珊	物流部	3XXXXX196806278248	1993-5-10	高中	无	女	1968-6-27
15	KY013	慕容勤	财务部	7XXXXX198402108211	2006-6-25	中专	助理会计师	男	1984-2-10
16	KY014	柏国力	人力资源部	5XXXXX196703138215	1993-7-5	硕士	高级经济师	男	1967-3-13
17	KY015	周谦	物流部	5XXXXX19900924821X	2012-8-1	本科	工程师	男	1990-9-24
18	KY016	刘民	市场部	1XXXXX196908028015	1993-7-10	硕士	高级工程师	男	1969-8-2
19	KY017	尔阿	物流部	3XXXXX198405258012	2006-7-20	本科	工程师	男	1984-5-25
20	KY018	夏蓝	人力资源部	2XXXXX19880515802X	2010-7-3	专科	工程师	女	1988-5-15
21	KY019	皮桂华	行政部	5XXXXX196902268022	1989-6-29	专科	助理工程师	女	1969-2-26
22	KY020	段齐	人力资源部	5XXXXX196804057835	1993-7-18	本科	工程师	男	1968-4-5
23	KY021	费乐	财务部	5XXXXX198612018827	2007-6-30	本科	会计师	女	1986-12-1
24	KY022	高亚玲	行政部	4XXXXX197802168822	2001-7-15	本科	工程师	女	1978-2-16
25	KY023	苏洁	市场部	5XXXXX198009308825	1999-4-15	高中	无	女	1980-9-30
26	KY024	江宽	人力资源部	5XXXXX19750507881X	2001-7-6	硕士	高级经济师	男	1975-5-7
27	KY025	王利伟	市场部	3XXXXX197810120072	2001-8-15	本科	经济师	男	1978-10-12

图 2.109 “员工人事档案表”效果图

【解决方案】

STEP 1 新建工作簿，重命名工作表

（1）启动 Excel 2016，新建一个空白工作簿。

（2）将新建的工作簿重命名为“员工人事档案表”，并将其保存在“E:\公司文档\人力资源部”文件夹中。

（3）将“员工人事档案表”中的“Sheet1”工作表重命名为“员工信息”。在“Sheet1”工作表标签上单击鼠标右键，在弹出的快捷菜单中选择“重命名”命令，输入新的工作表名称“员工信息”，按【Enter】键确认。

STEP 2 创建“员工信息”框架

（1）输入表格标题字段。在 A1:I1 单元格区域中分别输入表格各个标题字段的内容，如图 2.110 所示。

	A	B	C	D	E	F	G	H	I
1	编号	姓名	部门	身份证号码	入职时间	学历	职称	性别	出生日期
2									
3									

图 2.110 “员工信息”标题内容

（2）输入"编号"。

① 在 A2 单元格中输入"KY001"。

② 选中 A2 单元格，按住鼠标左键拖曳其右下角的填充柄至 A26 单元格，如图 2.111 所示。填充后的"编号"数据如图 2.112 所示。

（3）参照图 2.109 输入员工的"姓名"。

STEP 3 输入员工的"部门"

（1）为"部门"设置有效数据序列。

对于一个公司而言，它的工作部门是相对固定的一组数据，为了提高输入效率，可以为"部门"定义一组序列值，这样在输入的时候，可以直接从提供的序列值中选取。

① 选中 C2:C26 单元格区域。

② 单击【数据】→【数据工具】→【数据验证】下拉按钮，从下拉菜单中选择"数据验证"命令，打开"数据验证"对话框。

③ 在"设置"选项卡中，单击"允许"下拉按钮，选择"序列"选项，然后在"来源"文本框中输入"行政部,人力资源部,市场部,物流部,财务部"，并选中"提供下拉箭头"复选框，如图 2.113 所示。

微课 2-6 为"部门"设置有效数据序列

图 2.111 拖曳填充柄填充"编号"

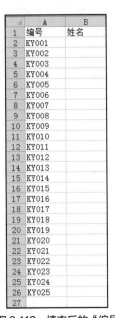

图 2.112 填充后的"编号"

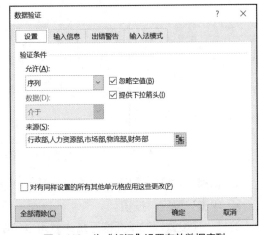

图 2.113 为"部门"设置有效数据序列

④ 单击"确定"按钮。

活力小贴士 这里"行政部,人力资源部,市场部,物流部,财务部"之间的逗号均为英文状态下的逗号。

（2）利用数据验证列表输入员工的"部门"。

① 选中 C2 单元格，其右侧将出现下拉按钮，单击下拉按钮，可出现图 2.114 所示的下拉列表，单击列表中的值可实现数据的输入。

② 按图 2.109 所示依次输入每个员工的"部门"。

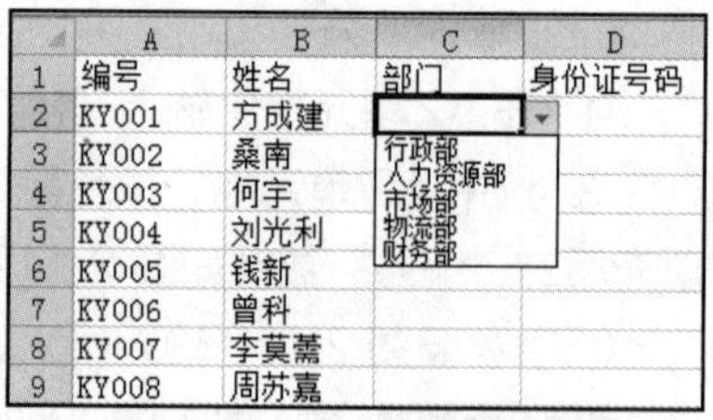

STEP 4　输入员工的"身份证号码"

（1）设置"身份证号码"的数据格式。

我国公民身份号码是由 17 位数字本体码和一位数字校验码组成的，共 18 位。在 Excel 中，当输入的数字长度超过 11 位时，系统将自动将该数字处理为"科学计数"格式，如"5.10E+17"。为了防止这种情况出现，可以在输入身份证号前，先将要输入身份证号码的单元格区域设置为文本格式。

① 选中 D2:D26 单元格区域。

② 单击【开始】→【数字】→【数字格式】按钮，打开图 2.115 所示的"设置单元格格式"对话框。

图 2.114　"部门"下拉列表

图 2.115　"设置单元格格式"对话框

③ 选择"数字"选项卡，在"分类"列表框中选择"文本"。

④ 单击"确定"按钮。

这样，在设置好的单元格区域中就可以自由地输入数字了，当输入完数字后，会在单元格左上角显示一个绿色小三角。

> **活力小贴士**　输入长度超过 11 位的数字还有如下的技巧。
> ① 在输入数字之前先输入英文状态下的单引号"'"，如"5××××198009308825"。
> ② 先将要输入数字的单元格格式设置为"自定义"中的"@"，再输入数字。

（2）设置身份证号码的"数据验证"。

在 Excel 中录入数据时，有时会要求某列或某个区域的单元格数据具有唯一性，如这里要输入的身份证号码。但在输入时难免会出错致使数据相同，而又难以发现，这时可以通过"数据验证"
来防止重复输入。

① 选中 D2:D26 单元格区域。

② 单击【数据】→【数据工具】→【数据验证】下拉按钮，从下拉菜单中选择"数据验证"命
令，打开"数据验证"对话框。在"设置"选项卡中，单击"允许"下拉按钮，选择"自定义"选
项，然后在"公式"文本框中输入公式"=COUNTIF($D$2:$D$26,$D2)=1"，如图 2.116 所示。

③ 切换到"出错警告"选项卡，在"样式"下拉列表中选择"警告"图标，在"标题"文本框
中输入"输入错误"，在"错误信息"文本框中输入"身份证号码重复！"，如图 2.117 所示。

图 2.116　设置数据验证条件

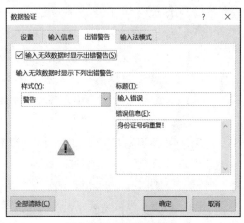

图 2.117　设置出错警告

④ 单击"确定"按钮。

**活力
小贴士**　设置身份证号码唯一的数据验证后，如果在设定范围的单元格区域输入重复的身份证号
码，就会弹出图 2.118 所示的提示对话框。

图 2.118　提示对话框

（3）参照图 2.109 输入员工的"身份证号码"。

STEP 5 　输入员工的"入职时间""学历""职称"

（1）参照图 2.109 在 E2:E26 单元格区域中输入员工的"入职时间"。

（2）参照"部门"的输入方式，输入员工的"学历"。

（3）参照"部门"的输入方式，输入员工的"职称"。

STEP 6 　根据员工的"身份证号码"提取员工的"性别"

身份证号码与一个人的性别、出生年月、籍贯等信息是紧密相连的，其中保存了个人的相关信息。

微课 2-7　根据"身份
证号码"提取"性别"

现行的 18 位身份证号码第 17 位代表性别，奇数为男，偶数为女。

如果能想办法从这些身份证号码中将上述个人信息提取出来，不仅快速简便，而且不容易出错，核对时也只需要对身份证号码进行检查即可，可以大大提高工作效率。

这里，将使用 IF、MOD 和 MID 函数从身份证号码中提取性别。

（1）选中 H2 单元格。

（2）在 H2 单元格中输入公式"=IF(MOD(MID(D2,17,1),2)=1,"男","女")"。

活力小贴士 该公式的作用为判断 D2 单元格中数值的第 17 位能否被 2 整除，如果能整除，则在 H2 单元格中输入"女"，否则，输入"男"。公式中的参数说明如下。

① MID(D2,17,1)：提取 D2 单元格中数值的第 17 位。

MID 函数：从文本字符串中指定的起始位置起，返回指定长度的字符。

语法：MID(text,start_num,num_chars)。

其中 text 是要提取字符的文本字符串，start_num 是文本中要提取的第 1 个字符的位置。num_chars 指定希望 MID 从文本中返回字符的个数。如果 start_num 加上 num_chars 超过了文本的长度，则 MID 只返回最多到文本末尾的字符。

② MOD(MID(D2,17,1),2)：返回 D2 单元格中数值的第 17 位除以 2 之后的余数。

MOD 函数：返回两数相除的余数。结果的正负号与除数相同。

语法：MOD(number,divisor)。

其中 number 为被除数，divisor 为除数。

③ IF(MOD(MID(D2,17,1),2)=1,"男","女")：如果除以 2 之后的余数是 1，那么 H2 单元格显示为"男"，否则显示为"女"。

（3）选中 H2 单元格，拖曳填充柄至 H26 单元格，将公式复制到 H3:H26 单元格区域中，可得到所有员工的性别。

微课 2-8 根据"身份证号码"提取"出生日期"

STEP 7 根据员工的"身份证号码"提取员工的"出生日期"

在现行的 18 位身份证号码中，第 7、第 8、第 9、第 10 位为出生年份（4 位数），第 11、第 12 位为出生月份，第 13、第 14 位为出生日期，即 8 位长度的出生日期。

这里将使用 MID 和 TEXT 函数从员工的身份证号码中提取员工的出生日期。

（1）选中 I2 单元格。

（2）在 I2 单元格中输入公式"=--TEXT(MID(D2,7,8),"0-00-00")"。

活力小贴士 该公式的作用是提取出身份证号码对应的出生日期部分的字符，并将提取出的文本型数据转换为数值。公式中的参数说明如下。

① MID(D2,7,8)：从 D2 单元格数值的第 7 位开始取出 8 位长度的出生日期。如身份证号码为"31068119790521XXXX"，取出的出生日期为"19790521"，是一个非常规的日期格式。

② TEXT(MID(D2,7,8),"0-00-00")：将提取出来的出生日期码转换为文本型日期。

③ --TEXT(MID(D2,7,8),"0-00-00")：其中的"--"为"减负运算"，由两个"-"组成，将提取出来的数据转换为真正的日期，即将文本型数据转换为数值。

（3）按【Enter】键确认，得到图 2.119 所示的出生日期。

图 2.119　计算得到员工的出生日期值

（4）将 I2 单元格的数据格式设置为"日期"格式。由于日期型数据为特殊数值，只需要按前面讲过的设置单元格格式的操作将"数字"格式设置为"日期"格式即可。

（5）选中设置好的 I2 单元格，拖曳填充柄至 I26 单元格，将其公式和格式复制到 I3:I26 单元格区域，可得到所有员工的出生日期。

（6）保存文档。

提取性别和出生日期后的工作表如图 2.120 所示。

图 2.120　根据身份证号码提取性别和出生日期

STEP 8　导出"员工信息"工作表

"员工信息"工作表编辑完毕，可以将此表导出。当其他工作需要员工信息时，就不必重新输入数据，如要建立员工信息数据库时。

（1）选中"员工信息"工作表。

（2）单击【文件】→【另存为】命令，打开"另存为"对话框。

（3）将"员工信息"工作表保存为"带格式文本文件（空格分隔）"类型，保存位置为"E:\公司文档\人力资源部"中，文件名为"员工信息"，如图 2.121 所示。

（4）单击"保存"按钮，弹出图 2.122 所示的提示框。

（5）单击"是"按钮，完成文件的导出，导出的文件格式为".prn"。

（6）关闭"员工人事档案表"工作簿。

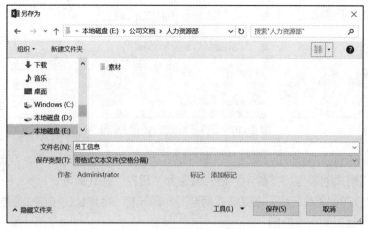

图 2.121 "另存为"对话框

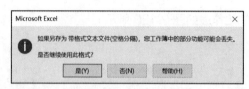

图 2.122 保存为"带格式文本文件（空格分隔）"时的提示框

STEP 9 使用"自动套用格式"美化"员工信息"工作表

为了进一步对"员工信息"工作表进行美化，可以对表格的字体、边框、底纹、对齐方式等进行设置。使用"自动套用格式"可以简单、快捷地对工作表进行格式化。

（1）打开"员工人事档案表"工作簿。

（2）选中 A1:I26 单元格区域。

（3）单击【开始】→【样式】→【套用表格格式】命令，打开图 2.123 所示的"套用表格格式"下拉菜单。

（4）从下拉菜单中选择"表样式中等深浅 6"，打开图 2.124 所示的"套用表格式"对话框，保持默认的数据区域不变，单击"确定"按钮，将选定的表样式应用到所选的区域，如图 2.125 所示。

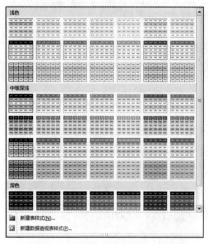

图 2.123 "套用表格格式"下拉菜单

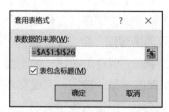

图 2.124 "套用表格式"对话框

	编号	姓名	部门	身份证号码	入职时间	学历	职称	性别	出生日期
	A	B	C	D	E	F	G	H	I
1	编号	姓名	部门	身份证号码	入职时间	学历	职称	性别	出生日期
2	KY001	方成建	市场部	5XXXXX197009090030	1993-7-10	本科	高级经济师	男	1970-9-9
3	KY002	桑南	人力资源部	4XXXXX19821104626X	2006-6-28	专科	助理统计师	女	1982-11-4
4	KY003	何宇	市场部	5XXXXX197408058434	1997-3-20	硕士	高级经济师	男	1974-8-5
5	KY004	刘光利	行政部	6XXXXX19690724800X	1991-7-15	中专	无	女	1969-7-24
6	KY005	钱新	财务部	4XXXXX19731019842X	1997-7-1	本科	高级会计师	女	1973-10-19
7	KY006	曾科	财务部	5XXXXX198506208452	2010-7-20	硕士	会计师	男	1985-6-20
8	KY007	李莫薷	物流部	5XXXXX198011298443	2003-7-10	本科	助理会计师	女	1980-11-29
9	KY008	周苏嘉	行政部	5XXXXX197905210924	2001-6-30	本科	工程师	女	1979-5-21
10	KY009	黄雅玲	市场部	1XXXXX198109088000	2005-7-5	本科	经济师	女	1981-9-8
11	KY010	林菱	市场部	5XXXXX198304298428	2005-6-28	专科	工程师	女	1983-4-29
12	KY011	司马意	行政部	5XXXXX19730923821X	1996-7-2	本科	助理工程师	男	1973-9-23
13	KY012	令狐珊	物流部	3XXXXX196806278248	1993-5-10	高中	无	女	1968-6-27
14	KY013	慕容勤	财务部	7XXXXX198402108211	2006-6-25	中专	助理会计师	男	1984-2-10
15	KY014	柏国力	人力资源部	5XXXXX196703138215	1993-7-5	硕士	高级经济师	男	1967-3-13
16	KY015	周谦	物流部	5XXXXX19900924821X	2012-8-1	本科	工程师	男	1990-9-24
17	KY016	刘民	市场部	1XXXXX196908028015	1993-7-10	硕士	高级工程师	男	1969-8-2
18	KY017	尔阿	物流部	3XXXXX198405258012	2006-7-20	本科	工程师	男	1984-5-25
19	KY018	夏蓝	人力资源部	2XXXXX19880515802X	2010-7-3	本科	工程师	女	1988-5-15
20	KY019	皮桂华	行政部	5XXXXX196902268022	1989-6-29	专科	助理工程师	女	1969-2-26
21	KY020	段齐	人力资源部	5XXXXX196804057835	1993-7-18	本科	工程师	男	1968-4-5
22	KY021	费乐	财务部	5XXXXX198612018827	2007-6-30	本科	会计师	女	1986-12-1
23	KY022	高亚玲	行政部	4XXXXX197802168822	2001-7-15	本科	工程师	女	1978-2-16
24	KY023	苏洁	市场部	5XXXXX199009308825	1999-4-15	高中	无	男	1980-9-30
25	KY024	江宽	人力资源部	5XXXXX19750507881X	2001-7-6	硕士	高级经济师	男	1975-5-7
26	KY025	王利伟	市场部	3XXXXX197810120072	2001-8-15	本科	经济师	男	1978-10-12

图 2.125　套用表格格式后的工作表

STEP 10　使用手动方式美化"员工信息"工作表

由于"自动套用格式"种类的限制而且样式比较固定，所以在使用"自动套用格式"进行工作表美化的基础上，可以进一步手动地对工作表进行修饰。

（1）在表格之前插入一行空行作为标题行。

① 将光标置于第 1 行的任一单元格中。

② 单击【开始】→【单元格】→【插入】下拉按钮，打开图 2.126 所示的"插入"下拉菜单，选择"插入工作表行"命令，在表格原来的第 1 行上方插入一行空行。

（2）制作表格标题。

① 选中 A1 单元格。

② 输入表格标题"公司员工人事档案表"。

③ 选中 A1:I1 单元格区域，单击【开始】→【对齐方式】→【合并后居中】命令。

④ 将标题的文字格式设置为"隶书、22 磅"。

（3）设置表格边框。

① 选中 A2:I27 单元格区域。

② 单击【开始】→【数字】→【数字格式】命令，打开"设置单元格格式"对话框，单击"边框"选项卡，如图 2.127 所示。

③ 在"样式"列表框中选择"细实线"（第 1 列第 7 行），然后在"颜色"面板中选择"白色 背景 1，深色 35%"，然后单击"预置"中的"内部"按钮，为表格添加内框线。

④ 在"样式"列表框中选择"粗实线"（第 2 列第 5 行），然后在"颜色"面板中选择"自动"，然后单击"预置"中的"外边框"按钮，为表格添加外框线。

（4）调整行高。

① 选中第 1 行，设置行高为"40"。

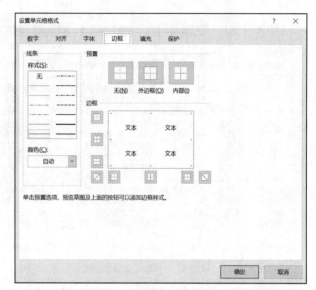

图 2.126 "插入"下拉菜单　　图 2.127 "设置单元格格式"对话框的"边框"选项卡

② 选中第 2 行，设置行高为"25"。

（5）将第 2 行的列标题对齐方式设置为"水平居中"。

设置好格式的表格如图 2.109 所示。

STEP 11 统计各学历的人数

微课 2-9 统计各学历人数

（1）创建新工作表"统计各学历人数"。

① 单击"员工信息"工作表标签右侧的"新工作表"按钮⊕，添加一张新工作表，并将新工作表重命名为"统计各学历人数"。

② 在"统计各学历人数"工作表中创建图 2.128 所示的框架。

（2）统计各学历人数。

① 选中 C4 单元格。

② 单击【公式】→【函数库】→【插入函数】命令，打开图 2.129 所示的"插入函数"对话框，从"或选择类别"下拉列表中选择"统计"类别，再从"选择函数"列表框中选择"COUNTIF"。

图 2.128 "统计各学历人数"框架　　图 2.129 "插入函数"对话框

③ 单击"确定"按钮，打开"函数参数"对话框，将光标置于"Range"参数框中，单击选中"员工信息"工作表，框选"F3:F27"单元格区域，得到统计范围"表1[学历]"；设置统计的条件参数框"Criteria"为B4，如图 2.130 所示。

④ 单击"确定"按钮，得到"硕士"人数。

⑤ 利用自动填充可统计出各学历的人数，如图 2.131 所示。

图 2.130 "函数参数"对话框

图 2.131 各学历人数统计结果

学历	人数
硕士	5
本科	12
专科	4
中专	2
高中	2

公司各学历人数统计表

活力小贴士 由于 Excel 2016 在套用表格格式的过程中自动嵌套了"创建列表"功能，如图 2.132 所示，在编辑栏的名称框列表中可见已创建了"表1"。因此，在上文中选中统计区域时显示为"表1"。若选中的"F3:F27"单元格区域正好就是表1的学历字段。因此，上文中的统计范围将显示为"表1[学历]"。

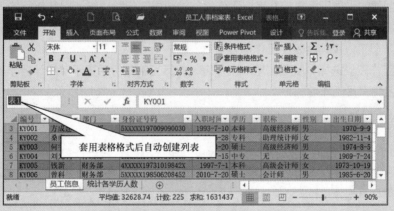

图 2.132 套用表格格式后自动创建列表

套用表格格式后，若想使表格除了套用的格式外，还具备普通区域的功能（如"分类汇总"），需将套用了表格格式的表格转换为区域，方可按普通数据区域处理。

【拓展案例】

（1）制作"市场部员工业绩评估表"，效果如图 2.133 所示。

（2）制作"员工培训成绩表"，效果如图 2.134 所示。

					市场部员工业绩评估表								
编号	员工姓名	第一季度销售	奖金比例	业绩奖金	第二季度销售	奖金比例	业绩奖金	第三季度销售	奖金比例	业绩奖金	第四季度销售	奖金比例	业绩奖金
1	方成建	51250	5%	2562.5	62000	5%	3100	112130	8%	8970.4	145590	13%	18926.7
2	何宇	31280	0%	0	43210	5%	2160.5	99065	8%	7925.2	40000	5%	2000
3	黄雅玲	76540	5%	3827	65435	5%	3271.75	56870	5%	2843.5	44350	5%	2217.5
4	林菱	55760	5%	2788	50795	5%	2539.75	41000	5%	2050	20805	0%	0
5	刘民	56780	5%	2839	43265	5%	2163.25	78650	5%	3932.5	28902	0%	0
6	苏洁	34250	0%	0	45450	5%	2272.5	26590	0%	0	41000	5%	2050
7	王利伟	189050	15%	28357.5	65080	5%	3254	35480	0%	0	29080	0%	0

图 2.133 "市场部员工业绩评估表"效果图

员工编号	员工姓名	Word文字处理	Excel电子表格分析	PowerPoint幻灯片演示	平均分	结果
			员工培训成绩表			
0001	方成建	93	98	88	93	合格
0002	桑南	90	80		85	合格
0003	何宇	82	90		86	合格
0004	刘光利		88		88	合格
0005	钱新	76	78		77	不合格
0006	曾科	70	70	88	76	不合格
0007	李英蕙	90	88		89	合格
0008	周苏嘉		90		90	合格
0009	黄雅玲	65	67		66	不合格
0010	林菱		88	90	89	合格
0011	司马意			78	78	不合格
0012	令狐珊			90	90	合格
各科平均成绩		80.9	83.7	86.8	83.9	

图 2.134 "员工培训成绩表"效果图

【拓展训练】

利用前面创建的"员工人事档案表"工作簿，计算员工年龄、统计出各部门的人数。

操作步骤如下。

（1）打开"员工人事档案表"工作簿。

（2）复制工作表。选择"员工信息"工作表，将其复制一份后置于"统计各学历人数"工作表右侧，并重命名为"员工年龄"。

活力小贴士 复制工作表的方法有以下 3 种。

① 选中要复制的工作表，单击【开始】→【单元格】→【格式】命令，打开"格式"下拉菜单，从下拉菜单中选择"移动或复制工作表"命令，打开图 2.135 所示的"移动或复制工作表"对话框，单击"下列选定工作表之前"列表框中的"(移至最后)"，选中"建立副本"复选框，再单击"确定"按钮。

② 在工作表标签上单击鼠标右键，在弹出的快捷菜单中选择"移动或复制工作表"命令。

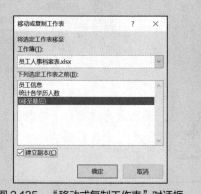

图 2.135 "移动或复制工作表"对话框

③ 按下【Ctrl】键，拖动要复制的工作表标签，到达新的位置后释放鼠标和【Ctrl】键（此方法只适用于在同一工作簿中复制工作表）。

（3）计算员工年龄。

① 添加"年龄"列。

a. 选中 H 列。

b. 单击【开始】→【单元格】→【插入】命令，从下拉菜单中选择"插入工作表列"命令，在 H 列上插入一个空列，原来 H 列的数据右移。

c. 单击 H2 单元格，将插入列的默认列标题"列 1"修改为"年龄"。

微课 2-10　计算员工年龄

② 计算员工年龄。

a. 选中 H3 单元格，输入年龄的计算公式"=YEAR(TODAY())–YEAR(J3)"，再按下【Enter】键。

> **活力小贴士**
>
> 在公式"=YEAR(TODAY())–YEAR(J3)"中，"YEAR(TODAY())"表示取当前系统日期的年份，"YEAR(J3)"表示对出生日期取年份，两者之差即为员工年龄。
>
> 由于"员工信息"工作表之前套用于表格格式后生成了列表，这里输入公式后按"Enter"键，可在该列中得到所有员工的计算结果。
>
> 若年龄的计算结果不是一个常规数据，而是一个日期数据，可将其转换为数字格式。

b. 选中 H3:H27 单元格区域，单击【开始】→【数字】→【数字格式】下拉按钮，从下拉菜单中选择"常规"，可得到图 2.136 所示的员工年龄。

	A	B	C	D	E	F	G	H	I	J
1				公司员工人事档案表						
2	编号	姓名	部门	身份证号码	入职时间	学历	职称	年龄	性别	出生日期
3	KY001	方成建	市场部	5XXXXX197009090030	1993-7-10	本科	高级经济师	51	男	1970-9-9
4	KY002	桑南	人力资源部	4XXXXX19821104626X	2006-6-28	专科	助理统计师	39	女	1982-11-4
5	KY003	何宇	市场部	5XXXXX197408058434	1997-3-20	硕士	高级经济师	47	男	1974-8-5
6	KY004	刘光利	行政部	6XXXXX19690724800X	1991-7-15	中专	无	52	女	1969-7-24
7	KY005	钱新	财务部	4XXXXX19731019842X	1997-7-1	本科	高级会计师	48	女	1973-10-19
8	KY006	曾科	财务部	5XXXXX198506208452	2010-7-20	硕士	会计师	36	男	1985-6-20
9	KY007	李莫蕭	物流部	5XXXXX198011298443	2003-7-10	本科	助理会计师	41	女	1980-11-29
10	KY008	周苏嘉	行政部	3XXXXX197905210924	2001-6-30	本科	工程师	42	女	1979-5-21
11	KY009	黄雅玲	市场部	1XXXXX198109088000	2005-7-5	本科	经济师	40	女	1981-9-8
12	KY010	林菱	市场部	5XXXXX198304298428	2005-6-28	专科	工程师	38	女	1983-4-29
13	KY011	司马意	行政部	5XXXXX19730923821X	1996-7-2	本科	助理工程师	48	男	1973-9-23
14	KY012	令狐珊	物流部	3XXXXX196806278248	1993-5-10	高中	无	53	女	1968-6-27
15	KY013	慕容勤	财务部	7XXXXX198402108211	2006-6-25	中专	助理会计师	37	男	1984-2-10
16	KY014	柏国力	人力资源部	5XXXXX196703138215	1993-7-5	硕士	高级经济师	54	男	1967-3-13
17	KY015	周谦	物流部	1XXXXX19900924821X	2012-8-1	本科	工程师	31	男	1990-9-24
18	KY016	刘民	市场部	1XXXXX196908028015	1993-7-10	硕士	高级工程师	52	男	1969-8-2
19	KY017	尔阿	物流部	3XXXXX198405258012	2006-7-20	本科	工程师	37	女	1984-5-25
20	KY018	夏蓝	人力资源部	2XXXXX19880515802X	2010-7-3	专科	工程师	33	女	1988-5-15
21	KY019	皮桂华	行政部	5XXXXX196902268022	1989-6-29	专科	助理工程师	52	女	1969-2-26
22	KY020	段齐	人力资源部	5XXXXX196804057835	1993-7-18	本科	工程师	53	男	1968-4-5
23	KY021	费乐	财务部	5XXXXX198612018827	2007-6-30	本科	会计师	35	女	1986-12-1
24	KY022	高亚玲	行政部	4XXXXX197802168822	2001-7-15	本科	工程师	43	女	1978-2-16
25	KY023	苏洁	市场部	5XXXXX198009308825	1999-4-15	高中	无	41	女	1980-9-30
26	KY024	江宽	人力资源部	5XXXXX19750507881X	2001-7-6	硕士	高级经济师	46	男	1975-5-7
27	KY025	王利伟	市场部	3XXXXX197810120072	2001-8-15	本科	经济师	43	男	1978-10-12

图 2.136　统计员工年龄

（4）统计各部门员工的人数。

① 插入新工作表"统计各部门员工人数"。在"员工年龄"工作表右侧插入一张新的工作表，将插入的工作表重命名为"统计各部门员工人数"。

② 在"统计各部门员工人数"工作表中创建图 2.137 所示的表格框架。

③ 选中 C4 单元格。

④ 单击编辑栏中的"插入函数"按钮 *fx*，打开"插入函数"对话框，从"或选择类别"下拉列表中选择"统计"类别，再从"选择函数"列表框中选择"COUNTIF"。

⑤ 单击"确定"按钮，打开"函数参数"对话框，设置图 2.138 所示的参数。

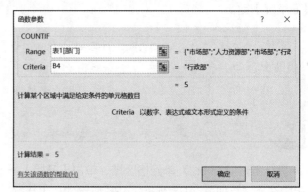

图 2.137　"统计各部门员工人数"框架　　　　图 2.138　"函数参数"对话框

⑥ 单击"确定"按钮，得到"行政部"人数。

⑦ 利用自动填充，可统计出各部门的人数，如图 2.139 所示。

图 2.139　"统计各部门员工人数"效果图

【案例小结】

本案例通过制作"员工人事档案表""员工业绩评估表"和"员工培训成绩表"，主要介绍了创建工作簿、重命名工作表、复制工作表、数据的输入技巧、数据的有效性设置，以及利用 IF、MOD、TEXT、MID、AVERAGE 等函数的使用。此外，本案例还介绍了为便于数据的利用，将生成的员工信息数据导出为"带格式的文本文件"的操作方法；在编辑好的表格的基础上，使用"自动套用格式"和手动方式对工作表进行美化修饰的操作方法；通过 COUNTIF 函数对各学历人数和各部门人数进行统计分析、使用 YEAR 函数计算员工年龄的操作方法。

第3篇
市场篇

在激烈的市场竞争中，企业要想立于不败之地，必须不断发展、壮大。市场销售部门是连接企业与市场以及消费者的桥梁，不断地进行着创造性的工作，诚信经营，为企业带来利润，并不断地满足消费者的各种需要。在整个经营过程中，需用到各种各样的电子文件来诠释公司的发展思路。例如，经常需要使用 Word 进行常规文档的处理，使用 Excel 来制作市场销售的预测、统计和分析表，使用 PowerPoint 来制作幻灯片以宣传公司产品、展示市场发展的情况等。

学习目标

📖 知识点

- 文档版面设置
- 样式的设置和应用
- 题注、目录设置
- 幻灯片编辑和修饰
- 数据编辑和格式设置
- SUM、SUMIF、DATEDIF、MID 函数
- 创建和编辑图表
- 分类汇总和数据透视表

📖 技能点

- 熟悉 Word 长文档排版，版面设置，页眉和页脚、分节符、题注、样式以及目录等操作
- 应用 PowerPoint 中的图形、SmartArt 工具等制作幻灯片，学会图形对齐和分布操作
- 应用 Excel 的公式和函数进行汇总、统计
- 掌握 Excel 2016 中数据格式的设置
- 应用 Excel 2016 的分类汇总、数据透视表、图表等功能进行数据分析

📖 素养点

- 了解行业产业需求，把握时代精神
- 树立强烈的市场意识
- 建立可持续发展理念
- 培养诚信经营品质和创新创业精神

3.1 案例 10 制作市场部工作手册

示例文件	原始文件：示例文件\素材\市场篇\案例 10\市场部工作手册（原文）.docx、封面.jpg 效果文件：示例文件\效果\市场篇\案例 10\市场部工作手册.docx

【案例分析】

公司市场部为了规范日常的经营和管理活动，需要制作一份工作手册。工作手册这种类似于书籍的长文档的设计和制作，除了像一般文档一样需要排版和设置之外，通常还需要制作封面、目录、页眉和页脚、插图等。要使文档能自动生成目录，设置标题格式时，不同级别的标题需要采用不同的格式，也就是使用样式模板来实现。制作好的"市场部工作手册"如图 3.1 所示。

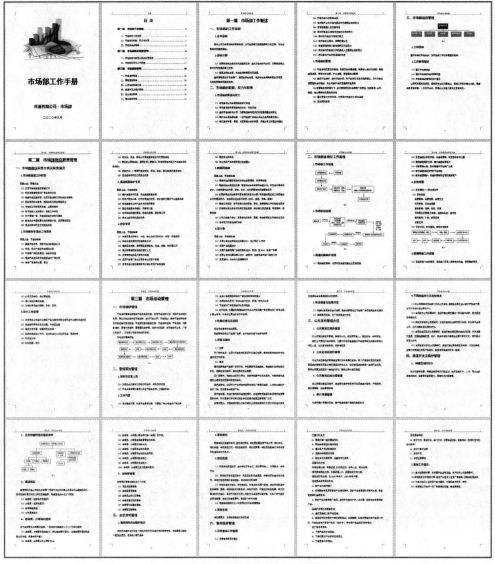

图 3.1 "市场部工作手册"效果图

【知识与技能】

- 设置文档版面
- 插入分节符
- 插入题注
- 设置和应用样式
- 设计和制作文档封面
- 设置页眉和页脚
- 生成文档目录
- 创建和保存模板

【解决方案】

STEP 1　素材准备

（1）打开"E:\公司文档\市场部\"文件夹中的"市场部工作手册（原文）.docx"文档。

（2）单击【文件】→【另存为】命令，打开"另存为"对话框，将文件重命名为"市场部工作手册.docx"，并将其保存在同一文件夹中。

STEP 2　设置版面

（1）单击【布局】→【页面设置】按钮，打开"页面设置"对话框。

（2）在"纸张"选项卡中，将纸张大小设置为"16K"。

（3）选择"页边距"选项卡，设置纸张方向为"纵向"；在"页码范围"的"多页"下拉列表中，选择"对称页边距"，再将上、下页边距设置为"2.5 厘米"，内侧和外侧页边距设置为"2.2 厘米"，如图 3.2 所示。

> **活力**
> **小贴士**　在默认情况下，一般"页码范围"中的"多页"下拉列表中显示为"普通"，则在页边距中显示为上、下、左、右。由于这里设置了"对称页边距"，所以页边距中显示为上、下、内侧、外侧。

（4）选择"版式"选项卡，在"页眉和页脚"中，选中"奇偶页不同"复选框，以便后面可以为奇偶页设置不同的页眉和页脚。分别将页眉和页脚的距边界设置为"1.5 厘米"，如图 3.3 所示。

（5）在"应用于"下拉列表中选择"整篇文档"选项，单击"确定"按钮。

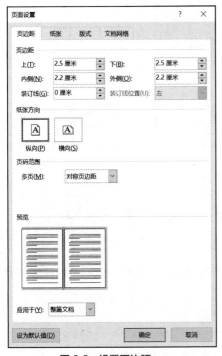

图 3.2　设置页边距

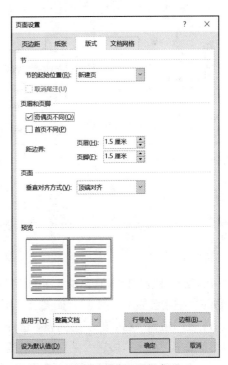

图 3.3　设置页面版式

STEP 3 插入分节符

（1）将光标置于文档的开始位置。

（2）单击【布局】→【页面设置】→【分隔符】命令，打开图 3.4 所示的"分隔符"下拉菜单。

（3）在"分节符"类型中选择"下一页"命令，在文档的最前面为封面预留出一个空白页。

（4）将光标置于"第一篇　市场部工作概述"之前，再次插入一个分隔符"下一页"，在此之前为"目录"预留一个空白页。

（5）分别在"第二篇　市场部岗位职责管理"和"第三篇　市场活动管理"之前插入分节符，使各篇单独成为一节，这样整个文档分为 5 节。

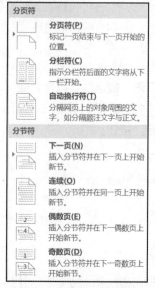
微课 3-1　为图片插入题注

STEP 4 为图片插入题注

（1）选中文档中的第 1 张图片。

（2）单击【引用】→【题注】→【插入题注】命令，打开图 3.5 所示的"题注"对话框。

（3）单击"新建标签"按钮，打开图 3.6 所示的"新建标签"对话框。

图 3.4　"分隔符"下拉菜单

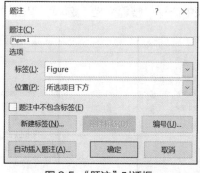
图 3.5　"题注"对话框

图 3.6　"新建标签"对话框

活力小贴士　默认的题注标签为"Figure"（图表），此时，"标签"下拉列表中含有"Equation"（公式）、"Table"（表格）和"Figure"（图表）。这里，需要新建的是"图"的标签。

（4）在"标签"文本框中输入新的标签名"图"。单击"确定"按钮，返回"题注"对话框，在"题注"框中会显示"图 1"，如图 3.7 所示。

（5）在"位置"右侧的下拉列表中选择"所选项目下方"。

（6）单击"确定"按钮，在文档中的第 1 张图片下方添加题注"图 1"，如图 3.8 所示。

（7）依次在文档中的所有图片下方添加题注，图片的编号将实现自动连续编号。

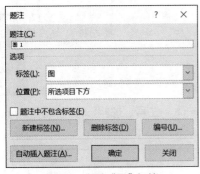

图 3.7　新建"图"标签

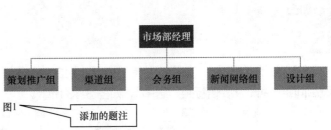

图 3.8　添加的题注效果

STEP 5　设置样式

（1）修改"正文"的样式。将"正文"的样式设置为"宋体、小四号、首行缩进 2 字符"，行距设置为"26 磅"。

① 单击【开始】→【样式】按钮，打开图 3.9 所示的"样式"窗格。

② 在样式名"正文"上单击鼠标右键，在弹出的快捷菜单中选择"修改"命令，打开图 3.10 所示的"修改样式"对话框。

微课 3-2　修改"正文"样式

图 3.9　"样式"窗格

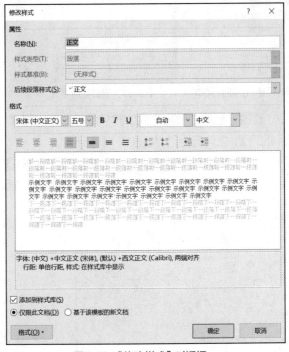

图 3.10　"修改样式"对话框

③ 在"修改样式"对话框中，将字体格式设置为"宋体、小四"。

④ 单击"格式"按钮，打开图 3.11 所示的"格式"下拉菜单。

⑤ 选择"段落"命令，按图 3.12 所示设置段落格式。

⑥ 单击"确定"按钮，返回"修改样式"对话框。

⑦ 再单击"确定"按钮，完成对"正文"的样式的修改。

> **活力小贴士** 由于文档中文本格式的默认样式为"正文"，当修改样式后，"正文"样式将自动应用于文档中。

（2）修改"标题 1"的样式。将"标题 1"的格式设置为"宋体、二号、加粗、段前间距 1 行、段后间距 1 行、1.5 倍行距、居中"，如图 3.13 所示。

图 3.11 "格式"下拉菜单 　　图 3.12 设置段落格式

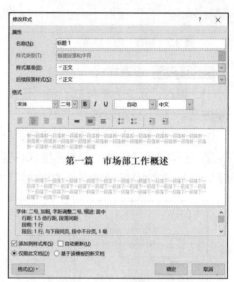

图 3.13 修改"标题 1"样式

（3）修改"标题 2"的样式。将"标题 2"的格式设置为"黑体、小二、段前间距 0.5 行、段后间距 0.5 行、2 倍行距"，如图 3.14 所示。

（4）修改"标题 3"的样式。将"标题 3"的格式设置为"黑体、小三、首行缩进 2 字符、段前间距 12 磅、段后间距 12 磅、单倍行距"，如图 3.15 所示。

图 3.14 修改"标题 2"样式

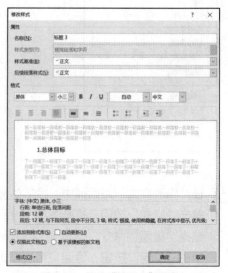

图 3.15 修改"标题 3"样式

**活力
小贴士** 在默认情况下，样式列表中显示的为"推荐的样式"。要显示更多的样式，可单击"样式"窗格右下角的"选项"，打开图 3.16 所示的"样式窗格选项"对话框。从"选择要显示的样式"下拉列表中选择"所有样式"，即可在样式列表中显示所有样式，如图 3.17 所示。

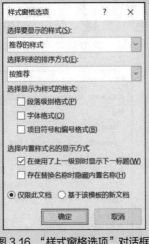
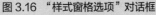

图 3.16 "样式窗格选项"对话框

图 3.17 显示所有样式的窗格

（5）定义新样式"图题"。将"图题"的格式设置为"宋体、小五、段前间距 6 磅、段后间距 6 磅、行距为最小值 16 磅、居中"。

① 单击【开始】→【样式】按钮，打开"样式"窗格。

② 单击"新建样式"按钮，打开图 3.18 所示的"根据格式设置创建新样式"对话框。

微课 3-3 定义
新样式"图题"

图 3.18 "根据格式设置创建新样式"对话框

③ 在"名称"框中输入样式的名称"图题"。

④ 在"样式基准"下拉列表中，选中"正文"为基准样式。

⑤ 单击"格式"按钮，在打开的"格式"下拉菜单中选中"字体"命令，在"字体"对话框中将中文字体设置为"宋体"，字号设置为"小五"，如图 3.19 所示。单击"确定"按钮，返回"根据格式设置创建新样式"对话框。

⑥ 单击"格式"按钮，在打开的"格式"下拉菜单中再选中"段落"命令，在"段落"对话框中设置对齐方式为"居中"，段前间距为"6 磅"、段后间距为"6 磅"，行距为"最小值"、设置值为"16 磅"，如图 3.20 所示。设置完成后单击"确定"按钮，返回"根据格式设置创建新样式"对话框。

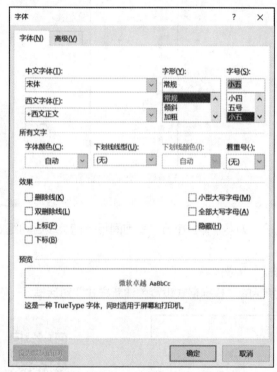

图 3.19 设置新样式的字体格式

图 3.20 设置新样式的段落格式

⑦ 单击"确定"按钮，完成新样式的创建，在"样式"窗格的样式列表中将出现新建的样式名"图题"。

STEP 6 应用样式

（1）为文档中编号为"第一篇""第二篇""第三篇"……的标题行应用"标题 1"的样式。

① 将光标置于标题行"第一篇 市场部工作概述"的段落中。

② 单击【开始】→【样式】按钮，打开"样式"窗格。

③ 单击"样式"窗格中的"标题 1"，如图 3.21 所示，将"标题 1"样式应用到选中的段落中。

④ 分别为标题行"第二篇 市场部岗位职责管理"和"第三篇 市场活动管理"应用样式"标题 1"。

（2）为文档中编号为"一""二""三"……的标题行应用"标题 2"样式。

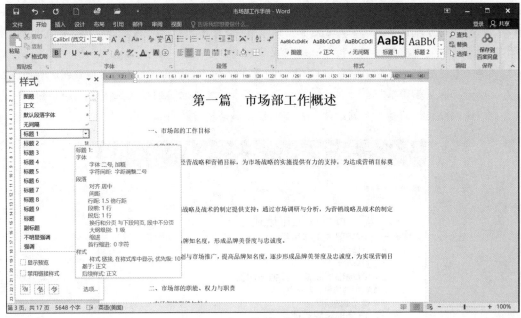

图 3.21　应用"标题 1"样式的效果

（3）为文档中编号为"1""2""3"……的标题行应用"标题 3"样式。

（4）为文档中所有图片下方的题注应用"图题"的样式。

（5）单击【视图】→【显示】→【导航窗格】命令，将在窗口左侧弹出图 3.22 所示的文档导航窗格，用户可以按标题快速定位到要查看的文档内容。

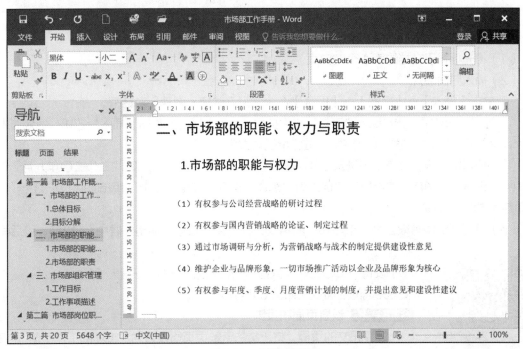

图 3.22　文档导航窗格

活力小贴士 借助文档导航窗格，可以组织整个文档的结构，查看文档的结构是否合理。取消选中"导航窗格"复选按钮，将取消文档结构显示窗口。

单击【视图】→【文档视图】→【大纲视图】命令，将进入该文档的大纲视图，如图 3.23 所示。在该模式下可自动显示"大纲"选项卡的工具栏，通过该选项卡上的按钮，可以快速调整文档的整个大纲结构，也可以快速移动整节的内容。

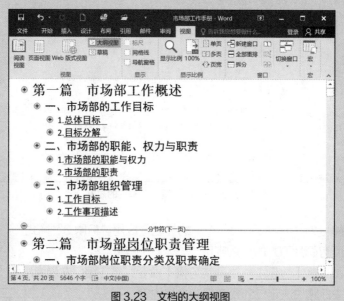

图 3.23　文档的大纲视图

STEP 7　设计和制作文档封面

（1）将光标置于文档的第 1 个空白页。

（2）插入封面图片。

① 单击【插入】→【插图】→【图片】命令，打开"插入图片"对话框。

② 选择"E:\公司文档\市场部\素材"文件夹中"封面"图片，单击"插入"按钮，插入选中的图片，设置图片的对齐方式为"居中"，首行缩进设置为"无"。

（3）分别输入 3 行文字"市场部工作手册""科源有限公司·市场部""二〇二〇年九月"。

（4）设置"市场部工作手册"的格式为"黑体、初号、加粗、居中"；段前间距为"3 行"、段后间距为"6 行"。

（5）设置"科源有限公司·市场部"的格式为"宋体、二号、加粗，居中"，段前、段后间距各 2 行。

（6）设置"二〇二〇年九月"的格式为"宋体、三号、居中"。

设置完成的封面效果如图 3.24 所示。

STEP 8　设置页眉和页脚

（1）设置正文的页眉。将正文的奇数页页眉设置为"市场部工作手册"，将偶数页页眉设置为各篇标题。

微课 3-4　设置正文页眉

① 将光标定位于正文的首页中，单击【插入】→【页眉和页脚】→【页眉】命令，弹出图 3.25 所示的"页眉"下拉菜单。

② 在下拉菜单中选择"空白"样式的页眉，将文档切换到"页眉和页脚"视图，如图 3.26 所示。

图 3.24　封面效果图

图 3.25　"页眉"下拉菜单

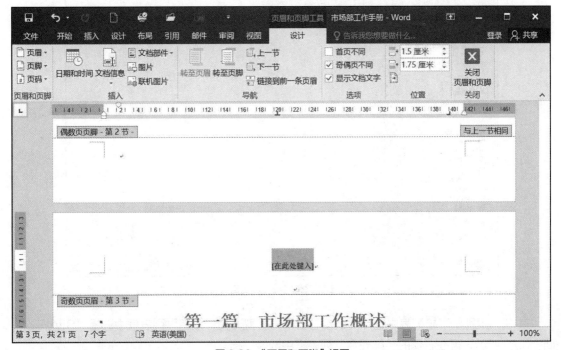

图 3.26　"页眉和页脚"视图

活力
小贴士
此时可以发现，由于之前进行了文档的分节，所以在"页眉和页脚"视图中将显示出不同的节。图 3.26 所示的这一节为"第 3 节"，且在页面设置时，因为设置了"奇偶页不同"的页眉和页脚选项，所以这里显示了"奇数页页眉"。

③ 单击【页眉和页脚工具】→【设计】→【链接到前一条页眉】命令，使其处于弹起状态，取消本节与前一节奇数页页眉的链接关系。

④ 在奇数页的页眉占位符中输入"市场部工作手册"，并将页眉的格式设置为"楷体、五号、居中"，并将页眉占位符下方的空行删除，如图 3.27 所示。

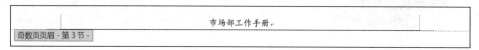

图 3.27　奇数页的页眉效果

⑤ 单击【页眉和页脚工具】→【设计】→【导航】→【下一节】命令，切换到偶数页眉，再单击"链接到前一条页眉"按钮，使其处于弹起状态，取消本节页眉与前一节的偶数页页眉的链接关系。

⑥ 将光标置于偶数页页眉中，单击【插入】→【文本】→【文档部件】命令，打开"文档部件"下拉菜单，选择"域"命令，打开图 3.28 所示的"域"对话框。

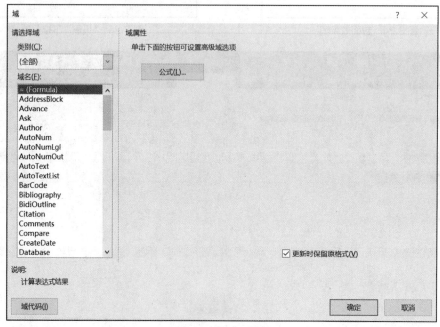

图 3.28　"域"对话框

⑦ 在"类别"下拉列表中选择"链接与引用"类型，在"域名"列表框中选择"StyleRef"，如图 3.29 所示，再在右侧的"样式名"列表框中选择"标题 1"。

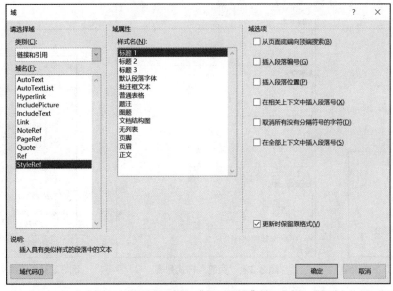

图 3.29　插入"StyleRef"域

⑧ 单击"确定"按钮，生成图 3.30 所示的偶数页页眉，并设置页眉的格式为"楷体、五号、居中"。

图 3.30　偶数页页眉的效果

（2）设置正文的页脚。

① 单击【页眉和页脚工具】→【设计】→【导航】→【转至页脚】命令，切换到页脚。再单击"上一节"按钮￼上一节，使光标置于奇数页的页脚区中。

② 单击"链接到前一条页眉"按钮，使其处于弹起状态，取消本节与前一节的链接关系。

③ 单击【页眉和页脚工具】→【设计】→【页眉和页脚】→【页码】命令，打开图 3.31 所示的"页码"下拉菜单。选择"页面底端"命令，显示图 3.32 所示的"页码"样式列表。在列表中选择"简单"中的"普通数字 2"选项，则在页脚中插入当前的页码。

微课 3-5　设置
正文页脚

④ 单击【页眉和页脚工具】→【设计】→【页眉和页脚】→【页码】命令，在下拉菜单中"设置页码格式"命令，打开"页码格式"对话框。在"页码编号"选项组中选中"起始页码"单选按钮，并将起始编号设置为"1"，如图 3.33 所示，单击"确定"按钮，将页码下方的空行删除生成图 3.34 所示的奇数页码。

⑤ 单击【页眉和页脚工具】→【设计】→【导航】→【下一节】命令，切换到偶数页页脚区，单击"链接到前一条页眉"按钮，使其处于弹起状态，取消本节与前一节的链接关系。再次在页面底端插入"普通数字2"样式的页码，在偶数页的页脚中插入页码，将页码下方的空行删除，如图 3.35 所示。

（3）设置"目录"页的页眉。

① 在"页眉和页脚"视图下，将光标移至正文前预留的目录页的页眉区中。

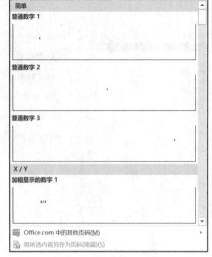

图 3.31 "页码"下拉菜单

图 3.32 "页码"样式列表

图 3.33 "页码格式"对话框

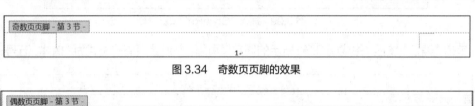

图 3.34 奇数页页脚的效果

图 3.35 偶数页页脚的效果

② 单击"链接到前一条页眉"按钮，使其处于弹起状态，断开与前一节的链接关系。

③ 在页眉输入文字"目录"，设置页眉的格式为"楷体、五号、居中"。

（4）删除封面页中的页眉占位符。

（5）单击"关闭页眉和页脚"按钮，关闭"页眉和页脚"视图，返回页面视图。

STEP 9 自动生成目录

（1）将光标移至正文前预留的目录页中。

（2）在文档中输入"目录"，按【Enter】键换行。

（3）将光标置于目录下方，单击【引用】→【目录】→【目录】命令，打开图 3.36 所示的"目录"下拉菜单。

（4）选择"自定义目录"命令，打开"目录"对话框。在"格式"下拉列表中选择"来自模板"，将显示级别设置为"2"。选中"显示页码"和"页码右对齐"复选框，如图 3.37 所示。

图 3.36 "目录"下拉菜单

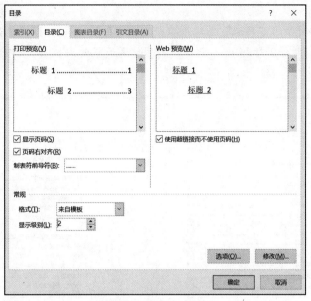

图 3.37 "目录"对话框

（5）单击"确定"按钮，目录将自动插入文档中。

（6）将标题"目录"的格式设置为"黑体、二号、居中"，字符间距为"6 磅"，段前、段后间距各为"1 行"。

（7）选中生成的目录的一级标题，将标题的格式设置为"宋体、四号、加粗"，段前、段后间距各为"0.5 行"，效果如图 3.38 所示。

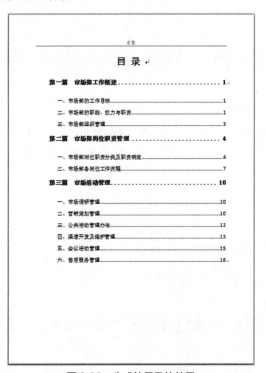

图 3.38 生成的目录的效果

活力小贴士 若在图 3.36 所示的"目录"下拉菜单中选择"自动目录"，可快速生成默认的目录，自动目录的内容包含用标题 1~3 样式进行了格式设置的文本。图 3.39 为采用"自动目录 2"生成的目录。

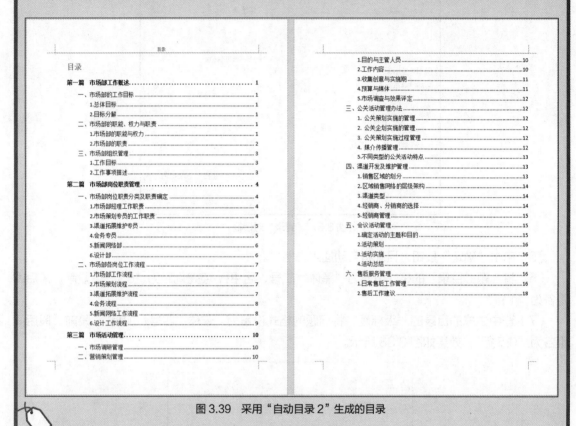

图 3.39　采用"自动目录 2"生成的目录

STEP 10　预览和打印文档

（1）减小窗口右下角的显示比例，可对整个文档进行预览，并修改不满意的地方。

（2）单击【文件】→【打印】命令，在"打印"界面中进行打印设置，单击"打印"按钮即可可进行打印。

【拓展案例】

制作"销售管理手册"，效果如图 3.40 所示。

【拓展训练】

利用 Word 2016 制作"业绩报告"模板，并利用模板制作一份"2020 年度市场部业绩报告"，如图 3.41 所示。

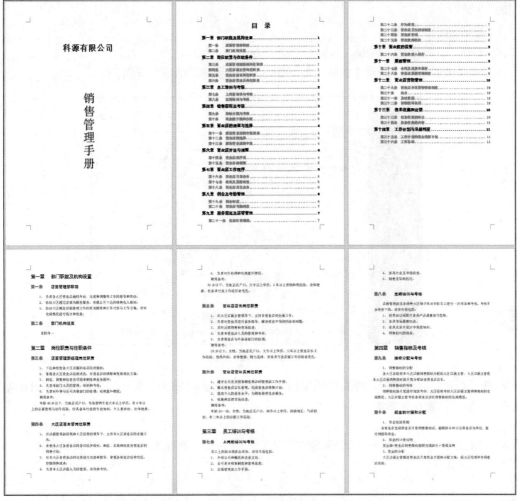

图 3.40 "销售管理手册"效果图（部分）

图 3.41 "2020 年度市场部业绩报告"效果图

操作步骤如下。

（1）启动 Word 2016。

（2）制作"业绩报告"模板。

① 单击【文件】→【新建】命令，打开图 3.42 所示的"新建"界面。

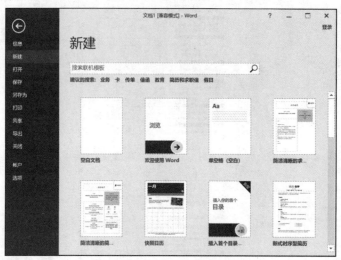

图 3.42 "新建"界面

② 在"新建"界面中的"搜索联机模板"文本框中输入"报告"后，单击右侧的"开始搜索"按钮 🔍，可联机搜索在线模板。

活力
小贴士 Office 2016 提供的"搜索联机模板"功能，可通过连接互联网，在线下载丰富的模板。

③ 在搜索结果列表中，单击选择图 3.43 所示的"报告（行政风格设计）"选项，打开图 3.44 所示的对话框，单击"创建"按钮，以"报告（行政风格设计）"模板为基准创建一个模板文件。接下来可修改其中的文字和样式，得到适合自己需要的模板。

图 3.43 联机模板

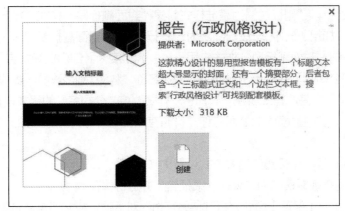

图 3.44 "报告（行政风格设计）"对话框

④ 修改模板中的文字内容。在第 1 页"键入文档标题"处输入"业绩报告"，在"键入文档副标题"处输入"××年度××部门业绩报告"。在"在此处输入文档摘要。摘要通常是对文档内容的简要总结。"中输入公司名称"科源有限公司"。

⑤ 对第 2 页中的标题和副标题进行与第 1 页相同的修改，以后用此模板新建文档时就不必再重新输入了。

⑥ 删除第 2 页右侧的"边栏标题"列和"正文"部分的文本内容，完成后的效果如图 3.45 所示。

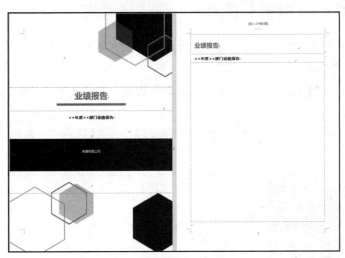

图 3.45 模板的初步效果

（3）利用"样式"进一步修改模板，以满足公司对文档外观的需要。

① 单击【开始】→【样式】按钮，打开"样式"窗格。

② 新建"封面标题"样式并应用于封面标题"业绩报告"。在"样式"窗格中单击"新建样式"按钮，打开"根据格式设置创建新样式"对话框，以"标题"为基准样式新建"封面标题"样式，将封面标题的格式设置为"黑体、初号、加粗、居中"，字符间距加宽量为"5 磅"。选中封面标题"业绩报告"，并将新建好的"封面标题"样式应用于"业绩报告"文字。

③ 新建"封面副标题"样式并应用于封面副标题"××年度××部门业绩报告"。类似于"封

面标题"样式的创建，以"副标题"为基准样式新建"封面副标题"样式，将封面副标题的格式设置为"宋体、一号、加粗、居中"，段前间距为"2 行"。选中封面副标题"××年度××部门业绩报告"，并将新建好的"封面副标题"样式应用于"××年度××部门业绩报告"文字。

④ 新建样式"公司名"并应用于封面中的公司名称"科源有限公司"。类似于"封面标题"样式的创建，以"正文"为基准样式新建"公司名"样式，将"公司名"的格式设置为"宋体、二号、加粗、居中、白色"。选中封面中的公司名称"科源有限公司"，并将新建好的"公司名"样式应用于"科源有限公司"文字。

⑤ 将第 2 页的标题和副标题的对齐方式设置为"居中"。

（4）将制作好的模板重命名为"公司业绩报告"并进行保存。

① 单击【文件】→【保存】命令，打开"另存为"对话框，将文档重命名为"公司业绩报告"，并以"Word 模板"为保存类型保存在"C:\Users\Administrator\Documents\自定义 Office 模板"文件夹中。

② 单击"保存"按钮保存模板文件，然后退出 Word 2016。

> **活力小贴士** 用户使用 Word 2016 创建模板的默认保存位置与使用的操作系统有关，若在 Windows 10 操作系统中，模板文件的默认保存路径为"C:\用户\××（用户账号）\Documents\自定义 Office 模板"文件夹；当然也可以把自己创建的模板保存到其他位置，但是建议保存在这个默认位置，因为保存在这里的模板会在"新建"界面的"个人"模板中显示，以后利用该模板新建文档时会更方便。

（5）应用"公司业绩报告"模板创建"2020 年度市场部业绩报告"。

① 启动 Word 2016。

② 单击【文件】→【新建】命令，打开"新建"界面，在"模板"列表中选择"个人"，显示"个人"模板列表。

③ 在图 3.46 所示的"个人"模板列表中，单击"公司业绩报告"，将自动创建所选模板的新文档。

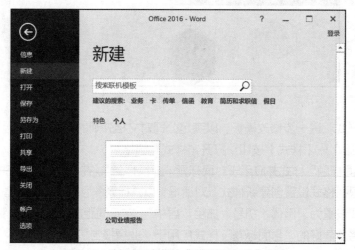

图 3.46　选择自己制作的"公司业绩报告"模板

④ 创建"公司业绩报告"文档。

⑤ 将文档重命名为"2020 年度市场部业绩报告",并将其保存在"E:\公司文档\市场部"文件夹中。

【案例小结】

本案例通过制作"市场部工作手册"和"公司业绩报告"模板,介绍了长文档排版和模板的操作方法,其中包括版面设置、插入分节符、设置封面、插入题注、设置和应用样式、设置奇偶页不同的页眉页脚、创建和使用模板等,在此基础上也介绍了自动生成所需目录的操作方法。此外,本案例还介绍了运用导航窗格查看复杂文档的方法。

3.2 案例 11 制作产品销售数据分析模型

示例文件	原始文件:示例文件\素材\市场篇\案例 11\工作.jpg
	效果文件:示例文件\效果\市场篇\案例 11\产品销售数据分型模型.pptx

【案例分析】

在企业的经营过程中,营销管理是企业管理中一个非常重要的工作环节。在为企业进行销售数据分析时,相关人员需要通过对历史数据的分析,从产品线设置、价格制订、渠道分布等多个角度分析客户营销体系中可能存在的问题,这将为制订有针对性和便于实施的营销战略奠定良好的基础。本案例利用 PowerPoint 2016 制作了"产品销售数据分析模型",效果如图 3.47 所示。

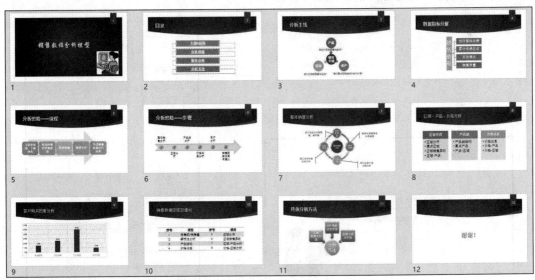

图 3.47 "产品销售数据分析模型"效果图

【知识与技能】

* 新建和保存演示文稿

- 设置幻灯片的主题
- 编辑幻灯片的内容
- 在幻灯片中插入和编辑图片、文本框、SmartArt 图形
- 设置幻灯片内容的格式
- 插入超链接
- 修改超链接的主题颜色
- 设置和放映幻灯片

【解决方案】

STEP 1　新建和保存演示文稿

（1）启动 PowerPoint 2016，新建一个空白演示文稿。

（2）将空白演示文稿重命名为"产品销售数据分析模型"，并将其保存在"E:\公司文档\市场部"文件夹中。

STEP 2　编辑演示文稿

（1）制作"标题"幻灯片。

① 在幻灯片的标题内容框中输入文本"销售数据分析模型"。

② 在"标题"幻灯片中插入"E:\公司文档\市场部素材"文件夹中的"工作"图片，如图 3.48 所示。

（2）编辑"目录"幻灯片。

① 单击【开始】→【幻灯片】→【新建幻灯片】下拉按钮，打开图 3.49 所示的"新建幻灯片"下拉菜单，从中选择"标题和内容"幻灯片版式。

图 3.48　标题幻灯片

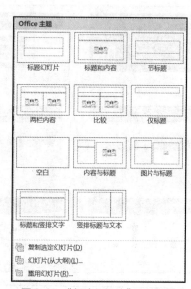

图 3.49　"新建幻灯片"下拉菜单

② 添加标题文本"目录"。

③ 在下方的内容框中单击"插入 SmartArt 图形"选项，打开图 3.50 所示的"选择 SmartArt 图形"对话框。

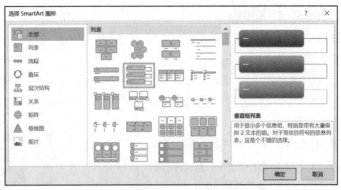

图 3.50 "选择 SmartArt 图形"对话框

④ 选择"垂直框列表"图形，单击"确定"按钮，在幻灯片中插入图 3.51 所示的图形。

⑤ 单击【SmartArt 工具】→【设计】→【创建图形】→【添加形状】命令，添加一个列表框。

⑥ 在各列表框中输入图 3.52 所示的文本。

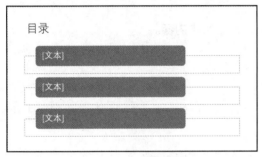

图 3.51 "垂直框列表"图形

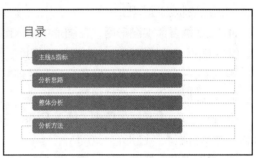

图 3.52 "目录"幻灯片

（3）编辑"分析主线"幻灯片。

① 插入一张版式为"标题和内容"的新幻灯片。

② 添加标题文本"分析主线"。

③ 在下方的内容框中单击"插入 SmartArt 图形"选项，打开"选择 SmartArt 图形"对话框，插入"分离射线"图形，如图 3.53 所示。

④ 在中心圆形中输入文本"研究主线"，在环绕的圆形中分别输入文本"产品""区域""客户"，并将多余的圆形删除。

⑤ 在各环绕圆形的下方插入文本框，分别输入图 3.54 所示的文本。

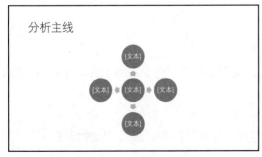

图 3.53 "分离射线"图形

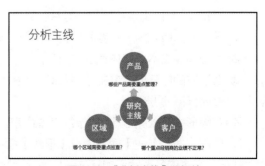

图 3.54 "分析主线"幻灯片

（4）编辑"数据指标分解"幻灯片。

① 插入一张版式为"标题和内容"的幻灯片。

② 添加标题文本"数据指标分解"。

③ 在下方的内容框中单击"插入 SmartArt 图形"选项，打开"选择 SmartArt 图形"对话框，插入"水平多层层次结构"图形。

④ 根据需要添加图形后，在图形中输入图 3.55 所示的文本内容，并将第 1 层文本框的文字方向设置为"所有文字旋转 90°"，使文字竖直排列。

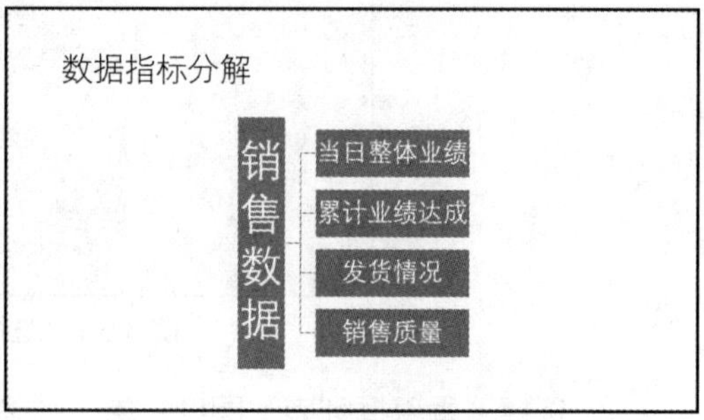

（5）编辑"分析思路——流程"幻灯片。

① 插入一张版式为"标题和内容"的新幻灯片。

② 添加标题文本"分析思路——流程"。

③ 在下方的内容框中单击"插入 SmartArt 图形"选项，打开"选择 SmartArt 图形"对话框，插入"连续块状流程"图形。

④ 根据需要添加图形后，在图形中输入图 3.56 所示的文本内容。

（6）编辑"分析思路——步骤"幻灯片。

① 插入一张版式为"标题和内容"的新幻灯片。

② 添加标题文本"分析思路——步骤"。

③ 在下方的内容框中单击"插入 SmartArt 图形"选项，打开"选择 SmartArt 图形"对话框，插入"基本日程表"图形。

④ 根据需要添加图形后，在图形中输入图 3.57 所示的文本内容。

图 3.55 "数据指标分解"幻灯片

图 3.56 "分析思路——流程"幻灯片

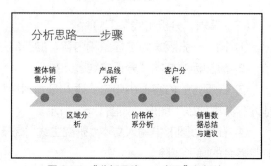

图 3.57 "分析思路——步骤"幻灯片

（7）编辑"整体销售分析"幻灯片。

① 插入一张版式为"标题和内容"的新幻灯片。

② 添加标题文本"整体销售分析"。

③ 在下方的内容框中单击"插入 SmartArt 图形"选项，打开"选择 SmartArt 图形"对话框，插入"射线循环"图形。

④ 在图形中输入图 3.58 所示的文本内容。

⑤ 单击【插入】→【插图】→【形状】命令，打开"形状"列表，选择"线性标注 1"，分别为射线循环图中的各形状添加标注，如图 3.59 所示。

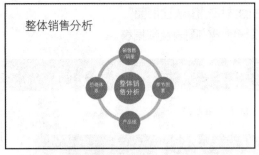

图 3.58 "整体销售分析"幻灯片图形中的文本

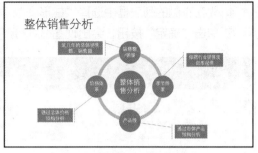

图 3.59 "整体销售分析"幻灯片

（8）编辑"区域、产品、价格分析"幻灯片。

① 插入一张版式为"标题和内容"的新幻灯片。

② 添加标题文本"区域、产品、价格分析"。

③ 在下方的内容框中单击"插入 SmartArt 图形"选项，打开"选择 SmartArt 图形"对话框，插入"水平项目符号列表"图形。

④ 在图形中输入图 3.60 所示的文本内容。

（9）编辑"客户购买因素分析"幻灯片。

① 插入一张版式为"标题和内容"的新幻灯片。

② 添加标题文本"客户购买因素分析"。

③ 在下方的内容框中单击"插入图表"选项，打开图 3.61 所示的"插入图表"对话框。

图 3.60 "区域、产品、价格分析"幻灯片

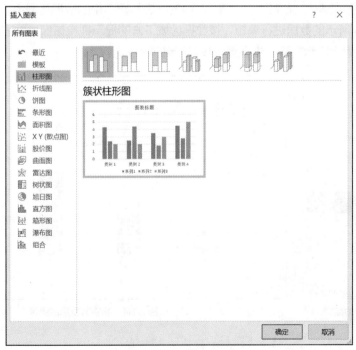

图 3.61 "插入图表"对话框

微课 3-6 编辑"客户购买因素分析"幻灯片

④ 先在左侧的列表框中选择"柱形图"，再在右侧选择"簇状柱形图"。

⑤ 单击"确定"按钮，会出现图 3.62 所示的系统预设的图表及数据表。

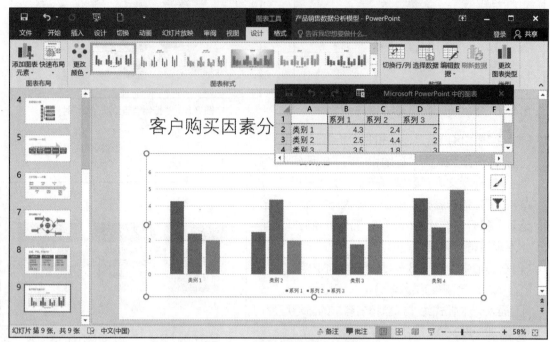

图 3.62　系统预设的图表及数据表

⑥ 编辑数据表。

a. 将光标置于"Microsoft PowerPoint 中的图表"窗口中的数据区域中。

b. 对图 3.63 所示的数据进行编辑，按数据区域下方的提示拖曳该区域右下角至 B5 单元格，然后关闭 Excel，返回演示文稿，生成图 3.64 所示的图表。

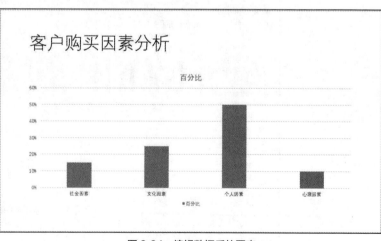

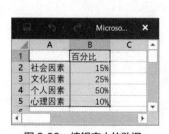

图 3.63　编辑表中的数据　　　　　　　　图 3.64　编辑数据后的图表

⑦ 修改图表。

a. 删除图表中的图表标题和图例。

b．在图表中添加数据标签。选中图表，单击【图表工具】→【设计】→【图表布局】→【添加图表元素】命令，打开"添加图表元素"下拉菜单，选择图 3.65 所示的"数据标签"子菜单中的"数据标签外"，将在图表中显示数据标签。

c．适当调整图表中数据标签、坐标轴的字体格式以及图表中数据系列的格式，得到图 3.66 所示的幻灯片。

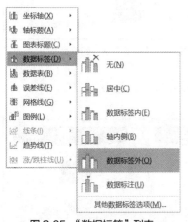

图 3.65 "数据标签"列表

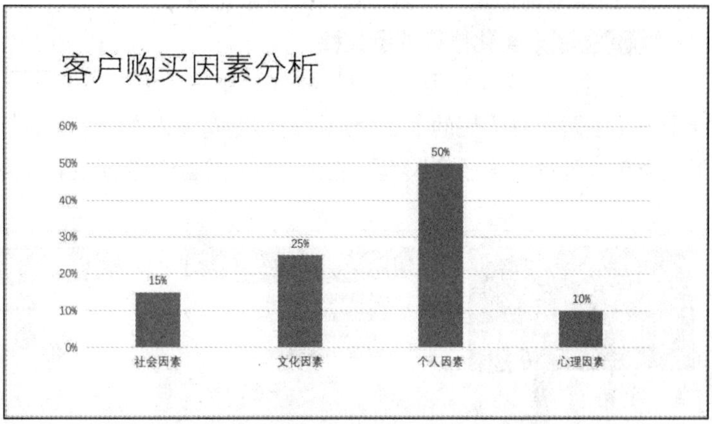

图 3.66 "客户购买因素分析"幻灯片

（10）编辑"销售数据总结及建议"幻灯片。

① 插入一张版式为"标题和内容"的新幻灯片。

② 添加标题文本"销售数据总结及建议"。

③ 在下方的内容框中单击"插入表格"选项，出现图 3.67 所示的"插入表格"对话框，设置表格的列数为"4"、行数为"5"，在幻灯片标题下方插入一张 5 行 4 列的表格。

④ 在表格中输入图 3.68 所示的文本内容。

⑤ 将表格应用"浅色样式 1-强调 4"样式。

图 3.67 "插入表格"对话框

图 3.68 "销售数据总结及建议"幻灯片

（11）编辑"具体分析方法"幻灯片。

① 插入一张版式为"标题和内容"的新幻灯片。

② 添加标题文本"具体分析方法"。

③ 在下方的内容框中单击"插入 SmartArt 图形"选项，打开"选择 SmartArt 图形"对话框，插

入"聚合射线"图形。

④ 在图形中输入图 3.69 所示的文本内容。

（12）编辑最后一张幻灯片。

① 插入一张版式为"仅标题"的新幻灯片。

② 添加标题文本"谢谢！"。

③ 适当地将标题下移至幻灯片的中部位置。

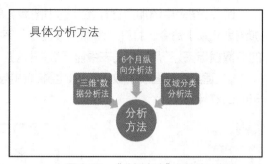

图 3.69 "分析方法"幻灯片

STEP 3 美化修饰演示文稿

（1）为演示文稿应用"主题"样式。单击【设计】→【主题】→【其他】命令，打开"所有主题"下拉菜单，选择"离子会议室"主题，将其应用到演示文稿的所有幻灯片中，如图 3.70 所示。

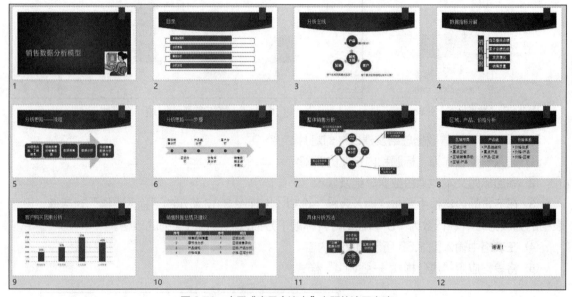

图 3.70 应用"离子会议室"主题的演示文稿

（2）设置"标题"幻灯片格式。将标题幻灯片中标题的格式设置为"华文行楷、54 磅、居中"，并将标题适当上移至幻灯片中心。

（3）设置"目录"幻灯片格式。选中目录幻灯片中的 SmartArt 图形，单击【设计】→【SmartArt 样式】→【更改颜色】命令，打开"更改颜色"下拉菜单，选择"彩色范围-个性色 5 至 6"，再单击右侧"卡通"三维样式，最后将图形中的文本的格式设置为"宋体、28 磅、加粗、居中"。

（4）同样，分别为其他幻灯片中的图形和文本设置适当的颜色和格式。

（5）分别将"整体销售分析""区域、产品、价格分析""客户购买因素分析""销售数据总结及建议"幻灯片中的标题文本的格式设置为"宋体、32 磅、黄色"，以便和一级标题进行区分。

（6）单击【插入】→【文本】→【幻灯片编号】命令，打开"页眉和页脚"对话框，为所有幻灯片添加编号。

STEP 4 添加超链接

（1）选中"目录"幻灯片中的"主线"文本。

（2）单击【插入】→【链接】→【超链接】命令，打开"插入超链接"对话框。

（3）从左侧的"链接到"列表框中选择"本文档中的位置"选项，再从中间"请选择文档中的位置"列表框中选择第 3 张幻灯片"分析主线"，如图 3.71 所示。

（4）单击"确定"按钮，插入超链接。

（5）同样，将目录中的其他文本链接到相应的幻灯片。

（6）修改超链接的主题颜色。

微课 3-7　添加
超链接

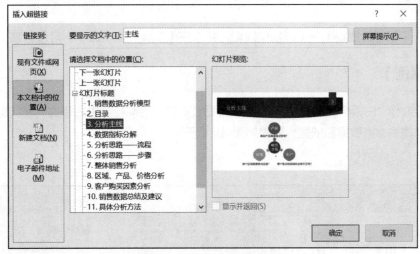

图 3.71 "插入超链接"对话框

① 单击【设计】→【变体】→【其他】命令，再选择"颜色"命令，打开图 3.72 所示的"颜色"下拉菜单，选择"自定义颜色"命令，打开图 3.73 所示的"新建主题颜色"对话框。

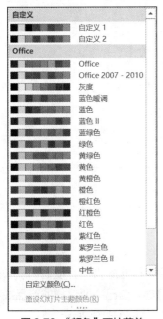

图 3.72 "颜色"下拉菜单

图 3.73 "新建主题颜色"对话框

② 单击"超链接"右侧的下拉按钮，显示"主题颜色"下拉菜单，选择"白色，文字 1"，再设置"已访问的超链接"颜色为"黄色"，单击"保存"按钮。此时，演示文稿中的超链接颜色显示为"白色"。

STEP 5 设置和放映幻灯片

（1）单击【视图】→【演示文稿视图】→【幻灯片浏览】命令，可浏览演示文稿中的所有幻灯片。

（2）单击【幻灯片放映】→【设置】→【设置幻灯片放映】命令，可设置幻灯片的放映类型、选项等。

（3）单击【幻灯片放映】→【开始放映幻灯片】→【从头开始】命令，可观看整个幻灯片。

【拓展案例】

市场部会制作"白领个人消费调查"，用以帮助公司了解当前社会中白领的消费状况，为市场部的下一步运作提供参考数据和依据，效果如图 3.74 所示。

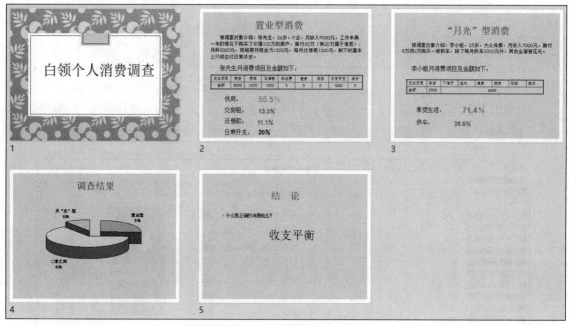

图 3.74 "白领个人消费调查"效果图

【拓展训练】

在将某个新产品或新技术投入新的行业之前，首先必须要说服该行业的人员，使他们从心理上接受该产品或技术。而要想让他们接受，最直接的办法就是让他们觉得自己需要这样的产品或者技术，此时一份全面、详细的产品或技术行业推广方案是必不可少的，如图 3.75 所示。

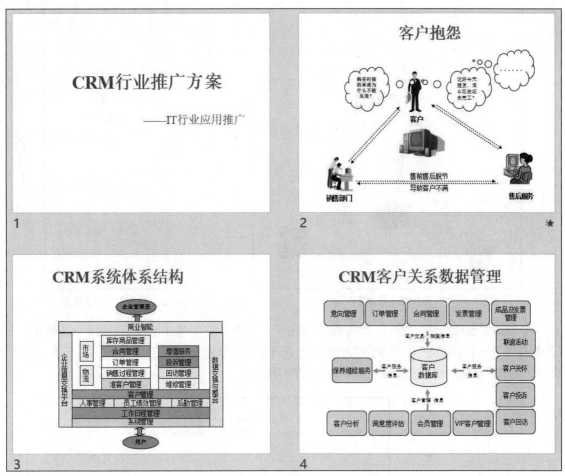

图 3.75 "CRM 行业推广方案"效果图

操作步骤如下。

（1）启动 PowerPoint 2016，新建一个空白演示文稿。将演示文档重命名为"CRM 行业推广方案"，并将其保存在"E:\公司文档\市场部"文件夹中 。

（2）使用"标题幻灯片"版式制作第 1 张幻灯片。

（3）利用形状、剪贴画等图形制作第 2 张幻灯片。

PowerPoint 提供了丰富的形状，可用来创建多种简单或复杂的图形。在进行演示时，直观的图形往往比文字具有更强的说服力，第 2、第 3、第 4 这 3 张幻灯片可用不同的自绘图形来制作。

① 插入一张"仅标题"版式的新幻灯片。输入图 3.76 所示的标题文字，插入并调整图片，利用文本框输入文字。单击【插入】→【插图】→【形状】命令，从列表中选择"线条"类中的"箭头"并绘制箭头线图形，再将形状轮廓设置为"圆点"虚线。

② 单击【插入】→【插图】→【形状】命令，从列表中选择"标注"类中的"云形标注"并绘制标注图形，如图 3.77 所示。

③ 在标注中输入文字，将字号设置为"14"，然后单击黄色句柄，将其拖到相应的位置。

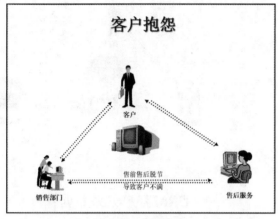

图 3.76　初始图形

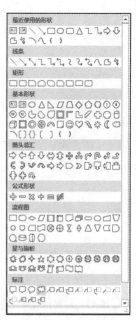

图 3.77　自绘标注

　　④ 修改"云形标注"的格式。同时选中每一个"云形标注"，单击【绘图工具】→【格式】→【形状样式】→【形状填充】命令，打开图 3.78 所示的"形状填充"下拉菜单，选择"无填充颜色"命令，完成第 2 张幻灯片的制作，效果如图 3.79 所示。

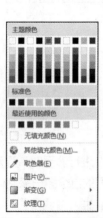

图 3.78　"形状填充"下拉菜单

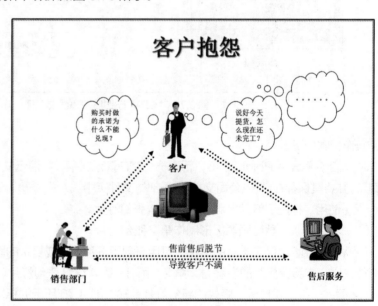

图 3.79　第 2 张幻灯片

　　（4）制作第 3 张幻灯片。

　　① 首先选择形状中的"矩形"，画出一个矩形图，再复制出 4 个相同的矩形图，如图 3.80 所示。

　　② 按照前面的绘制形状的方法，制作出图 3.81 所示的所有矩形图形，再绘制出两个椭圆图形和两个箭头，并在每个自绘图形中编辑文字，字号都设为"18"。

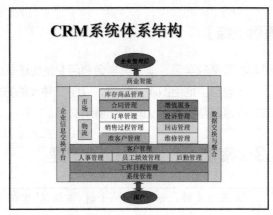

图 3.80　复制矩形图

图 3.81　第 3 张幻灯片

③ 填充图形颜色，将每个不同的图形都设置需要的填充色。

（5）完成第 4 张幻灯片。

① 按照前面使用的复制方法，在幻灯片中列出 14 个圆角矩形，并在图形中输入相应的文字。

② 按住【Shift】键，同时选中需要水平对齐的图形，即最上面的一排图形。

③ 单击【绘图工具】→【格式】→【绘图】→【排列】→【对齐】命令，展开图 3.82 所示的"对齐"下拉菜单，先选择"顶端对齐"命令，再选择"横向分布"命令，可使对应的矩形框在水平方向上平均分布，形成图 3.83 所示的效果。

图 3.82　"对齐"下拉菜单

图 3.83　水平分布效果

④ 分别在相应的位置添加圆柱体、箭头和文本框，结合前面所讲的设置填充颜色等操作进行设置，最终效果如图 3.84 所示。

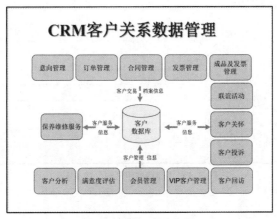

图 3.84　第 4 张幻灯片

【案例小结】

通过对本案例的学习，读者可学会利用 PowerPoint 2016 中的形状、SmartArt 图形、图片、文本框、表格等自由地组织演示文稿，以图文并茂的方式展示要讲的内容，并通过使用图形对齐和分布的方式快速调整图形，从而美化演示文稿。

3.3 案例 12 商品促销管理

示例文件	原始文件：示例文件\素材\市场篇\案例 12\商品促销管理.xlsx
	效果文件：示例文件\效果\市场篇\案例 12\商品促销管理.xlsx

【案例分析】

在日益激烈的市场竞争中，企业想要抢占更大的市场份额、争取更多顾客，需要不断加强商品的销售管理，特别是新品上市时，要想树立品牌形象，做好商品促销管理就显得尤为重要。在合适的时间和市场环境下运用合适的促销方式，对促销活动各环节的工作进行细致布置和执行决定了企业的促销效果。本案例以制作"商品促销管理"工作簿为例，介绍 Excel 2016 在促销经费预算、促销任务安排方面的应用，效果如图 3.85 和图 3.86 所示。

	类别	费用项目	成本或比例	数量／天	天数／次数	预算
		促销费用预算表				
	类别	费用项目	成本或比例	数量／天	天数／次数	预算
3	促销费用	免费派发公司样品的数量	3.65	100	7	2,555.00
4		参与活动的消费者可以得到卡通扇一把	0.5	200	7	700.00
5		购买产品获得公司小礼品	5	100	7	3,500.00
6		商品降价金额	5%	3000	7	1,050.00
7		小计				7,805.00
8	店内宣传标识	巨幅海报	400	1		400.00
9		小型宣传单张	0.15	1000	7	1,050.00
10		DM	1200	1		1,200.00
11		小计				2,650.00
12	促销执行费用	聘用促销人员费用	80	2	7	1,120.00
13		上缴卖场促销人员管理费	30	2	7	420.00
14		其他可能发生的费用(赞助费/入场费等)	2000			2,000.00
15		小计				3,540.00
16	其他费用	交通费				300.00
17		赠品运输与管理费用				1,000.00
18		小计				1,300.00
19		总费用				15,295.00

图 3.85 "促销费用预算"效果图

促销任务安排表

	计划开始日	天数	计划结束日
促销计划立案	2020-10-13	2	2020-10-14
促销战略决定	2020-10-17	5	2020-10-21
采购、与卖家谈判	2020-10-22	2	2020-10-23
促销商品宣传设计与印制	2020-10-24	7	2020-10-30
促销准备与实施	2020-11-1	11	2020-11-11
成果评估	2020-11-12	2	2020-11-13

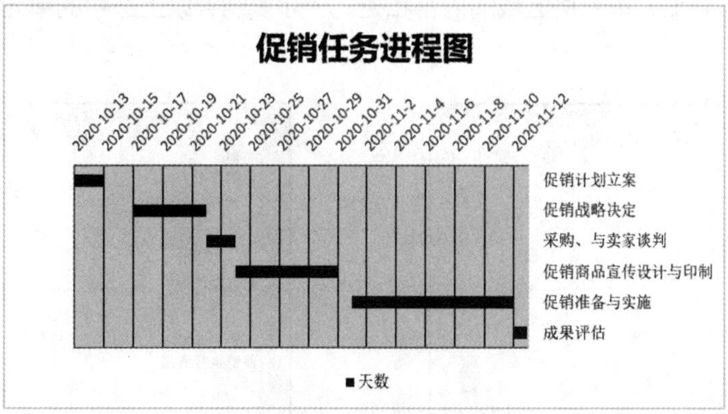

图 3.86 "促销任务安排"效果图

【知识与技能】

- 新建工作簿、重命名工作表
- 设置数据格式
- 选择性粘贴
- SUM、SUMIF 和 DATEDIF 函数的应用
- 创建和编辑图表
- 打印图表
- 绝对引用和相对引用
- 条件格式的应用

【解决方案】

STEP 1 新建工作簿，重命名工作表

（1）启动 Excel 2016，新建一个空白工作簿。

（2）将新建的工作簿重命名为"商品促销管理"，并将其保存在"E:\公司文档\市场部"文件夹中。

（3）将"Sheet1"工作表重命名为"促销费用预算"。

STEP 2 创建"促销费用预算"工作表

（1）输入表格标题。在"促销费用预算"工作表中，选中 A1:F1 单元格区域，设置"合并后居中"，并输入标题"促销费用预算表"。

（2）输入预算项目标题。分别在 A2、A3、A8、A12、A16 和 A19 单元格中输入预算项目标题，并将文字加粗，如图 3.87 所示。

（3）输入和复制各小计项标题。

① 选中 A7:B7 单元格区域，设置"合并后居中"，输入"小计"，并将文字加粗。

② 选中 A7:B7 单元格区域，单击【开始】→【剪贴板】→【复制】命令。

③ 按住【Ctrl】键，同时选中 A11、A15 和 A18 单元格，单击【开始】→【剪贴板】→【粘贴】命令按钮，将 A7:B7 单元格区域的内容和格式一起复制到以上选中的单元格区域，如图 3.88 所示。

图 3.87　输入预算项目标题　　　　　　　图 3.88　输入和复制各小计项标题

（4）输入预算数据。参照图 3.89 输入各项预算数据，并适当调整单元格的列宽。

（5）设置数据格式。

① 设置百分比格式。选中 C6 单元格，单击【开始】→【数字】→【百分比样式】命令。

② 设置数值格式。选中 F3:F19 单元格区域，单击【开始】→【数字】→【数字格式】按钮，打开"设置单元格格式"对话框，在"分类"列表框中选择"数值"，在右侧设置小数位数为"2"，并选中"使用千位分隔符"复选框，如图 3.90 所示。

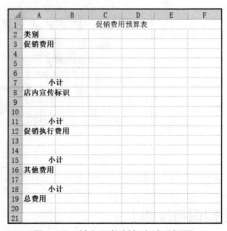

	A	B	C	D	E	F
1			促销费用预算表			
2	类别	费用项目	成本或比例	数量／天	天数／次数	预算
3	促销费用	免费派发公司样品的数量	3.65	100	7	
4		参与活动的消费者可以得到卡通扇一把	0.5	200	7	
5		购买产品获得公司小礼品	5	100	7	
6		商品降价金额	0.05	3000	7	
7		小计				
8	店内宣传标识	巨幅海报	400	1		
9		小型宣传单张	0.15	1000	7	
10		DM	1200	1		
11		小计				
12	促销执行费用	聘用促销人员费用	80	2	7	
13		上缴卖场促销人员管理费	30	2	7	
14		其他可能发生的费用(赞助费/入场费等)	2000			
15		小计				
16	其他费用	交通费				
17		赠品运输与管理费用				
18		小计				
19	总费用					
20						

图 3.89　输入各项预算数据

图 3.90 "设置单元格格式"对话框

STEP 3 编制预算项目

（1）选中 F3 单元格，输入公式"=C3*D3*E3"，按【Enter】键确认。

（2）选择性粘贴。

① 选中 F3 单元格，按【Ctrl】+【C】组合键复制。

② 按住【Ctrl】键，同时选中 F4:F6、F9 和 F12:F13 单元格区域，单击【开始】→【剪贴板】→【粘贴】下拉按钮，从下拉菜单中选择"选择性粘贴"命令，打开图 3.91 所示的"选择性粘贴"对话框，选中"公式"单选按钮。

图 3.91 "选择性粘贴"对话框

③ 单击"确定"按钮。此时 F4:F6、F9 和 F12:F13 单元格区域都复制了与 F3 单元格相同的公式，如图 3.92 所示。

	A	B	C	D	E	F	G
1			促销费用预算表				
2	类别	费用项目	成本或比例	数量 / 天	天数 / 次数	预算	
3	促销费用	免费派发公司样品的数量	3.65	100	7	2,555.00	
4		参与活动的消费者可以得到卡通扇一把	0.5	200	7	700.00	
5		购买产品获得公司小礼品	5	100	7	3,500.00	
6		商品降价金额	5%	3000		1,050.00	
7		小计					
8	店内宣传标识	巨幅海报	400	1			
9		小型宣传单张	0.15	1000		1,050.00	
10		DM	1200	1			
11		小计					
12	促销执行费用	聘用促销人员费用	80	2	7	1,120.00	
13		上缴卖场促销人员管理费	30	2	7	420.00	
14		其他可能发生的费用(赞助费/入场费等)	2000				
15		小计					
16	其他费用	交通费					
17		赠品运输与管理费用					
18		小计					
19	总费用						
20							

图 3.92　选择性粘贴"公式"的效果

活力小贴士

① 移动公式时，公式内的单元格引用不会更改。复制公式时，单元格引用将根据所用的引用类型而变化。

② 移动公式时，引用的单元格使用绝对引用（引用不随公式位置变化而变化）；复制公式时，引用的单元格使用相对引用（引用随公式位置的变化而变化）。

③ 若要复制公式和任何设置，可直接选择"粘贴"命令。

④ 若有其他需要，则可根据需要选中图 3.91 中的其他单选按钮。

（3）编制其他预算项。

① 选中 F8 单元格，输入公式"=C8*D8"，按【Enter】键确认。

② 选中 F10 单元格，输入公式"=C10*D10"，按【Enter】键确认。

③ 选中 F14 单元格，输入公式"=C14"，按【Enter】键确认。

④ 选中 F16:F17 单元格区域，分别输入"300"和"1000"。

STEP 4　编制预算"小计"

（1）选中 F7 单元格，输入公式"=SUM(F$3:F6)-SUMIF($A$3:$A6,$A7,F$3:F6)*2"，按【Enter】键确认。

活力小贴士　SUMIF 函数是 Excel 中根据指定条件对若干单元格、区域或引用求和的一个函数。

语法：SUMIF(range,criteria,sum_range)。

参数说明。

① range 为用于条件判断的单元格区域。每个区域中的单元格可以包含数字、数组、命名的区域或包含数字的引用。忽略空值和文本值。

② criteria 为确定哪些单元格将被相加求和的条件，其形式可以为数字、表达式、文本或单元格内容。例如，条件可以表示为 32、"32"、">32"、"apples"或 A1。条件还可以使用通配符问号(?)和星号(*)等，如需要求和的条件为第 2 个数字为 2 的，可表示为"?2*"，从而简化公式设置。

③ sum_range 是需要求和的实际单元格。当省略 sum_range 时，条件区域就是实际求和区域。

（2）选中 F7 单元格，按【Ctrl】+【C】组合键复制公式。

（3）按住【Ctrl】键，同时选中 F11、F15 和 F18 单元格。

（4）按【Ctrl】+【V】组合键粘贴公式。

活力小贴士

① 公式"=SUM(F$3:F6)-SUMIF($A$3:$A6,$A7,F$3:F6)*2"表示指定 SUMIF 函数从 A3:A6 单元格区域中，查找是否含有 A7 单元格"小计"内容的记录，并对 F 列中同一行的相应单元格的值进行汇总，因为不包含"小计"，所以 SUMIF 函数值为 0，则 F7 单元格等于 F3:F6 单元格区域之和。

② 公式"=SUM(F$3:F10)-SUMIF($A$3:$A10,$A11,F$3:F10)*2"表示指定 SUMIF 函数从 A3:A10 单元格区域中，查找是否含有 A11 单元格"小计"内容的记录，并对 F 列中同一行的相应单元格的值进行汇总，因为 A7 单元格包含"小计"，所以 SUMIF 函数值计算 F3:F10 单元格区域之和时，重复计算了 F3:F7 单元格区域，则 F11 单元格等于 F3:F10 单元格区域之和减去 2 倍的 F7 单元格的值，即 F8:F10 单元格区域之和。

③ 公式"=SUM(F$3:F14)-SUMIF($A$3:$A14,$A15,F$3:F14)*2"表示指定 SUMIF 函数从 A3:A14 单元格区域中，查找是否含有 A15 单元格"小计"内容的记录，并对 F 列中同一行的相应单元格的值进行汇总，因为 A7 和 A11 单元格包含"小计"，所以 SUMIF 函数值计算 F3:F14 单元格区域之和时，重复计算了 F3:F11 单元格区域，则 F15 单元格等于 F3:F14 单元格区域之和减去 2 倍的 F7 和 F11 单元格之和的值，即 F12:F14 单元格区域之和。

④ 公式"=SUM(F$3:F17)-SUMIF($A$3:$A17,$A18,F$3:F17)*2"表示指定 SUMIF 函数从 A3:A17 单元格区域中，查找是否含有 A18 单元格"小计"内容的记录，并对 F 列中同一行的相应单元格的值进行汇总，因为 A7、A11 和 A15 单元格包含"小计"，所以 SUMIF 函数值计算 F3:F17 单元格区域之和时，重复计算了 F7、F11 和 F15 单元格区域，则 F18 单元格等于 F3:F17 单元格区域之和减去 2 倍的 F7、F11 和 F15 单元格之和的值，即 F16:F17 单元格区域之和。

STEP 5 统计"总费用"

（1）选中 F19 单元格。

（2）输入公式"=SUM(F3:F18)/2"，按【Enter】键确认。

STEP 6 美化"促销费用预算"表

（1）设置表格标题的字体为"华文隶书"、字号为"22"、行高为"42"。

（2）设置表格列标题的格式为"华文中宋、12、加粗、白色、居中"，并填充"蓝色，个性色 5，淡色 40%"的底纹。

（3）分别对各类别标题进行"合并后居中"的设置。

（4）为"小计"行和"总费用"行添加"蓝色，个性色 1，淡色 80%"的底纹，并设置行高为"19"。

（5）将 A19:B19 单元格区域设置为"合并后居中"。

（6）为 A2:F18 单元格区域添加主题颜色为"蓝色，个性色 1"的内外边框线。

（7）调整各明细行的行高为"16.5"。

（8）取消显示编辑栏和网格线。

STEP 7 创建"促销任务安排"工作表

（1）插入一张新工作表，并重命名为"促销任务安排"。

（2）输入表格标题。选中 A1:D1 单元格区域，设置"合并后居中"，输入表格标题"促销任务安排表"，设置字体为"黑体、加粗"，字号为"14"。

（3）输入表格内容。

① 在 B2:D2 和 A3:A8 单元格区域中输入表格的行标题和列标题，并适当调整表格列宽，如图 3.93 所示。

② 在 B3:B8 和 D3:D8 单元格区域中输入图 3.94 所示的表格内容。

	A	B	C	D
1		促销任务安排表		
2		计划开始日	天数	计划结束日
3	促销计划立案			
4	促销战略决定			
5	采购、与卖家谈判			
6	促销商品宣传设计与印制			
7	促销准备与实施			
8	成果评估			

图 3.93 "促销任务安排表"的框架

	A	B	C	D
1		促销任务安排表		
2		计划开始日	天数	计划结束日
3	促销计划立案	2020-10-13		2020-10-14
4	促销战略决定	2020-10-17		2020-10-21
5	采购、与卖家谈判	2020-10-22		2020-10-23
6	促销商品宣传设计与印制	2020-10-24		2020-10-30
7	促销准备与实施	2020-11-1		2020-11-11
8	成果评估	2020-11-12		2020-11-13

图 3.94 "促销任务安排表"的内容

（4）计算"天数"。

① 选中 C3 单元格，输入公式"=DATEDIF(B3,D3+1,"d")"，按【Enter】键确认。

② 选中 C3 单元格，拖曳右下角的填充柄至 C8 单元格，将公式复制到 C4:C8 单元格区域。

活力小贴士

DATEDIF 函数是 Excel 中的隐藏函数，在帮助和插入公式里面没有，但其用途广泛，能返回两个日期之间的年\月\日间隔数。常使用 DATEDIF 函数计算两日期之间的天数、月数和年数。

语法：DATEDIF(start_date,end_date,unit)

参数说明。

① start_date 为一个日期，它代表时间段内的第一个日期或起始日期。

② end_date 为一个日期，它代表时间段内的最后一个日期或结束日期。

③ unit 为所需信息的返回类型。

注：结束日期必须大于起始日期。

假如 A1 单元格写的也是一个日期，那么下面的 3 个公式可以计算出 A1 单元格的日期和今天的时间差，分别是年数差、月数差，天数差。注意下面公式中的引号和逗号括号都是在英文状态下输入的。

=DATEDIF(A1,TODAY(),"Y")：计算年数差。"Y"表示时间段中的整年数。

=DATEDIF(A1,TODAY(),"M")：计算月数差。"M"表示时间段中的整月数。

=DATEDIF(A1,TODAY(),"D")：计算天数差。"D"表示时间段中的天数。

（5）美化工作表。

① 设置表格 A2:D2 和 A3:A8 单元格区域中的字体为"加粗"，并添加"白色，背景 1，深色 15%"的填充色。

② 设置表格 B3:D8 单元格区域内容的对齐方式为"居中"。

③ 适当调整表格的行高和列宽。

④ 添加表格框线。

效果如图 3.95 所示。

	促销任务安排表		
	计划开始日	天数	计划结束日
促销计划立案	2020-10-13	2	2020-10-14
促销战略决定	2020-10-17	5	2020-10-21
采购、与卖家谈判	2020-10-22	2	2020-10-23
促销商品宣传设计与印制	2020-10-24	7	2020-10-30
促销准备与实施	2020-11-1	11	2020-11-11
成果评估	2020-11-12	2	2020-11-13

图 3.95 "促销任务安排表"的效果

STEP 8 绘制"促销任务进程图"

（1）插入堆积条形图。

① 选中 A2:D8 单元格区域。

② 单击【插入】→【图表】→【插入柱形图或条形图】命令，在打开的下拉菜单中选择如图 3.96 所示的"二维条形图"中的"堆积条形图"，在工作表中生成图 3.97 所示的"堆积条形图"。

微课 3-8 绘制"促销任务进程图"

（2）调整图表位置。

① 单击选中图表。

② 按住鼠标左键不放，将堆积条形图拖曳至数据表下方。

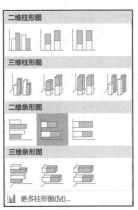

图 3.96 "条形图"下拉菜单

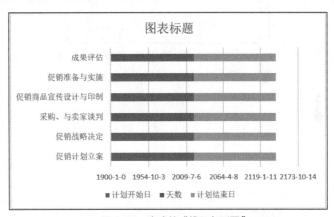

图 3.97 生成的"堆积条形图"

（3）设置数据系列的格式。

① 选中生成的图表。

② 单击【图表工具】→【格式】→【当前所选内容】→【图表元素】下拉按钮，从打开的下拉列表中选择"系列'计划开始日'"命令，如图 3.98 所示。

③ 单击"设置所选内容的格式"命令，打开"设置数据系列格式"窗格。

④ 单击"填充与线条"按钮 ，切换到"填充"选项，单击展开"填充"选项，选中"无填充"单选按钮，如图 3.99 所示。

⑤ 同样，将"系列'计划结束日'"的"填充"选项也设置为"无填充"。

⑥ 在图例中的"天数"上单击鼠标右键，从弹出的快捷菜单中选择"设置数据系列格式"命令，

打开"设置数据系列格式"窗格，单击"填充与线条"按钮 ，切换到"填充"选项，单击展开"填充"选项，选中"纯色填充"单选按钮。单击"颜色"右侧的下拉按钮，在打开的颜色面板中选择标准色中的"深红"，如图 3.100 所示。

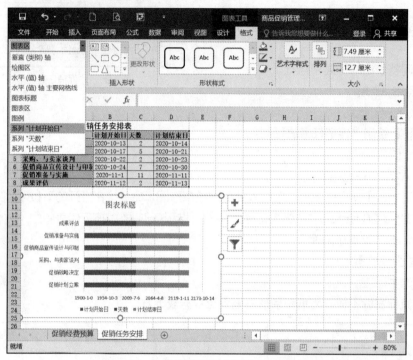

图 3.98 选择"系列'计划开始日'"命令

图 3.99 "设置数据系列格式"窗格

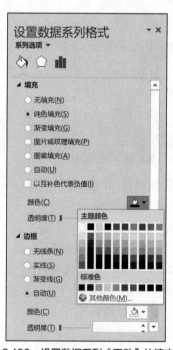

图 3.100 设置数据系列"天数"的填充色

（4）调整纵坐标轴格式。

① 单击【图表工具】→【格式】→【当前所选内容】→【图表元素】下拉按钮，从打开的下拉列表中选择"垂直（类别）轴"命令，再单击"设置所选内容的格式"命令，打开"设置坐标轴格式"窗格。

② 单击"坐标轴选项"按钮 ▙▙，在"坐标轴选项"中选中"逆序类别"复选框，如图 3.101 所示。

（5）调整横坐标轴格式。

① 单击【图表工具】→【格式】→【当前所选内容】→【图表元素】下拉按钮，从打开的下拉列表中选择"水平（值）轴"命令，再单击"设置所选内容的格式"命令，打开"设置坐标轴格式"窗格。

② 单击"坐标轴选项"按钮 ▙▙，在"最小值""最大值""主要"右侧的文本框中分别输入"44117.0""44148.0""2.0"。在下方的"纵坐标轴交叉"栏中选中"最大坐标轴值"单选按钮，如图 3.102 所示。

图 3.101　设置纵坐标轴格式

图 3.102　设置横坐标轴格式

活力小贴士　横坐标轴刻度是一系列数字，代表水平轴上取值用到的日期。最小值 44117 表示的日期为 2020-10-13，最大值 44148 表示的日期为 2020-11-13。主要刻度单位 2 表示两天。要查看日期的序列号，可在单元格中输入日期 2020-10-13，然后应用"常规"数字格式，即为 44117。

③ 单击"设置坐标轴格式"窗格上方的"文本选项"，再单击"文本框"按钮 ▤，在"自定义角度"文本框中输入"-45°"。

（6）放大图表。单击选中图表的绘图区，将鼠标指针移到绘图区的 4 个顶点的任意一个之上，向外拖曳即可放大图表。

（7）删除图例中的"计划开始日"和"计划结束日"两个系列。

① 选中图例，单击"计划开始日"系列，按【Delete】键删除选中的系列。

② 用同样的操作方法，删除图例中的"计划结束日"系列。

（8）编辑图表标题。

① 选中图表标题，将图表标题修改为"促销任务进程图"。

② 设置图表标题的字体为"微软雅黑、加粗"，字号为"18"。

（9）设置绘图区格式。

① 单击【图表工具】→【格式】→【当前所选内容】→【图表元素】下拉按钮，从打开的下拉列表中选择"绘图区"命令，再单击"设置所选内容的格式"命令，打开"设置绘图区格式"窗格。

② 在"填充与线条"选项卡中，选中"纯色填充"单选按钮，此时在下方展开了"颜色"和"透明度"两个选项。

③ 单击"颜色"右侧的下拉按钮，在打开的颜色面板中选择"白色,背景 1，深色 15%"。

④ 单击展开下面的"边框"选项，选中"实线"单选按钮。

（10）设置"水平（值）轴 主要网格线"格式。

① 单击【图表工具】→【格式】→【当前所选内容】→【图表元素】下拉按钮，从打开的下拉列表中选择"水平（值）轴 主要网格线"命令，再单击"设置所选内容的格式"命令，打开"设置主要网格线格式"窗格。

② 在"填充与线条"选项中选中"实线"单选按钮。

③ 单击"颜色"右侧的下拉按钮，在打开的颜色面板中选择主题颜色中的"蓝色，个性色 1"。

（11）美化工作表。取消显示编辑栏和网格线。

（12）打印预览图表。

① 单击选中图表。

② 单击【文件】→【打印】命令，出现图 3.103 所示的打印预览界面。

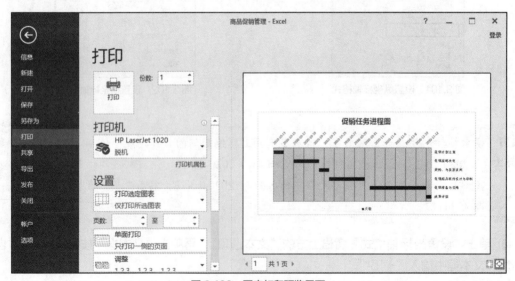

图 3.103　图表打印预览界面

【拓展案例】

（1）制作"促销活动各项预算统计图"，效果如图 3.104 所示。

图 3.104　促销活动各项预算统计图

（2）制作"产品报价清单"，效果如图 3.105 所示。

	A	B	C	G	I	J	K
1			*产品报价清单*				
2	序号	品牌	产品名称	单价	数量	金额	备注
3	20-001	联想	ThinkPad SL400 2743NCC 笔记本电脑	¥4,299	5	¥21,495	
4	20-002	三星	Samsung R453-DS0E 笔记本电脑	¥3,788	3	¥11,364	
5	20-003	华硕	ASUS F6K42VE-SL 笔记本电脑	¥4,769	10	¥47,690	
6	20-004	东芝	Toshiba Satellite L332 笔记本电脑	¥3,999	2	¥7,998	
7	20-005	联想	ThinkPad X200S 7462-A14 笔记本电脑	¥6,288	7	¥44,016	
8	20-006	宏基	Acer AS4535G-652G32Mn 笔记本	¥4,099	2	¥8,198	配置清单见附件
9	20-007	惠普	HP 4416s VH422PA#AB2	¥4,199	6	¥25,194	
10	20-008	清华同方	TongFang 锋锐K40笔记本	¥2,599	2	¥5,198	
11	20-009	苹果	Apple MacbookAir MB940CH/A 笔记本	¥19,999	1	¥19,999	
12	20-010	海尔	Haier A600-T3400G10160BGLJ 笔记本	¥2,799	1	¥2,799	
13	20-011	三星	Samsung N310-KA05 笔记本电脑	¥3,699	3	¥11,097	
14	20-012	微星	MSI Wind U100X-615CN 笔记本	¥2,299	5	¥11,495	
15	合计金额	¥216,543		大写金额：	贰拾壹万陆仟伍佰肆拾叁 元		

图 3.105　"产品报价清单"效果图

【拓展训练】

　　产品是企业的核心，是了解企业的窗口，而客户除了想了解企业信息之外，对企业的产品和产品价格也很感兴趣。这里制作的产品目录及价格表，就是希望通过产品目录及价格使客户能清楚地了解到企业信息，从而为企业赢得商机、带来经济效益。"产品目录及价格表"的效果如图 3.106 所示。

	A	B	C	D	E	F	G	H	I
1				产品目录及价格表					
2	公司名称：						零售价加价率：	20%	
3	公司地址：						批发价加价率：	10%	
4	序号	产品编号	产品类型	产品型号	单位	出厂价	建议零售价	批发价	备注
5	000001	C10001001	CPU	Celeron E1200 1.6GHz (盒)	颗	¥275.00	¥330.00	¥302.50	
6	000002	C10001002	CPU	Pentium E2210 2.2GHz (盒)	颗	¥390.00	¥468.00	¥429.00	
7	000003	C10001003	CPU	Pentium E5200 2.5GHz (盒)	颗	¥480.00	¥576.00	¥528.00	
8	000004	R10001002	内存条	宇瞻 经典2GB	根	¥175.00	¥210.00	¥192.50	
9	000005	R20001001	内存条	威刚 万紫千红2GB	根	¥180.00	¥216.00	¥198.00	
10	000006	R30001001	内存条	金士顿 1GB	根	¥100.00	¥120.00	¥110.00	
11	000007	D10001001	硬盘	希捷酷鱼7200.12 320GB	块	¥340.00	¥408.00	¥374.00	
12	000008	D20001001	硬盘	西部数据320GB(蓝版)	块	¥305.00	¥366.00	¥335.50	
13	000009	D30001001	硬盘	日立 320GB	块	¥305.00	¥366.00	¥335.50	
14	000010	V10001001	显卡	昂达 魔剑P45+	块	¥699.00	¥838.80	¥768.90	
15	000011	V20001002	显卡	华硕 P5QL	块	¥569.00	¥682.80	¥625.90	
16	000012	V30001001	显卡	微星 X58M	块	¥1,399.00	¥1,678.80	¥1,538.90	
17	000013	M10001004	主板	华硕 9800GT冰刃版	块	¥799.00	¥958.80	¥878.90	
18	000014	M10001005	主板	微星 N250GTS-2D暴雪	块	¥798.00	¥957.60	¥877.80	
19	000015	M10001006	主板	盈通 GTX260+游戏高手	块	¥1,199.00	¥1,438.80	¥1,318.90	
20	000016	LCD001001	显示器	三星 943NW+	台	¥899.00	¥1,078.80	¥988.90	
21	000017	LCD002002	显示器	优派 VX1940w	台	¥990.00	¥1,188.00	¥1,089.00	
22	000018	LCD003003	显示器	明基 G900HD	台	¥760.00	¥912.00	¥836.00	

图 3.106 "产品目录及价格表"效果图

操作步骤如下。

（1）新建、保存工作簿。

① 启动 Excel 2016，新建一份工作簿，将工作簿重命名为"产品目录及价格表"，并将其保存在"E:\公司文档\市场部"文件夹中。

② 将"Sheet1"工作表重命名为"价格表"。

③ 在"价格表"工作表中录入图 3.107 所示的数据。

	A	B	C	D	E	F	G	H	I
1	产品目录及价格表								
2	公司名称：						零售价加价率：	20%	
3	公司地址：						批发价加价率：	10%	
4	序号	产品编号	产品类型	产品型号	单位	出厂价	建议零售价	批发价	备注
5	1	C10001001	CPU	Celeron E1200 1.6GHz (盒)	颗	275			
6	2	C10001002	CPU	Pentium E2210 2.2GHz (盒)	颗	390			
7	3	C10001003	CPU	Pentium E5200 2.5GHz (盒)	颗	480			
8	4	R10001002	内存条	宇瞻 经典2GB	根	175			
9	5	R20001001	内存条	威刚 万紫千红2GB	根	180			
10	6	R30001001	内存条	金士顿 1GB	根	100			
11	7	D10001001	硬盘	希捷酷鱼7200.12 320GB	块	340			
12	8	D20001001	硬盘	西部数据320GB(蓝版)	块	305			
13	9	D30001001	硬盘	日立 320GB	块	305			
14	10	V10001001	显卡	昂达 魔剑P45+	块	699			
15	11	V20001002	显卡	华硕 P5QL	块	569			
16	12	V30001001	显卡	微星 X58M	块	1399			
17	13	M10001004	主板	华硕 9800GT冰刃版	块	799			
18	14	M10001005	主板	微星 N250GTS-2D暴雪	块	798			
19	15	M10001006	主板	盈通 GTX260+游戏高手	块	1199			
20	16	LCD001001	显示器	三星 943NW+	台	899			
21	17	LCD002002	显示器	优派 VX1940w	台	990			
22	18	LCD003003	显示器	明基 G900HD	台	760			

图 3.107 "价格表"数据

（2）计算"建议零售价"和"批发价"。

这里设定"建议零售价 = 出厂价×（1+零售价加价率）""批发价 = 出厂价×（1+批发价加价率）"。

① 选中 G5 单元格，输入公式" = F5*（1+$H$2）"，按【Enter】键，可计算出相应的"建

议零售价"。

② 选中 H5 单元格，输入公式"＝F5*（1+$H$3）"，按【Enter】键，可计算出相应的"批发价"。

③ 选中 G5 单元格，拖曳填充柄至 G22 单元格，可计算出所有的"建议零售价"数据。

④ 同样，拖曳 H5 的填充柄至 H22 单元格，可计算出所有的"批发价"数据。生成的结果如图 3.108 所示。

	A	B	C	D	E	F	G	H	I
1	产品目录及价格表								
2	公司名称：						零售价加价率：	20%	
3	公司地址：						批发价加价率：	10%	
4	序号	产品编号	产品类型	产品型号	单位	出厂价	建议零售价	批发价	备注
5	1	C10001001	CPU	Celeron E1200 1.6GHz（盒）	颗	275	330	302.5	
6	2	C10001002	CPU	Pentium E2210 2.2GHz（盒）	颗	390	468	429	
7	3	C10001003	CPU	Pentium E5200 2.5GHz（盒）	颗	480	576	528	
8	4	R10001001	内存条	宇瞻 经典2GB	根	175	210	192.5	
9	5	R20001001	内存条	威刚 万紫千红2GB	根	180	216	198	
10	6	R30001001	内存条	金士顿 1GB	根	100	120	110	
11	7	D10001001	硬盘	希捷酷鱼7200.12 320GB	块	340	408	374	
12	8	D20001001	硬盘	西部数据320GB(蓝版)	块	305	366	335.5	
13	9	D30001001	硬盘	日立 320GB	块	305	366	335.5	
14	10	V10001001	显卡	昂达 魔剑P45+	块	699	838.8	768.9	
15	11	V20001002	显卡	华硕 P5QL	块	569	682.8	625.9	
16	12	V30001003	显卡	微星 X58M	块	1399	1678.8	1538.9	
17	13	M10001004	主板	华硕 9800GT冰刃版	块	799	958.8	878.9	
18	14	M10001005	主板	微星 N250GTS-2D暴雪	块	798	957.6	877.8	
19	15	M10001006	主板	盈通 GTX260+游戏高手	块	1199	1438.8	1318.9	
20	16	LCD001001	显示器	三星 943NW+	台	899	1078.8	988.9	
21	17	LCD002002	显示器	优派 VX1940w	台	990	1188	1089	
22	18	LCD003003	显示器	明基 G900HD	台	760	912	836	

图 3.108　计算"建议零售价"和"批发价"后的结果

活力小贴士

① 绝对引用的概念。

有时候，在公式中需要引用单元格，无论在哪个结果单元格中，它都固定使用某单元格中的数据，而不随着公式的位置变化而变化，这种引用单元格的方式叫作绝对引用。

② 绝对引用的书写方法。

引用单元格时，有同时固定列号和行号、只固定列号、只固定行号这 3 种方法。直接在输入单元格名称时，在要固定的列号或行号前面直接输入"$"符号，或在编辑栏中将光标置于需要设置为绝对引用的单元格名称处（按【F4】键 1 次、2 次、3 次后，可分别在列号和行号、行号、列号前添加绝对引用符号"$"，如$A$1、A$1、$A1。

（3）设置数据格式。

① 设置"序号"数据格式。

a. 选中序号所在列数据单元格区域 A5:A22。

b. 单击【开始】→【单元格】→【格式】命令，在打开的下拉菜单中选择"设置单元格格式"命令，打开"设置单元格格式"对话框。

c. 在"数字"选项卡左侧的"分类"列表框中选择"自定义"，在右侧"类型"下方的文本框中输入"000000"，如图 3.109 所示，然后单击"确定"按钮，将选定的数据区域的格式设置为 6 位数字编码的序号。

② 设置货币格式。

a. 选中"出厂价""建议零售价""批发价"对应的 3 列数据区域。

b. 单击【开始】→【数字】→【数字格式】下拉按钮，打开图 3.110 所示的"数字格式"下拉菜单，选择"货币"样式，完成对选中单元格的货币样式的设置，效果如图 3.111 所示。

图 3.109　"设置单元格格式"对话框

图 3.110　"数字格式"下拉菜单

	A	B	C	D	E	F	G	H	I
1	产品目录及价格表								
2	公司名称：						零售价加价率：	20%	
3	公司地址：						批发价加价率：	10%	
4	序号	产品编号	产品类型	产品型号	单位	出厂价	建议零售价	批发价	备注
5	000001	C10001001	CPU	Celeron E1200 1.6GHz (盒)	颗	¥275.00	¥330.00	¥302.50	
6	000002	C10001002	CPU	Pentium E2210 2.2GHz (盒)	颗	¥390.00	¥468.00	¥429.00	
7	000003	C10001003	CPU	Pentium E5200 2.5GHz (盒)	颗	¥480.00	¥576.00	¥528.00	
8	000004	R10001002	内存条	宇瞻 经典2GB	根	¥175.00	¥210.00	¥192.50	
9	000005	R20001001	内存条	威刚 万紫千红2GB	根	¥180.00	¥216.00	¥198.00	
10	000006	R30001001	内存条	金士顿 1GB	根	¥100.00	¥120.00	¥110.00	
11	000007	D10001001	硬盘	希捷酷鱼7200.12 320GB	块	¥340.00	¥408.00	¥374.00	
12	000008	D20001001	硬盘	西部数据320GB(蓝版)	块	¥305.00	¥366.00	¥335.50	
13	000009	D30001001	硬盘	日立 320GB	块	¥305.00	¥366.00	¥335.50	
14	000010	V10001001	显卡	昂达 魔剑P45+	块	¥699.00	¥838.80	¥768.90	
15	000011	V20001002	显卡	华硕 P5QL	块	¥569.00	¥682.80	¥625.90	
16	000012	V30001001	显卡	微星 X58M	块	¥1,399.00	¥1,678.80	¥1,538.90	
17	000013	M10001004	主板	华硕 9800GT冰刃版	块	¥799.00	¥958.80	¥878.90	
18	000014	M10001005	主板	微星 N250GTS-2D暴雪	块	¥798.00	¥957.60	¥877.80	
19	000015	M10001006	主板	盈通 GTX260+游戏高手	块	¥1,199.00	¥1,438.80	¥1,318.90	
20	000016	LCD001001	显示器	三星 943NW+	台	¥899.00	¥1,078.80	¥988.90	
21	000017	LCD002002	显示器	优派 VX1940w	台	¥990.00	¥1,188.00	¥1,089.00	
22	000018	LCD003003	显示器	明基 G900HD	台	¥760.00	¥912.00	¥836.00	

图 3.111　设置货币格式后的效果图

活力小贴士　当设置货币样式之后，随着货币符号和小数位数的增加，部分单元格将出现"###"符号，此时只需适当地调整列宽即可。

（4）使用条件格式分析数据。

① 突出显示批发价为 500～1 000 元的产品，采用红色、加粗、倾斜的格式显示。

a. 选中要设置条件格式的 H5:H22 单元格区域。

b. 单击【开始】→【样式】→【条件格式】命令，打开"条件格式"下拉菜单。

活力小贴士 在设置条件格式时，可以选择预定义的条件规则，也可以自己新建规则，最终的效果是符合条件的单元格按照设置的格式进行显示。

c. 从菜单中单击图 3.112 所示的【突出显示单元格规则】→【介于】命令，弹出图 3.113 所示的"介于"对话框。

图 3.112 "突出显示单元格规则"子菜单

图 3.113 "介于"对话框

d. 在"介于"对话框中分别输入数值"500"和"1 000"作为条件，如图 3.114 所示，然后单击"设置为"右侧的下拉按钮，从下拉列表中选择"自定义格式"选项，打开"设置单元格格式"对话框。

图 3.114 设置条件

e. 在"设置单元格格式"对话框的"字体"选项卡中，选择字形为"加粗倾斜"，颜色为"红色"，如图 3.115 所示。单击"确定"按钮完成格式的设置，返回"介于"对话框，再次单击"确定"按钮完成条件格式的设置，得到图 3.116 所示的效果。

② 突出显示出厂价相同的产品，采用浅绿色填充。

a. 选中要设置条件格式的 F5:F22 单元格区域。

b. 单击【开始】→【样式】→【条件格式】命令，打开 "条件格式"下拉菜单。

图 3.115　设置字体格式

	A	B	C	D	E	F	G	H	I
1	产品目录及价格表								
2	公司名称：						零售价加价率：	20%	
3	公司地址：						批发价加价率：	10%	
4	序号	产品编号	产品类型	产品型号	单位	出厂价	建议零售价	批发价	备注
5	000001	C10001001	CPU	Celeron E1200 1.6GHz(盒)	颗	¥275.00	¥330.00	¥302.50	
6	000002	C10001002	CPU	Pentium E2210 2.2GHz(盒)	颗	¥390.00	¥468.00	¥429.00	
7	000003	C10001003	CPU	Pentium E5200 2.5GHz(盒)	颗	¥480.00	¥576.00	*¥528.00*	
8	000004	R10001002	内存条	宇瞻 经典2GB	根	¥175.00	¥210.00	¥192.50	
9	000005	R20001001	内存条	威刚 万紫千红2GB	根	¥180.00	¥216.00	¥198.00	
10	000006	R30001001	内存条	金士顿 1GB	根	¥100.00	¥120.00	¥110.00	
11	000007	D10001001	硬盘	希捷酷鱼7200.12 320GB	块	¥340.00	¥408.00	¥374.00	
12	000008	D20001001	硬盘	西部数据320GB(蓝版)	块	¥305.00	¥366.00	¥335.50	
13	000009	D30001001	硬盘	日立 320GB	块	¥305.00	¥366.00	¥335.50	
14	000010	V10001001	显卡	昂达 魔剑P45+	块	¥699.00	¥838.80	*¥768.90*	
15	000011	V20001002	显卡	华硕 P5QL	块	¥569.00	¥682.80	*¥625.90*	
16	000012	V30001001	显卡	微星 X58M	块	¥1,399.00	¥1,678.80	¥1,538.90	
17	000013	M10001004	主板	华硕 9800GT冰刃版	块	¥799.00	¥958.80	*¥878.90*	
18	000014	M10001005	主板	微星 N250GTS-2D暴雪	块	¥798.00	¥957.60	*¥877.80*	
19	000015	M10001006	主板	盈通 GTX260+游戏高手	块	¥1,199.00	¥1,438.80	¥1,318.90	
20	000016	LCD001001	显示器	三星 943NW+	台	¥899.00	¥1,078.80	*¥988.90*	
21	000017	LCD002002	显示器	优派 VX1940w	台	¥990.00	¥1,188.00	¥1,089.00	
22	000018	LCD003003	显示器	明基 G900HD	台	¥760.00	¥912.00	*¥836.00*	

图 3.116　为"批发价"设置条件格式后的效果图

　　c. 从菜单中单击【突出显示单元格规则】→【重复值】命令，弹出图 3.117 所示的"重复值"对话框。

　　d. 单击"设置为"右侧的下拉按钮，从下拉列表中选择"自定义格式"选项，打开"设置单元格格式"对话框。

　　e. 在"设置单元格格式"对话框的"填充"选项卡中，设置背景色为"浅绿"，如图 3.118 所示。单击"确定"按钮完成格式的设置，返回"重复值"对话框，再次单击"确定"按钮完成设置，得到图 3.119 所示的效果。

图 3.117　"重复值"对话框

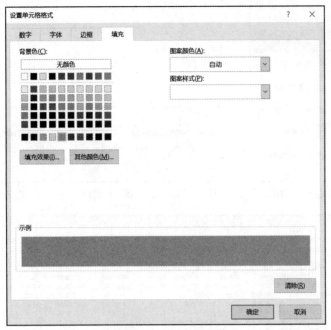

图 3.118　设置填充格式

	A	B	C	D	E	F	G	H	I
1	产品目录及价格表								
2	公司名称:						零售价加价率:	20%	
3	公司地址:						批发价加价率:	10%	
4	序号	产品编号	产品类型	产品型号	单位	出厂价	建议零售价	批发价	备注
5	000001	C10001001	CPU	Celeron E1200 1.6GHz (盒)	颗	¥275.00	¥330.00	¥302.50	
6	000002	C10001002	CPU	Pentium E2210 2.2GHz (盒)	颗	¥390.00	¥468.00	¥429.00	
7	000003	C10001003	CPU	Pentium E5200 2.5GHz (盒)	颗	¥480.00	¥576.00	¥528.00	
8	000004	R10001002	内存条	宇瞻 经典2GB	根	¥175.00	¥210.00	¥192.50	
9	000005	R20001001	内存条	威刚 万紫千红2GB	根	¥180.00	¥216.00	¥198.00	
10	000006	R30001001	内存条	金士顿 1GB	根	¥100.00	¥120.00	¥110.00	
11	000007	D10001001	硬盘	希捷酷鱼7200.12 320GB	块	¥340.00	¥408.00	¥374.00	
12	000008	D20001001	硬盘	西部数据320GB(蓝版)	块	¥305.00	¥366.00	¥335.50	
13	000009	D30001001	硬盘	日立 320GB	块	¥305.00	¥366.00	¥335.50	
14	000010	V10001001	显卡	昂达 魔剑P45+	块	¥699.00	¥838.80	¥768.90	
15	000011	V20001002	显卡	华硕 P5QL	块	¥569.00	¥682.80	¥625.90	
16	000012	V30001001	显卡	微星 X58M	块	¥1,399.00	¥1,678.80	¥1,538.90	
17	000013	M10001004	主板	华硕 9800GT冰刃版	块	¥799.00	¥958.80	¥878.90	
18	000014	M10001005	主板	微星 N250GTS-2D暴雪	块	¥798.00	¥957.60	¥877.80	
19	000015	M10001006	主板	盈通 GTX260+游戏高手	块	¥1,199.00	¥1,438.80	¥1,318.90	
20	000016	LCD001001	显示器	三星 943NW+	台	¥899.00	¥1,078.80	¥988.90	
21	000017	LCD002002	显示器	优派 VX1940w	台	¥990.00	¥1,188.00	¥1,089.00	
22	000018	LCD003003	显示器	明基 G900HD	台	¥760.00	¥912.00	¥836.00	

图 3.119　为"出厂价"设置条件格式后的效果图

③ 突出显示建议零售价最高的 5 种产品，采用浅红色填充。

a. 选中要设置条件格式的 G5:G22 单元格区域。

b. 单击【开始】→【样式】→【条件格式】命令，打开 "条件格式"下拉菜单。

c. 从菜单中单击图 3.120 所示的【项目选取规则】→【前 10 项】命令，弹出图 3.121 所示的 "前 10 项"对话框。

d. 在"项数"文本框中设置值为"5"，单击"设置为"右侧的下拉按钮，从下拉列表中选择 "浅红色填充"选项，如图 3.122 所示。

e. 单击"确定"按钮完成条件格式的设置，得到图 3.123 所示的效果。

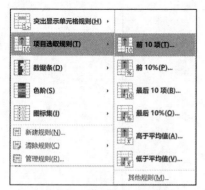

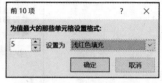

图 3.120 "项目选取规则"子菜单　　　图 3.121 "前 10 项"对话框　　　图 3.122 设置条件格式

图 3.123 为"建议零售价"设置条件格式后的效果图

（5）设置工作表的样式。

① 设置表格标题的样式。

a. 选中 A1:I1 单元格区域，将表格标题"产品目录及价格表"设置为"合并后居中"。

b. 选中标题单元格，单击【开始】→【样式】→【单元格样式】命令，打开图 3.124 所示的"单元格样式"下拉菜单。

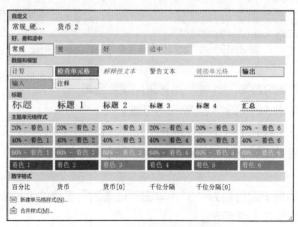

图 3.124 "单元格样式"下拉菜单

c. 单击"标题"栏中的"标题"样式，将其样式应用于选中的标题单元格。

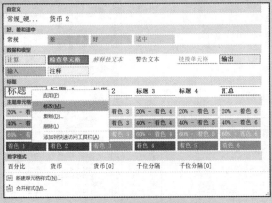

图 3.125 选择"修改"命令

图 3.126 "样式"对话框

② 设置表格的边框，为 A4:I22 单元格区域设置外粗内细的边框线。

③ 设置数据的对齐方式。

a. 将表格的列标题的格式设置为"加粗、居中"。

b. 将表格中的"序号""产品编号""单位"列的数据的对齐方式设置为"水平居中"。

④ 将表格中标题行的行高设置为"28"，其他行的行高设置为"16"。

【案例小结】

本案例通过创建"促销费用预算表""促销任务安排表""促销活动各项预算统计图""产品报价清单"和"产品目录及价格表"，介绍了工作簿和工作表的管理、设置数据格式、选择性粘贴；应用公式和函数 SUM、SUMIF 和 DATEDIF 实现数据的统计和处理；利用条件格式突出显示数据；通过创建、编辑和美化图表，使数据表中的数据更直观地呈现出来；通过打印图表，在打印预览视图下观察生成的图表。

3.4 案例 13 制作销售统计分析表

示例文件	原始文件：示例文件\素材\市场篇\案例 13\销售数据分析.xlsx
	效果文件：示例文件\效果\市场篇\案例 13\销售数据分析.xlsx

【案例分析】

公司在日常经营运转中，市场部要随时注意公司的产品销售情况，了解各种产品的市场需求量以及生产计划，并分析地区性差异等各种因素，为公司领导者制定政策和决策提供依据。将数据制作成图表，可以直观地表达数据的变化和差异。当数据以图表的方式显示时，图表会与相应的数据相链接，当更新工作表中的数据时，图表也会随之更新。案例效果如图 3.127 和图 3.128 所示。

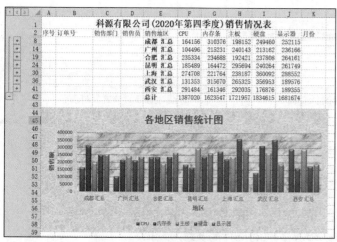

图 3.127　各地区销售统计图　　　　　　　　　图 3.128　"数据透视表"效果图

【知识与技能】

- 新建工作簿、重命名工作表
- 数据的输入
- 复制工作表
- MID 函数的应用
- 分类汇总
- 创建图表
- 修改和美化图表
- 数据透视表

【解决方案】

STEP 1　新建、保存工作簿

（1）启动 Excel 2016，新建一个空白工作簿，将工作簿重命名为"销售统计分析"，并将其保存在"E:\公司文档\市场部"文件夹中。

（2）录入数据。在"Sheet1"工作表中录入图 3.129 所示的表格中的销售原始数据。

	A	B	C	D	E	F	G	H	I	J	K
1	科源有限公司(2020年第四季度)销售情况表										
2	序号	订单号	销售部门	销售员	销售地区	CPU	内存条	主板	硬盘	显示器	月份
3	1	2020100001	销售1部	张松	成都	8288	51425	66768	18710	26460	
4	2	2020100002	销售1部	李新亿	上海	19517	16259	91087	62174	42220	
5	3	2020100003	销售2部	王小伟	武汉	13566	96282	49822	80014	31638	
6	4	2020100004	销售2部	赵强	广州	12474	8709	52583	18693	22202	
7	5	2020100005	销售3部	孙超	合肥	68085	49889	59881	79999	41097	
8	6	2020100006	销售3部	周成武	西安	77420	73538	34385	64609	99737	
9	7	2020100007	销售4部	郑卫西	昆明	42071	19167	99404	99602	88099	
10	8	2020100008	销售1部	张松	成都	53674	63075	33854	25711	92321	
11	9	2020100009	销售1部	李新亿	上海	71698	77025	14144	97370	92991	
12	10	2020100010	销售2部	王小伟	武汉	29359	53482	3907	99350	4495	
13	11	2020100011	销售2部	赵强	广州	8410	29393	31751	14572	83571	
14	12	2020110001	销售3部	孙超	合肥	51706	38997	56071	32459	89328	
15	13	2020110002	销售3部	周成武	西安	65202	1809	66804	33340	35765	
16	14	2020110003	销售4部	郑卫西	昆明	57326	21219	92793	63128	71520	
17	15	2020110004	销售1部	张松	成都	17723	56595	22205	67495	81653	
18	16	2020110005	销售1部	李新亿	上海	96637	23486	15642	74709	68262	
19	17	2020110006	销售2部	王小伟	武汉	16824	67552	86777	66796	45230	
20	18	2020110007	销售2部	赵强	广州	31245	63061	74979	45847	63020	
21	19	2020110008	销售3部	孙超	合肥	70349	54034	70650	42594	78449	
22	20	2020110009	销售3部	周成武	西安	75798	35302	95066	77020	10116	
23	21	2020120001	销售4部	郑卫西	昆明	72076	76589	95283	45520	11737	
24	22	2020120002	销售1部	张松	成都	59656	82279	68639	91543	45355	
25	23	2020120003	销售1部	李新亿	上海	27160	75187	73733	38040	39247	
26	24	2020120004	销售2部	王小伟	武汉	966	25580	69084	13143	68285	
27	25	2020120005	销售2部	赵强	广州	4732	59736	71129	47832	36725	
28	26	2020120006	销售3部	孙超	合肥	45194	91768	5819	82756	55287	
29	27	2020120007	销售3部	周成武	西安	73064	50697	95780	1907	43737	
30	28	2020120008	销售4部	郑卫西	昆明	14016	47497	8214	32014	90393	
31	29	2020120009	销售1部	张松	成都	24815	57002	6686	46001	6326	
32	30	2020120010	销售1部	李新亿	上海	59696	29807	43581	87799	45832	
33	31	2020120011	销售2部	王小伟	武汉	70638	72774	55735	97650	39928	
34	32	2020120012	销售3部	孙超	广州	47635	54332	9701	86218	30648	

图 3.129　销售原始数据

（3）由"订单号"提取"月份"数据。

由于表中"订单号"的 1～4 位表示年份、5～6 位表示月份、7～10 位为当月的订单序号。因此，这里的"月份"可通过 MID 函数进行提取，不必手动输入。

① 选中 K3 单元格。

② 单击【公式】→【函数库】→【文本】命令，打开"文本"下拉列表，选择"MID"，打开"函数参数"对话框。

③ 按图 3.130 所示设置函数参数。

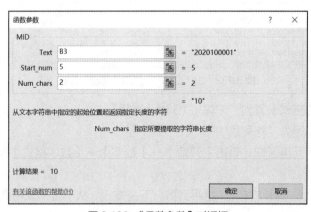

图 3.130　"函数参数"对话框

微课 3-9　由"订单号"提取"月份"数据

④ 单击"确定"按钮，获得所需的月份值"10"。此时，可见编辑栏中的公式为"=MID(B3,5,2)"。

⑤ 在编辑栏中进一步编辑公式，将其修改为"=MID(B3,5,2)&"月""，如图 3.131 所示。并按【Enter】键确认，得到月份为"10 月"。

序号	订单号	销售部门	销售员	销售地区	CPU	内存条	主板	硬盘	显示器	月份
										fx =MID(B3,5,2)&"月"

科源有限公司(2020年第四季度)销售情况表

序号	订单号	销售部门	销售员	销售地区	CPU	内存条	主板	硬盘	显示器	月份
1	2020100001	销售1部	张松	成都	8288	51425	66768	18710	26460	&"月"
2	2020100002	销售1部	李新亿	上海	19517	16259	91087	62174	42220	
3	2020100003	销售2部	王小伟	武汉	13566	96282	49822	80014	31638	
4	2020100004	销售2部	赵强	广州	12474	8709	52583	18693	22202	

图 3.131　编辑"月份"计算公式

⑥ 选中 K3 单元格，拖曳填充柄至 K34 单元格，获取所有的月份数据，如图 3.132 所示。

序号	订单号	销售部门	销售员	销售地区	CPU	内存条	主板	硬盘	显示器	月份
				科源有限公司(2020年第四季度)销售情况表						
序号	订单号	销售部门	销售员	销售地区	CPU	内存条	主板	硬盘	显示器	月份
1	2020100001	销售1部	张松	成都	8288	51425	66768	18710	26460	10月
2	2020100002	销售1部	李新亿	上海	19517	16259	91087	62174	42220	10月
3	2020100003	销售2部	王小伟	武汉	13566	96282	49822	80014	31638	10月
4	2020100004	销售2部	赵强	广州	12474	8709	52583	18693	22202	10月
5	2020100005	销售3部	孙超	合肥	68085	49889	59881	79999	41097	10月
6	2020100006	销售3部	周成武	西安	77420	73538	34385	64609	99737	10月
7	2020100007	销售4部	郑卫西	昆明	42071	19167	99404	99602	88009	10月
8	2020100008	销售1部	张松	成都	53674	63075	33854	25711	92321	10月
9	2020100009	销售1部	李新亿	上海	71698	77025	14144	97370	92991	10月
10	2020100010	销售2部	王小伟	武汉	29359	53482	3907	99350	4495	10月
11	2020100011	销售2部	赵强	广州	8410	29393	31751	14572	83571	10月
12	2020110001	销售3部	孙超	合肥	51706	38997	56071	32459	89328	11月
13	2020110002	销售3部	周成武	西安	65202	1809	66804	33340	35765	11月
14	2020110003	销售4部	郑卫西	昆明	57326	21219	92793	63128	71520	11月
15	2020110004	销售1部	张松	成都	17723	56595	22205	67495	81653	11月
16	2020110005	销售1部	李新亿	上海	96637	23486	15642	74709	68262	11月
17	2020110006	销售2部	王小伟	武汉	16824	67552	86777	66796	45230	11月
18	2020110007	销售2部	赵强	广州	31245	63061	74979	45847	63020	11月
19	2020110008	销售3部	孙超	合肥	70349	54034	70650	42594	78449	11月
20	2020110009	销售3部	周成武	西安	75798	35302	95066	77020	10116	11月
21	2020120001	销售4部	郑卫西	昆明	72076	76589	95283	45520	11737	12月
22	2020120002	销售1部	张松	成都	59656	82279	68639	91543	45355	12月
23	2020120003	销售1部	李新亿	上海	27160	75187	73733	38040	39247	12月
24	2020120004	销售2部	王小伟	武汉	966	25580	69084	13143	68285	12月
25	2020120005	销售2部	赵强	广州	4732	59736	71129	47832	36725	12月
26	2020120006	销售3部	孙超	合肥	45194	91768	5819	82756	55287	12月
27	2020120007	销售3部	周成武	西安	73064	50697	95780	1907	43737	12月
28	2020120008	销售4部	郑卫西	昆明	14016	47497	8214	32014	90393	12月
29	2020120009	销售1部	张松	成都	24815	57002	6686	46001	6326	12月
30	2020120010	销售1部	李新亿	上海	59696	29807	43581	87799	45832	12月
31	2020120011	销售2部	王小伟	武汉	70638	72774	55735	97650	39928	12月
32	2020120012	销售3部	孙超	广州	47635	54332	9701	86218	30648	12月

图 3.132　由"订单号"提取"月份"数据

（4）将表格标题的格式设置为"宋体、16 磅、加粗"。

（5）设置表格的标题为"跨列居中"。

① 选中 A1:K1 单元格区域，单击【开始】→【数字】→【数字格式】按钮，打开"设置单元格格式"对话框。

② 切换到"对齐"选项卡，单击"水平对齐"下拉按钮，从下拉列表中选择"跨列居中"选项，如图 3.133 所示。

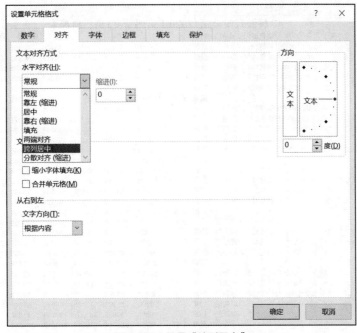

图 3.133　设置"跨列居中"

STEP 2　复制、插入和重命名工作表

（1）将"Sheet1"工作表重命名为"销售原始数据"，再将其复制一份。

（2）将复制的工作表重命名为"分类汇总"。

（3）插入一张新工作表，并重命名为"数据透视表"。

STEP 3　汇总统计各地区的销售数据

（1）选择"分类汇总"工作表。

（2）按"销售地区"排序。

① 选中"销售地区"所在列有数据的任一单元格。

② 单击【数据】→【排序和筛选】→【升序】命令，对销售地区按升序进行排序。

（3）分类汇总。

① 单击【数据】→【分级显示】→【分类汇总】命令，打开"分类汇总"对话框。

② 在"分类汇总"对话框中选择分类字段为"销售地区"，汇总方式为"求和"，选定汇总项"CPU、内存条、主板、硬盘、显示器"，如图 3.134 所示。

图 3.134　"分类汇总"对话框

③ 单击"确定"按钮，生成图 3.135 所示的分类汇总表。

④ 在出现的汇总数据表中，选择显示第 2 级汇总数据，将得到图 3.136 所示的效果。

STEP 4　创建图表

（1）利用分类汇总表制作图表。在分类汇总第 2 级数据表中，选择要创建图表的数据单元格区域 E2:J41，即只选择了汇总数据所在区域，如图 3.137 所示。

1 2 3	A	B	C	D	E	F	G	H	I	J	K
1	科源有限公司(2020年第四季度)销售情况表										
2	序号	订单号	销售部门	销售员	销售地区	CPU	内存条	主板	硬盘	显示器	月份
3	1	2020100001	销售1部	张松	成都	8288	51425	66768	18710	26460	10月
4	8	2020100008	销售1部	张松	成都	53674	63075	33854	25711	92321	10月
5	15	2020110004	销售1部	张松	成都	17723	56595	22205	67495	81653	11月
6	22	2020120002	销售1部	张松	成都	59656	82279	68639	91543	45355	12月
7	29	2020120009	销售1部	张松	成都	24815	57002	6686	46001	6326	12月
8					成都 汇总	164156	310376	198152	249460	252115	
9	4	2020100004	销售2部	赵强	广州	12474	8709	52583	18693	22202	10月
10	11	2020100011	销售2部	赵强	广州	8410	29393	31751	14572	83571	10月
11	18	2020110007	销售2部	赵强	广州	31245	63061	74979	45847	63020	11月
12	25	2020120005	销售2部	赵强	广州	4732	59736	71129	47832	36725	12月
13	32	2020120012	销售3部	孙超	广州	47635	54332	9701	86218	30648	12月
14					广州 汇总	104496	215231	240143	213162	236166	
15	5	2020100005	销售3部	孙超	合肥	68085	49889	59881	79999	41097	10月
16	12	2020110001	销售3部	孙超	合肥	51706	38997	56071	32459	89328	11月
17	19	2020110008	销售3部	孙超	合肥	70349	54034	70650	42594	78449	11月
18	26	2020120006	销售3部	孙超	合肥	45194	91768	5819	82756	55287	12月
19					合肥 汇总	235334	234688	192421	237808	264161	
20	7	2020100007	销售4部	郑卫西	昆明	42071	19167	99404	99602	88099	10月
21	14	2020110003	销售4部	郑卫西	昆明	57326	21219	92793	63128	71520	11月
22	21	2020120001	销售4部	郑卫西	昆明	72076	76589	95283	45520	11737	12月
23	28	2020120008	销售4部	郑卫西	昆明	14016	47497	8214	32014	90393	12月
24					昆明 汇总	185489	164472	295694	240264	261749	
25	2	2020100002	销售1部	李新亿	上海	19517	16259	91087	62174	42220	10月
26	9	2020100009	销售1部	李新亿	上海	71698	77025	14144	97370	92991	10月
27	16	2020110005	销售1部	李新亿	上海	96637	23486	15642	74709	68262	11月
28	23	2020120003	销售1部	李新亿	上海	27160	75187	73733	38040	39247	12月
29	30	2020120010	销售1部	李新亿	上海	59696	29807	43581	87799	45832	12月
30					上海 汇总	274708	221764	238187	360092	288552	
31	3	2020100003	销售2部	王小伟	武汉	13566	96282	49822	80014	31638	10月
32	10	2020100010	销售2部	王小伟	武汉	29359	53482	3907	99350	4495	10月
33	17	2020110006	销售2部	王小伟	武汉	16824	67552	86777	66796	45230	11月
34	24	2020120004	销售2部	王小伟	武汉	966	25580	69084	13143	68285	12月
35	31	2020120011	销售2部	王小伟	武汉	70638	72774	55735	97650	39928	12月
36					武汉 汇总	131353	315670	265325	356953	189576	
37	6	2020100006	销售3部	周成武	西安	77420	73538	34385	64609	99737	10月
38	13	2020110002	销售3部	周成武	西安	65202	1809	66804	33340	35765	11月
39	20	2020110009	销售3部	周成武	西安	75798	35302	95066	77020	10116	11月
40	27	2020120007	销售3部	周成武	西安	73064	50697	95780	1907	43737	12月
41					西安 汇总	291484	161346	292035	176876	189355	
42					总计	1E+06	1623547	1721957	2E+06	1681674	

图 3.135 分类汇总表

第2级汇总数据

1 2 3	A	B	C	D	E	F	G	H	I	J	K
1	科源有限公司(2020年第四季度)销售情况表										
2	序号	订单号	销售部门	销售员	销售地区	CPU	内存条	主板	硬盘	显示器	月份
8					成都 汇总	164156	310376	198152	249460	252115	
14					广州 汇总	104496	215231	240143	213162	236166	
19					合肥 汇总	235334	234688	192421	237808	264161	
24					昆明 汇总	185489	164472	295694	240264	261749	
30					上海 汇总	274708	221764	238187	360092	288552	
36					武汉 汇总	131353	315670	265325	356953	189576	
41					西安 汇总	291484	161346	292035	176876	189355	
42					总计	1E+06	1623547	1721957	2E+06	1681674	

图 3.136 显示第 2 级汇总数据

1 2 3	A	B	C	D	E	F	G	H	I	J	K
1	科源有限公司(2020年第四季度)销售情况表										
2	序号	订单号	销售部门	销售员	销售地区	CPU	内存条	主板	硬盘	显示器	月份
8					成都 汇总	164156	310376	198152	249460	252115	
14					广州 汇总	104496	215231	240143	213162	236166	
19					合肥 汇总	235334	234688	192421	237808	264161	
24					昆明 汇总	185489	164472	295694	240264	261749	
30					上海 汇总	274708	221764	238187	360092	288552	
36					武汉 汇总	131353	315670	265325	356953	189576	
41					西安 汇总	291484	161346	292035	176876	189355	
42					总计	1387020	1623547	1721957	1834615	1681674	

图 3.137 选定图表区域

（2）单击【插入】→【图表】→【插入折线图和面积图】命令，打开图 3.138 所示的"折线图和面积图"下拉菜单，选择"二维折线图"中的"带数据标记的折线图"类型，生成图 3.139 所示的图表。

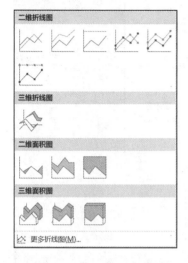

图 3.138 "折线图"下拉菜单

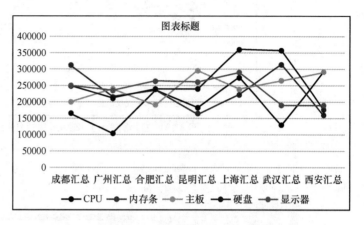

图 3.139 生成带数据标记的折线图

活力 小贴士

① 在创建图表之前，由于已经选定了数据区域，图表中将反映该区域的数据。如果想改变图表的数据来源，可单击【图表工具】→【设计】→【数据】→【选择数据】命令，打开图 3.140 所示的"选择数据源"对话框，在其中编辑数据源即可。

② 若要修改图表中的数据系列，则选中图表，单击【图表工具】→【设计】→【数据】→【切换行/列】命令，将水平轴和垂直轴上的数据进行交换，如图 3.141 所示。

图 3.140 "选择数据源"对话框

③ 默认情况下，生成的图表是位于所选数据的工作表中的，可根据实际需要，单击【图表工具】→【设计】→【位置】→【移动图表】命令，打开图 3.142 所示的"移动图表"对话框，则可将图表作为新的工作表插入。

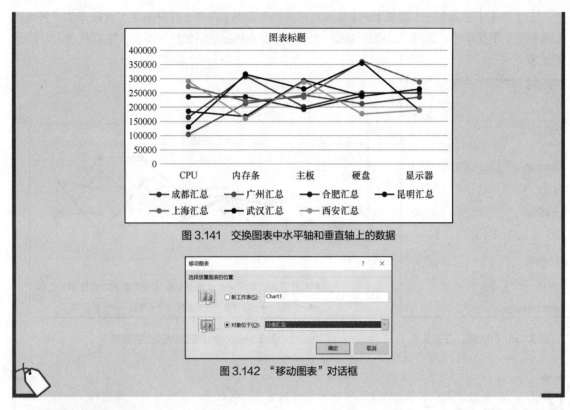

图 3.141　交换图表中水平轴和垂直轴上的数据

图 3.142　"移动图表"对话框

STEP 5　修改图表

（1）修改图表类型。

① 选中图表。

② 单击【图表工具】→【设计】→【类型】→【更改图表类型】命令，打开图 3.143 所示的"更改图表类型"对话框。

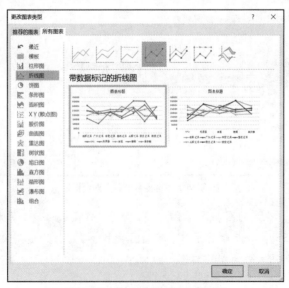

图 3.143　"更改图表类型"对话框

③ 选择"柱形图"中的"簇状柱形图",再单击"确定"按钮,将图表修改为图 3.144 所示的簇状柱形图。

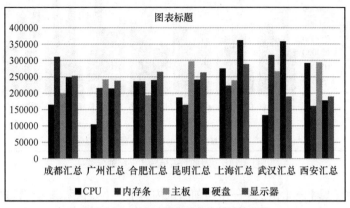

图 3.144　将图表类型修改为簇状柱形图

(2)修改图表样式。单击【图表工具】→【设计】→【图表样式】→【其他】命令,显示 "图表样式列表",选择"样式 14"。修改图表样式后的效果如图 3.145 所示。

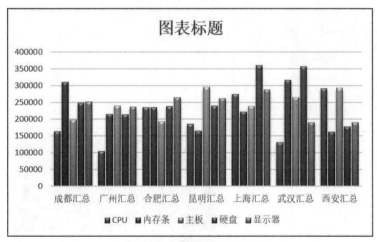

图 3.145　修改图表样式后的效果

(3)设置图表标题。在图表上方的"图表标题"占位符中输入图表标题"各地区销售统计图"。

(4)添加坐标轴标题。

单击【图表工具】→【设计】→【图表布局】→【添加图表元素】命令,在列表中选择"轴标题"选项,再分别添加主要横坐标轴标题"地区"和主要纵坐标轴标题"销售额",如图 3.146 所示。

STEP 6　**设置图表格式**

(1)设置"绘图区"格式。

① 选中图表。

② 单击【图表工具】→【格式】→【当前所选内容】→【图表元素】下拉按钮,在下拉列表中选择"绘图区"。

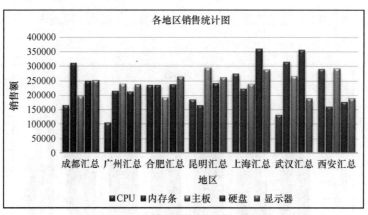

图 3.146　添加图表标题和坐标轴标题

③ 单击【图表工具】→【格式】→【当前所选内容】→【设置所选内容格式】命令，打开"设置绘图区格式"窗格。

④ 展开"填充"选项，然后选中"图片或纹理填充"单选按钮，如图 3.147 所示。

⑤ 单击"纹理"下拉按钮，打开图 3.148 所示的"纹理"下拉列表，选择"白色大理石"填充纹理。

图 3.147　"设置绘图区格式"窗格

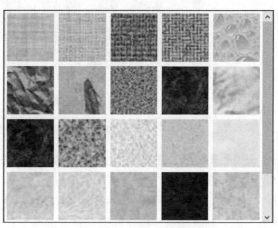

图 3.148　"纹理"下拉列表

（2）设置"图表区"的格式。

① 使用类似的操作方法，选择"图表区"，设置其填充纹理为"蓝色面巾纸"。

② 适当调整图表的大小。

（3）设置"图表标题"及"坐标轴标题"格式。

① 设置图表标题的格式为"黑体、18 磅"。

② 将水平和垂直坐标轴标题的格式均设置为"宋体、11 磅、加粗"。

（4）设置主要网格线的格式。

① 选中图表。

② 单击【图表工具】→【格式】→【当前所选内容】→【图表元素】下拉按钮，在下拉列表中选择"垂直（值）轴主要网格线"。

③ 单击【图表工具】→【格式】→【当前所选内容】→【设置所选内容格式】命令，打开"设置主要网格线格式"窗格。

④ 设置线条类型为"实线"，线条颜色为默认的"蓝色，个性色 1"。

修饰后的"各地区销售统计图"如图 3.149 所示。

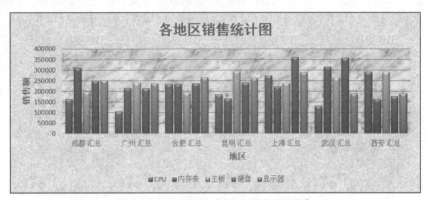

图 3.149　设置好的"各地区销售统计图"

STEP 7　制作"数据透视表"

（1）选中"销售原始数据"工作表。

（2）选中数据区域的任一单元格。

（3）单击【插入】→【表格】→【数据透视表】命令，在下拉菜单中选择"数据透视表"命令，打开图 3.150 所示的"创建数据透视表"对话框。

微课 3-11　制作
销售数据透视表

图 3.150　"创建数据透视表"对话框

（4）在"请选择要分析的数据"选项组中选中"选择一个表或区域"单选按钮，然后在工作表中选择要创建数据透视表的数据区域为"销售原始数据!$A$2:$K$34"。

> **活力小贴士** 一般情况下，如果选中数据区域中的任意单元格，在创建数据透视表时，Excel将自动搜索并选定其数据区域，如果选定的区域与实际区域不同，可重新选择。

（5）在"选择放置数据透视表的位置"选项组中选中"现有工作表"单选按钮，并选中"数据透视表"工作表的 A3 单元格作为数据透视表的起始位置。

（6）单击"确定"按钮，产生图 3.151 所示的默认数据透视表，并在右侧显示"数据透视表字段"窗格。

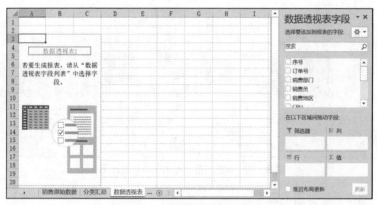

图 3.151 创建默认的数据透视表

（7）在"数据透视表字段"窗格中将"月份"字段拖至"列"框中，成为列标题；将"销售地区"字段拖至"行"框中，成为行标题。依次拖动"CPU""内存条""主板""硬盘""显示器"字段至"值"框中，再将默认产生在"列"框中的"Σ数值"项拖至"行"框中，如图 3.152 所示。

图 3.152 设置好的"数据透视表"

（8）将数据透视表中的"行标签"修改为"地区"，列标签修改为"月份"。

（9）根据图 3.152 所示，单击"行标签"或"列标签"对应的下拉按钮，可以选择需要的数据进行查看，达到数据透视的目的。

【拓展案例】

（1）利用图 3.153 所示的"产品销售情况表"中的数据，制作"各类产品销售汇总表"，效果如图 3.154 所示。

	A	B	C	D	E	F	G	H
1				产品销售情况表				
2	订单编号	产品编号	产品类型	产品型号	销售日期	业务员	销售量	销售金额
3	20-10001	D20001001	硬盘	西部数据320GB(蓝版)	2020-10-2	杨立	14	¥5,124.00
4	20-10002	C10001002	CPU	Pentium E2210 2.2GHz（盒）	2020-10-5	白瑞林	3	¥1,404.00
5	20-10003	C10001003	CPU	Pentium E5200 2.5GHz（盒）	2020-10-5	杨立	7	¥4,032.00
6	20-10004	D30001001	硬盘	日立 320GB	2020-10-8	夏蓝	6	¥2,196.00
7	20-10005	V10001001	显卡	昂达 魔剑P45+	2020-10-8	方艳芸	2	¥1,677.60
8	20-10006	C10001001	CPU	Celeron E1200 1.6GHz（盒）	2020-10-12	夏蓝	1	¥330.00
9	20-10007	D10001001	硬盘	希捷酷鱼7200.12 320GB	2020-10-26	张勇	5	¥2,040.00
10	20-10008	R10001002	内存条	宇瞻 经典2GB	2020-10-29	方艳芸	4	¥840.00
11	20-11001	V20001002	显卡	华硕 P5QL	2020-11-5	白瑞林	8	¥5,462.40
12	20-11002	R20001001	内存条	威刚 万紫千红2GB	2020-11-12	李陵	2	¥432.00
13	20-11003	V30001001	显卡	微星 X58M	2020-11-16	夏蓝	3	¥5,036.40
14	20-11004	M10001004	主板	华硕 9800GT冰刃版	2020-11-16	李陵	20	¥19,176.00
15	20-11005	R30001001	内存条	金士顿 1GB	2020-11-16	张勇	3	¥360.00
16	20-11006	M10001006	主板	盈通 GTX260+游戏高手	2020-11-18	李陵	8	¥11,510.40
17	20-11007	LCD003003	显示器	明基 G900HD	2020-11-25	杨立	2	¥1,824.00
18	20-12001	M10001005	主板	微星 N250GTS-2D暴雪	2020-12-3	方艳芸	5	¥4,788.00
19	20-12002	LCD001001	显示器	三星 943NW+	2020-12-3	张勇	6	¥6,472.80
20	20-12003	LCD002002	显示器	优派 VX1940w	2020-12-4	李陵	1	¥1,188.00

图 3.153　原始数据

	A	B	C	D	E	F	G	H
1				产品销售情况表				
2	订单编号	产品编号	产品类型	产品型号	销售日期	业务员	销售量	销售金额
3	20-10002	C10001002	CPU	Pentium E2210 2.2GHz（盒）	2020-10-5	白瑞林	3	¥1,404.00
4	20-10003	C10001003	CPU	Pentium E5200 2.5GHz（盒）	2020-10-5	杨立	7	¥4,032.00
5	20-10006	C10001001	CPU	Celeron E1200 1.6GHz（盒）	2020-10-12	夏蓝	1	¥330.00
6			CPU 汇总				11	¥5,766.00
7	20-10008	R10001002	内存条	宇瞻 经典2GB	2020-10-29	方艳芸	4	¥840.00
8	20-11002	R20001001	内存条	威刚 万紫千红2GB	2020-11-12	李陵	2	¥432.00
9	20-11005	R30001001	内存条	金士顿 1GB	2020-11-16	张勇	3	¥360.00
10			内存条 汇总				9	¥1,632.00
11	20-10005	V10001001	显卡	昂达 魔剑P45+	2020-10-8	方艳芸	2	¥1,677.60
12	20-11001	V20001002	显卡	华硕 P5QL	2020-11-5	白瑞林	8	¥5,462.40
13	20-11003	V30001001	显卡	微星 X58M	2020-11-16	夏蓝	3	¥5,036.40
14			显卡 汇总				13	¥12,176.40
15	20-11007	LCD003003	显示器	明基 G900HD	2020-11-25	杨立	2	¥1,824.00
16	20-12002	LCD001001	显示器	三星 943NW+	2020-12-3	张勇	6	¥6,472.80
17	20-12003	LCD002002	显示器	优派 VX1940w	2020-12-4	李陵	1	¥1,188.00
18			显示器 汇总				9	¥9,484.80
19	20-10001	D20001001	硬盘	西部数据320GB(蓝版)	2020-10-2	杨立	14	¥5,124.00
20	20-10004	D30001001	硬盘	日立 320GB	2020-10-8	夏蓝	6	¥2,196.00
21	20-10007	D10001001	硬盘	希捷酷鱼7200.12 320GB	2020-10-26	张勇	5	¥2,040.00
22			硬盘 汇总				25	¥9,360.00
23	20-11004	M10001004	主板	华硕 9800GT冰刃版	2020-11-16	李陵	20	¥19,176.00
24	20-11006	M10001006	主板	盈通 GTX260+游戏高手	2020-11-18	李陵	8	¥11,510.40
25	20-12001	M10001005	主板	微星 N250GTS-2D暴雪	2020-12-3	方艳芸	5	¥4,788.00
26			主板 汇总				33	¥35,474.40
27			总计				100	¥73,893.60

图 3.154　"各类产品销售汇总表"效果图

（2）利用图 3.153 所示的"产品销售情况表"中的数据，制作"业务员销售业绩数据透视表"，效果如图 3.155 所示。

求和项:销售金额	业务员 ▼						
产品类型 ▼	白瑞林	方艳芸	李陵	夏蓝	杨立	张勇	总计
CPU	1404			330	4032		5766
内存条		840	432			360	1632
显卡	5462.4	1677.6		5036.4			12176.4
显示器			1188		1824	6472.8	9484.8
硬盘				2196	5124	2040	9360
主板		4788	30686.4				35474.4
总计	6866.4	7305.6	32306.4	7562.4	10980	8872.8	73893.6

图 3.155 "业务员销售业绩数据透视表"效果图

【拓展训练】

消费者的购买行为通常分为消费者的行为习惯和消费者的购买力，它能直接反映出产品或者服务的市场表现。对消费者的行为习惯和购买力进行分析，可以为企业市场定位提供准确的依据。接下来，我们将制作图 3.156 和图 3.157 所示的消费者购买行为分析图表。

图 3.156 "不同收入消费者群体购买力特征分析"效果图

操作步骤如下。

（1）启动 Excel 2016，新建一个空白工作簿，将工作簿重命名为"消费者购买行为分析"，并将其保存在"E:\公司文档\市场部"文件夹中。

（2）将"Sheet1"工作表重命名为"不同收入消费者群体购买力特征分析"，再插入一张新工作表，重命名为"消费行为习惯分析"。

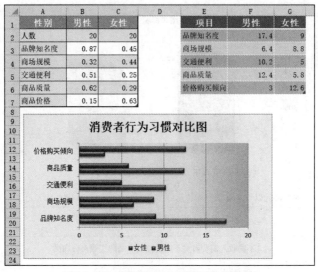

图3.157 "消费行为习惯分析"效果图

（3）在"不同收入消费者群体购买力特征分析"工作表中输入原始数据并设置单元格格式。

① 选中"不同收入消费者群体购买力特征分析"工作表，输入图3.158所示的数据。

② 选中 A1:C5 单元格区域，为该单元格区域添加边框。

（4）创建"不同收入消费者对不同价位的产品的购买倾向分布图"。

① 选中 A1:C5 单元格区域。

	A	B	C	D
1	产品价格	收入4000元以下	收入为5000-7000元	
2	1500元以下	15%	2%	
3	1500-3000元	25%	15%	
4	3000-4000元	8%	20%	
5	4000-5000元	2%	7%	
6				

图3.158 "不同收入消费群体购买力特征分析"原始数据

② 单击【插入】→【图表】→【插入柱形图或条形图】命令，打开"柱形图或条形图"下拉菜单，选择"三维柱形图"中的"三维堆积柱形图"类型，生成图3.159所示的图表。

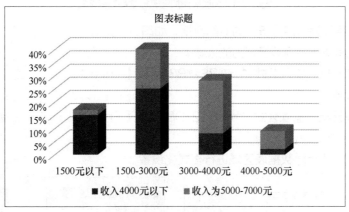

图3.159 三维堆积柱形图

③ 选中图表，单击【图表工具】→【设计】→【数据】→【切换行/列】命令，将图表的数据系列的行列互换，如图3.160所示。

④ 为图表设置图3.161所示的图表标题和数据标签。

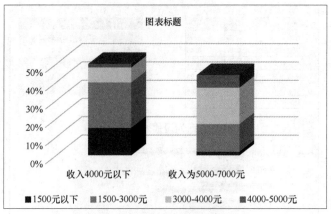

图 3.160　互换图表数据系列的行列

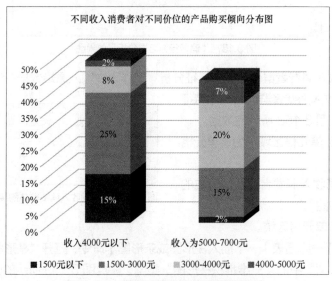

图 3.161　为图表添加图表标题和数据标签

（5）输入"消费行为习惯分析"的原始数据，如图 3.162 所示。

（6）计算男女消费者不同消费行为的人数。

① 选中 F2 单元格，输入公式"= $B$2*B3"，按【Enter】键确认，拖曳填充柄将公式填充至 F3:F6 单元格区域。

② 选中 G2 单元格，输入公式"= $C$2*C3"，按【Enter】键确认，拖曳填充柄将公式填充至 G3:G6 单元格区域。

（7）按图 3.163 所示对数据表区域进行格式化设置。

	A	B	C	D	E	F	G
1	性别	男性	女性		项目	男性	女性
2	人数	20	20		品牌知名度		
3	品牌知名度	0.87	0.45		商场规模		
4	商场规模	0.32	0.44		交通便利		
5	交通便利	0.51	0.25		商品质量		
6	商品质量	0.62	0.29		价格购买倾向		
7	商品价格	0.15	0.63				
8							

图 3.162　"消费行为习惯分析"的原始数据

	A	B	C	D	E	F	G
1	性别	男性	女性		项目	男性	女性
2	人数	20	20		品牌知名度	17.4	9
3	品牌知名度	0.87	0.45		商场规模	6.4	8.8
4	商场规模	0.32	0.44		交通便利	10.2	5
5	交通便利	0.51	0.25		商品质量	12.4	5.8
6	商品质量	0.62	0.29		价格购买倾向	3	12.6
7	商品价格	0.15	0.63				

图 3.163　设置工作表的数据区格式

（8）创建"消费行为习惯分析"图表。

① 选中 E1:G6 单元格区域。

② 单击【插入】→【图表】→【插入柱形图或条形图】命令，打开"柱形图或条形图"下拉菜单，选择"二维条形图"中的"簇状条形图"类型，生成图 3.164 所示的图表。

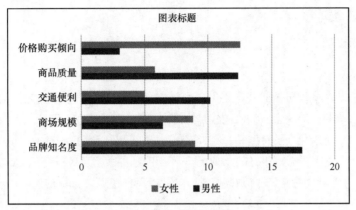

图 3.164　簇状条形图

③ 按照图 3.165 所示修改图表。

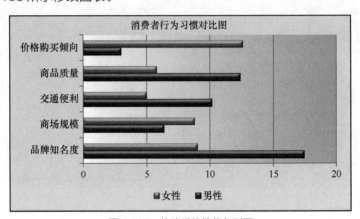

图 3.165　修改后的簇状条形图

【案例小结】

　　本案例通过制作"销售数据统计分析表""各类产品销售汇总表""业务员销售业绩数据透视表"和"消费者购买行为分析图表"，主要介绍了 Excel 数据的输入、运用 MID 函数提取文本等基本操作。在此基础上，本案例还介绍了运用分类汇总、图表、数据透视表对销售数据进行多角度、全方位分析的操作方法，为市场部对销售的有效预测和推广提供保障和支持。

第4篇
物流篇

04

随着全球经济一体化进程日益加快，企业将面临更加激烈的竞争环境，资源在全球范围内的流动越来越广、配置效率越来越强高，企业物流构成了企业价值链的基础活动。因此，为消费者提供高质量的服务、降低物流成本、加快企业资金周转、减少库存积压、促进利润率上升，从而提高企业的经济效益成为企业关注的重点。本篇以物流部在工作中经常使用的几种表格及数据处理操作为例，介绍 Excel 2016 在商品采购、库存、进销存管理以及物流成本核算等物流管理方面的应用。

学习目标

📖 知识点	📖 技能点	📖 素养点
• Excel 工作表基本操作	• 利用 Excel 创建数据表，灵活设置格式	• 具有一定的管理能力
• 定义名称和数据验证	• 定义名称、自定义数据格式进行数据处理	• 熟悉相关工作规程
• VLOOKUP 函数	• 通过数据验证设置录入符合规定的数据	• 培养严、慎、细、实的职业
• 自动筛选和高级筛选	• 学会合并多表数据，得到汇总结果	素养和工匠精神
• 分类汇总和合并计算	• 利用 VLOOKUP 函数查找需要的数据	
• 条件格式	• 熟练使用 Excel 自动筛选和高级筛选	
• 组合型图表的创建和编辑	• 利用分类汇总、数据透视表汇总数据	
	• 灵活地构造和使用图表展示数据	
	• 能灵活使用条件格式实现数据可视化	

4.1 案例 14 制作商品采购管理表

示例文件	原始文件：示例文件\素材\物流篇\案例 14\商品采购管理表.xlsx
	效果文件：示例文件\效果\物流篇\案例 14\商品采购管理表.xlsx

【案例分析】

采购是企业经营的一个核心环节，是企业获取利润的重要来源，在企业的产品开发、质量保证、供应链管理及经营管理中起着极其重要的作用，采购成功与否在一定程度上影响着企业竞争力的大小。本案例将以制作"商品采购管理表"为例，来介绍 Excel 2016 在商品采购管理中的应用，效果如图 4.1 和图 4.2 所示。

商品采购明细表

序号	采购日期	商品编码	商品名称	规格型号	单位	数量	单价	金额	支付方式	供应商	已付货款	应付货款余额
001	2020-10-2	J1002	三星笔记本电脑	Chromebook Plus V2 12.2英寸	台	16	¥6,799	¥108,784	银行转帐	威尔达科技		¥108,784
002	2020-10-5	J1004	戴尔笔记本电脑	DELL灵越5000 15.6英寸	台	8	¥4,469	¥35,752	支票	拓达科技		¥35,752
003	2020-10-5	J1005	联想笔记本超薄电脑	联想小新15 15.6英寸	台	5	¥4,999	¥24,995	本票	拓达科技		¥24,995
004	2020-10-8	YY1001	西部数据移动硬盘	WDBYVG0020BBK 2TB	个	18	¥469	¥8,442	现金	威尔达科技	¥8,442	¥0
005	2020-10-10	XJ1002	佳能相机	EOS 80D	部	8	¥8,299	¥66,392	支票	义美数码		¥66,392
006	2020-10-12	SXJ1001	索尼数码摄像机	FDR-AX60	台	6	¥6,699	¥40,194	支票	天宇数码		¥40,194
007	2020-10-16	SJ1001	华为手机	P40 Pro 5G	部	25	¥6,500	¥162,500	银行转帐	顺成通讯		¥162,500
008	2020-10-17	J1001	联想ThinkPad 超薄本	X390 13.3英寸	台	28	¥6,600	¥184,800	银行转帐	长城科技		¥184,800
009	2020-10-19	J1006	宏碁轻薄笔记本电脑	Acer 新蜂鸟3 MX350	台	15	¥4,899	¥73,485	本票	力锦科技		¥73,485
010	2020-10-19	YY1002	希捷移动硬盘	希捷ST JL2000400 2TB	个	12	¥459	¥5,508	支票	天科电子	¥5,508	¥0
011	2020-10-22	SJ1003	OPPO手机	OPPO Ace2	部	18	¥3,299	¥59,382	支票	顺成通讯		¥59,382
012	2020-10-24	J1003	华硕轻薄笔记本电脑	VivoBook15s 15.6英寸	台	6	¥5,700	¥34,200	汇款	涵合科技		¥34,200
013	2020-10-25	J1005	联想笔记本超薄电脑	联想小新15 15.6英寸	台	16	¥4,999	¥79,984	本票	拓达科技		¥79,984
014	2020-10-29	J1007	惠普笔记本电脑	HP 战66 三代 14英寸轻薄笔记本	台	10	¥5,799	¥57,990	支票	百达信息		¥57,990
015	2020-10-31	XJ1002	佳能相机	EOS 80D	部	15	¥8,299	¥124,485	汇款	义美数码		¥124,485
016	2020-10-31	SXJ1002	JVC数码摄像机	GZ-RY980HAC	台	5	¥6,980	¥34,900	现金	天宇数码	¥5,000	¥29,900
017	2020-10-31	SJ1001	华为手机	P40 Pro 5G	部	15	¥6,500	¥97,500	银行转帐	顺成通讯		¥97,500

图 4.1 "商品采购单"效果图

商品采购明细表

序号	采购日期	商品编码	商品名称	规格型号	单位	数量	单价	金额	支付方式	供应商	已付货款	应付货款余额
									本票 汇总			¥98,480
									汇款 汇总			¥158,685
									现金 汇总			¥29,900
									银行转帐 汇总			¥633,568
									支票 汇总			¥259,710
									总计			¥1,180,343

图 4.2 汇总统计应付货款余额

【知识与技能】

- 新建工作簿、重命名工作表
- 定义名称功能的使用
- 设置数据验证规则
- VLOOKUP 函数的应用
- 自动筛选功能的使用
- 高级筛选功能的使用
- 分类汇总

【解决方案】

STEP 1　新建工作簿，重命名工作表

（1）启动 Excel 2016 应用程序，新建一个空白工作簿。

（2）将新建的工作簿重命名为"商品采购管理表"，并将其保存在"E:\公司文档\物流部"文件夹中。

（3）将"Sheet1"工作表重命名为"商品基础资料"，再插入一张新工作表，重命名为"商品采购单"。

STEP 2　输入"商品基础资料"工作表的内容

（1）选中"商品基础资料"工作表。

（2）在 A1:D1 单元格区域中输入图 4.3 所示的表格标题。

（3）输入表格内容，并适当调整表格列宽，如图 4.4 所示。

	A	B	C	D
1	商品编码	商品名称	规格	单位
2	J1001	联想ThinkPad 超薄本	X390 13.3英寸	台
3	J1002	三星笔记本电脑	Chromebook Plus V2 12.2英寸	台
4	J1003	华硕轻薄笔记本电脑	VivoBook15s 15.6英寸	台
5	J1004	戴尔笔记本电脑	DELL灵越5000 15.6英寸	台
6	J1005	联想笔记本超薄电脑	联想小新15 15.6英寸	台
7	J1006	宏碁轻薄笔记本电脑	Acer 新蜂鸟3 MX350	台
8	J1007	惠普笔记本电脑	HP 战66 三代 14英寸轻薄笔记本	台
9	YY1001	西部数据移动硬盘	WDBYVG0020BBK 2TB	个
10	YY1002	希捷移动硬盘	希捷STJL2000400 2TB	个
11	XJ1001	尼康相机	D7500	部
12	XJ1002	佳能相机	EOS 80D	部
13	SXJ1001	索尼数码摄像机	FDR-AX60	台
14	SXJ1002	JVC数码摄像机	GZ-RY980HAC	台
15	SJ1001	华为手机	P40 Pro 5G	部
16	SJ1002	三星手机	Galaxy A71 5G	部
17	SJ1003	OPPO手机	OPPO Ace2	部

	A	B	C	D
1	商品编码	商品名称	规格	单位
2				
3				
4				

图 4.3 "商品基础资料"工作表的标题　　　　图 4.4 "商品基础资料"工作表的内容

STEP 3　定义名称

活力小贴士

在 Excel 中可以使用一些工具来管理复杂的工程，有一个特别好用的工具就是"定义名称"。它可以用名称来明确单元格或区域，这样在以后编写公式时，就可以很方便地用所定义的名称替代公式中的单元格地址，使用名称可使公式更加容易理解和更新。

名称是单元格或单元格区域的别名，它可以代表单元格、单元格区域、公式或常量。如果用"单价"来定义区域"Sheet1!B2:B9"，则在公式或函数中可以使用名称代替单元格区域的地址，如公式"=AVERAGE(Sheet1!B2:B9)"就可用"=AVERAGE(单价)"代替，这样更容易记忆和书写。默认情况下，名称使用的是单元格的绝对地址。

创建和编辑名称时需要注意的语法规则如下。

① 不能使用大写和小写字符"C"、"c"、"R"或"r"用作已定义名称，因为它们在 Excel 中已有他用。

② 名称不能与单元格地址相同，如"A5"。

③ 名称中不能包含空格，可以使用下划线"_"和英文句点"."。例如，Sales_Tax 或 First.Quarter。

④ 名称长度不能超过 255 个字符，建议尽量简短、易记。

⑤ 名称可以包含大写和小写字母（第①点涉及的除外），但 Excel 不区分名称中的大写和小写字母。

（1）选中要命名的 A2:D17 单元格区域。

（2）单击【公式】→【定义的名称】→【定义名称】命令，打开"新建名称"对话框。

（3）在"名称"文本框中输入"商品信息"，如图 4.5 所示。

（4）单击"确定"按钮。

图 4.5 "新建名称"对话框

活力小贴士 定义好名称后，选中 A2:D17 单元格区域时，定义的名称显示在 Excel 窗口的"名称框"中，如图 4.6 所示。

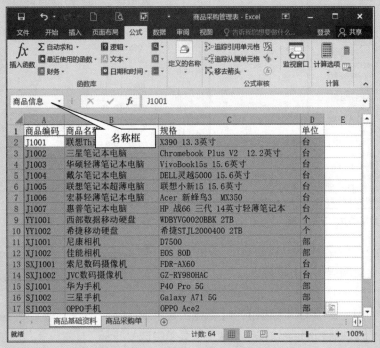

图 4.6　名称框中显示定义的名称"商品信息"

 如果只选中定义区域的一个或部分单元格，则名称框中不会显示定义区域的名称。

STEP 4 创建"商品采购单"的框架

（1）选中"商品采购单"工作表。

（2）在 A1 单元格中输入表格标题"商品采购明细表"。

（3）在 A2:N2 单元格区域中输入图 4.7 所示的表格标题字段。

图 4.7　"商品采购单"的框架

STEP 5 输入商品采购记录

（1）输入序号和采购日期。

① 定义"序号"列的数据为"文本"类型。选中 A 列，单击【开始】→【数字】→【数字格式】下拉按钮，从下拉列表中选择"文本"，如图 4.8 所示。

② 选中 A3 单元格，输入"001"，拖曳填充柄至 A19 单元格，在 A3:A19 单元格区域中输入序号"001"～"017"。

③ 参照图4.9所示，输入"采购日期"列的数据。

图4.8 "数字格式"下拉列表

	A	B	C	D	E
1	商品采购明细表				
2	序号	采购日期	商品编码	商品名称	规格型号
3	001	2020-10-2			
4	002	2020-10-5			
5	003	2020-10-5			
6	004	2020-10-8			
7	005	2020-10-10			
8	006	2020-10-12			
9	007	2020-10-16			
10	008	2020-10-17			
11	009	2020-10-19			
12	010	2020-10-19			
13	011	2020-10-22			
14	012	2020-10-24			
15	013	2020-10-25			
16	014	2020-10-29			
17	015	2020-10-31			
18	016	2020-10-31			
19	017	2020-10-31			

图4.9 输入"采购日期"列的数据

微课4-1 利用"数据验证"制定"商品编码"下拉列表框

（2）利用"数据验证"功能制作"商品编码"下拉列表。

① 选中C3:C19单元格区域。

② 单击【数据】→【数据工具】→【数据验证】下拉按钮，从下拉菜单中选择"数据验证"命令，打开"数据验证"对话框。

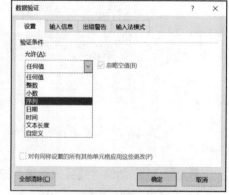

图4.10 "数据验证"对话框

③ 在"设置"选项卡中的"允许"下拉列表中选择"序列"，如图4.10所示。

④ 单击"来源"右侧的"折叠"按钮，选取"商品基础资料"工作表的A2:A17单元格区域，如图4.11所示。

⑤ 单击工具栏右侧的"返回"按钮，返回"数据验证"对话框，"来源"文本框中已经显示了序列来源，如图4.12所示。

	A	B	C	D
1	商品编码	商品名称	规格	单位
2	J1001	联想ThinkPad 超薄本	X390 13.3英寸	台
3	J1002	三星笔记本电脑	Chromebook Plus V2 12.2英寸	台
4	J1003	华硕轻薄笔记本电脑	VivoBook15s 15.6英寸	台
5	J1004	戴尔笔记本电脑	DELL灵越5000 15.6英寸	台
6	J1005	联想笔记本超薄电脑	联想小新15 15.6英寸	台
7	J1006	宏碁轻薄笔记本电脑	Acer 新蜂鸟3 MX350	台
8	J1007	惠普		
9	YY1001	西部	=商品基础资料!$A$2:$A$17	
10	YY1002	希捷		
11	XJ1001	尼康相机	D7500	部
12	XJ1002	佳能相机	EOS 80D	部
13	SXJ1001	索尼数码摄像机	FDR-AX60	台
14	SXJ1002	JVC数码摄像机	GZ-RY980HAC	台
15	SJ1001	华为手机	P40 Pro 5G	部
16	SJ1002	三星手机	Galaxy A71 5G	部
17	SJ1003	OPPO手机	OPPO Ace2	部

图4.11 选取"序列"来源

图4.12 设置数据序列"来源"

⑥ 单击"确定"按钮，返回"商品采购单"工作表，选中设置了数据验证的任意单元格，可以显示图 4.13 所示的"商品编码"下拉列表。

（3）参照图 4.14 所示，利用下拉列表输入"商品编码"的数据。

图 4.13　"商品编码"下拉列表　　　　图 4.14　　用下拉列表输入"商品编码"的数据

（4）使用 VLOOKUP 函数引用"商品名称""规格型号""单位"的数据。

**活力
小贴士**　　VLOOKUP 函数是 Excel 中的一个纵向查找函数，它与 LOOKUP 函数和 HLOOKUP 函数属于一类函数，广泛应用于工作中。VLOOKUP 函数是按列查找的，最终返回该列所需查询列所对应的值；与之对应的 HLOOKUP 函数则是按行查找的。

语法：VLOOKUP(lookup_value,table_array,col_index_num,range_lookup)。

参数说明。

① lookup_value 为需要在数据表第 1 列中进行查找的数值。lookup_value 可以为数值、引用或文本字符串。当 VLOOKUP 函数的第一参数省略查找值时，表示用"0"查找。

② table_array 为需要在其中查找数据的数据表。

③ col_index_num 为在 table_array 中查找数据的数据列序号。col_index_num 为 1 时，返回 table_array 第 1 列的数值，col_index_num 为 2 时，返回 table_array 第 2 列的数值，以此类推。如果 col_index_num 小于1，VLOOKUP 函数返回错误值"#VALUE!"；如果 col_index_num 大于 table_array 的列数，VLOOKUP 函数返回错误值"#REF！"。

④ range_lookup 为逻辑值，指明 VLOOKUP 函数查找时是精确匹配还是近似匹配的。如果为"FALSE"或"0"，则精确匹配，如果找不到，则返回错误值 "#N/A"。如果 range_lookup 为"TRUE"或"1"，VLOOKUP 函数将查找近似匹配值，也就是说，如果找不到精确匹配值，则返回小于 lookup_value 的最大数值。如果 range_lookup 省略，则默认为近似匹配。

① 选中 D3 单元格。

② 单击【公式】→【函数库】→【插入函数】命令，打开"插入函数"对话框，在"选择函数"的下拉列表中选择"VLOOKUP"后单击"确定"按钮，打开"函数参数"对话框，设置图 4.15 所示的参数。

微课 4-2 使用 VLOOKUP 函数引用"商品名称、规格型号和单位"数据

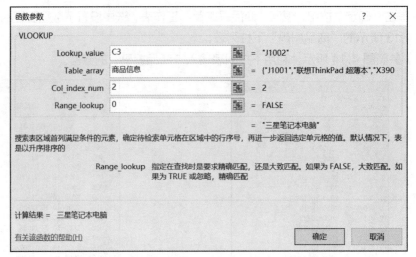

图 4.15 引用"商品名称"的 VLOOKUP 函数的参数

③ 单击"确定"按钮，引用相应的"商品名称"数据。

④ 选中 D3 单元格，拖曳填充柄至 D19 单元格，将公式复制到 D4:D19 单元格区域中，可引用所有商品的商品名称。

⑤ 用同样的操作方法，分别引用"规格型号"和"单位"的数据。

⑥ 适当调整列宽，如图 4.16 所示。

	A	B	C	D	E	F
1	商品采购明细表					
2	序号	采购日期	商品编码	商品名称	规格型号	单位
3	001	2020-10-2	J1002	三星笔记本电脑	Chromebook Plus V2 12.2英寸	台
4	002	2020-10-5	J1004	戴尔笔记本电脑	DELL灵越5000 15.6英寸	台
5	003	2020-10-5	J1005	联想笔记本超薄电脑	联想小新15 15.6英寸	台
6	004	2020-10-8	YY1001	西部数据移动硬盘	WDBYVG0020BBK 2TB	个
7	005	2020-10-10	XJ1001	佳能相机	EOS 80D	部
8	006	2020-10-12	SXJ1001	索尼数码摄像机	FDR-AX60	台
9	007	2020-10-16	SJ1001	华为手机	P40 Pro 5G	部
10	008	2020-10-17	J1001	联想ThinkPad 超薄本	X390 13.3英寸	台
11	009	2020-10-19	J1006	宏碁轻薄笔记本电脑	Acer 新蜂鸟3 MX350	台
12	010	2020-10-19	YY1002	希捷移动硬盘	希捷STJL2000400 2TB	个
13	011	2020-10-22	SJ1002	OPPO手机	OPPO Ace2	部
14	012	2020-10-24	J1003	华硕轻薄笔记本电脑	VivoBook15s 15.6英寸	台
15	013	2020-10-25	J1005	联想笔记本超薄电脑	联想小新15 15.6英寸	台
16	014	2020-10-29	J1007	惠普笔记本电脑	HP 战66 三代 14英寸轻薄笔记本	台
17	015	2020-10-31	XJ1002	佳能相机	EOS 80D	部
18	016	2020-10-31	SXJ1002	JVC数码摄像机	GZ-RY980HAC	台
19	017	2020-10-31	SJ1001	华为手机	P40 Pro 5G	部

图 4.16 用 VLOOKUP 函数引用"商品名称""规格型号""单位"的数据

活力小贴士 这里，在设置 VLOOKUP 第 2 个参数 table_array 时，其引用区域为"商品基础资料!\$A\$2:\$D\$17"，但由于在"Step 02"中，为 A2:D17 单元格区域定义了名称"商品信息"，且定义名称默认为引用绝对地址\$A\$2:\$D\$17，因此，当这里选择"商品基础资料!\$A\$2:\$D\$17"单元格区域时，自动显示为定义的名称"商品信息"。

（5）参照图 4.17 所示，输入"数量"和"单价"的数据。

A	B	C	D	E	F	G	H
1 商品采购明细表							
2 序号	采购日期	商品编码	商品名称	规格型号	单位	数量	单价
3 001	2020-10-2	J1002	三星笔记本电脑	Chromebook Plus V2 12.2英寸	台	16	6799
4 002	2020-10-5	J1004	戴尔笔记本电脑	DELL灵越5000 15.6英寸	台	8	4469
5 003	2020-10-5	J1005	联想笔记本超薄电脑	联想小新15 15.6英寸	台	5	4999
6 004	2020-10-8	YY1001	西部数据移动硬盘	WDBYVG0020BBK 2TB	个	18	469
7 005	2020-10-10	XJ1002	佳能相机	EOS 80D	部	8	8299
8 006	2020-10-12	SXJ1001	索尼数码摄像机	FDR-AX60	台	6	6699
9 007	2020-10-16	SJ1001	华为手机	P40 Pro 5G	部	25	6500
10 008	2020-10-17	J1001	联想ThinkPad 超薄本	X390 13.3英寸	台	28	6600
11 009	2020-10-19	J1006	宏碁轻薄笔记本电脑	Acer 新蜂鸟3 MX350	台	15	4899
12 010	2020-10-19	YY1002	希捷移动硬盘	希捷STJL2000400 2TB	个	12	459
13 011	2020-10-22	SJ1003	OPPO手机	OPPO Ace2	部	18	3299
14 012	2020-10-24	J1003	华硕轻薄笔记本电脑	VivoBook15s 15.6英寸	台	6	5700
15 013	2020-10-25	J1005	联想笔记本超薄电脑	联想小新15 15.6英寸	台	16	4999
16 014	2020-10-29	J1007	惠普笔记本电脑	HP 战66 三代 14英寸轻薄笔记本	台	10	5799
17 015	2020-10-31	XJ1002	佳能相机	EOS 80D	部	15	8299
18 016	2020-10-31	SXJ1002	JVC数码摄像机	GZ-RY980HAC	台	5	6980
19 017	2020-10-31	SJ1001	华为手机	P40 Pro 5G	部	15	6500

图 4.17 输入"数量"和"单价"的数据

（6）利用数据验证制作"支付方式"下拉列表。

① 选中 J3:J19 单元格区域。

② 单击【数据】→【数据工具】→【数据验证】下拉按钮，从下拉菜单中选择"数据验证"命令，打开"数据验证"对话框。

③ 在"设置"选项卡中的"允许"下拉列表中选择"序列"。

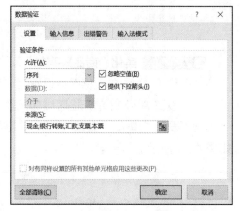

④ 在"来源"文本框输入待选的支付方式列表项"现金,银行转账,汇款,支票,本票"（各列表项之间以英文状态下的逗号分隔），如图 4.18 所示。

⑤ 单击"确定"按钮，完成"支付方式"下拉列表的设置。

图 4.18 "支付方式"数据验证设置

（7）参照图 4.19 所示，输入"支付方式""供应商""已付货款"的数据。

A	B	C	D	E	F	G	H	I	J	K	L
1 商品采购明细表											
2 序号	采购日期	商品编码	商品名称	规格型号	单位	数量	单价	金额	支付方式	供应商	已付货款
3 001	2020-10-2	J1002	三星笔记本电脑	Chromebook Plus V2 12.2英寸	台	16	6799		银行转帐	威尔达科技	
4 002	2020-10-5	J1004	戴尔笔记本电脑	DELL灵越5000 15.6英寸	台	8	4469		支票	拓达科技	
5 003	2020-10-5	J1005	联想笔记本超薄电脑	联想小新15 15.6英寸	台	5	4999		本票	拓达科技	
6 004	2020-10-8	YY1001	西部数据移动硬盘	WDBYVG0020BBK 2TB	个	18	469		现金	威尔达科技	8442
7 005	2020-10-10	XJ1002	佳能相机	EOS 80D	部	8	8299		支票	义美数码	
8 006	2020-10-12	SXJ1001	索尼数码摄像机	FDR-AX60	台	6	6699		支票	天宇数码	
9 007	2020-10-16	SJ1001	华为手机	P40 Pro 5G	部	25	6500		银行转帐	顺成通讯	
10 008	2020-10-17	J1001	联想ThinkPad 超薄本	X390 13.3英寸	台	28	6600		银行转帐	长城科技	
11 009	2020-10-19	J1006	宏碁轻薄笔记本电脑	Acer 新蜂鸟3 MX350	台	15	4899		本票	力锦科技	
12 010	2020-10-19	YY1002	希捷移动硬盘	希捷STJL2000400 2TB	个	12	459		现金	天科电子	5508
13 011	2020-10-22	SJ1003	OPPO手机	OPPO Ace2	部	18	3299		支票	顺成通讯	
14 012	2020-10-24	J1003	华硕轻薄笔记本电脑	VivoBook15s 15.6英寸	台	6	5700		汇款	涵合科技	
15 013	2020-10-25	J1005	联想笔记本超薄电脑	联想小新15 15.6英寸	台	16	4999		银行转帐	长城科技	
16 014	2020-10-29	J1007	惠普笔记本电脑	HP 战66 三代 14英寸轻薄笔记本	台	10	5799		支票	百达信息	
17 015	2020-10-31	XJ1002	佳能相机	EOS 80D	部	15	8299		汇款	义美数码	
18 016	2020-10-31	SXJ1002	JVC数码摄像机	GZ-RY980HAC	台	5	6980		现金	天宇数码	5000
19 017	2020-10-31	SJ1001	华为手机	P40 Pro 5G	部	15	6500		银行转帐	顺成通讯	

图 4.19 输入"支付方式""供应商""已付货款"的数据

201

（8）计算"金额"和"应付货款余额"。

① 计算"金额"。选中 I3 单元格，输入公式"=G3*H3"，按【Enter】键确认。再次选中 I3 单元格，拖曳填充柄至 I9 单元格，将公式复制到 I4:I19 单元格区域中，计算出所有商品的"金额"。

② 计算"应付货款余额"。选中 M3 单元格，输入公式"=I3-L3"，按【Enter】键确认。再次选中 M3 单元格，拖曳填充柄至 M9 单元格，将公式复制到 M4:M19 单元格区域中，计算出所有商品的"应付货款余额"，如图 4.20 所示。

序号	采购日期	商品编码	商品名称	规格型号	单位	数量	单价	金额	支付方式	供应商	已付货款	应付货款余额
			商品采购明细表									
001	2020-10-2	J1002	三星笔记本电脑	Chromebook Plus V2 12.2英寸	台	16	6799	108784	银行转账	威尔达科技		108784
002	2020-10-5	J1004	戴尔笔记本电脑	DELL灵越5000 15.6英寸	台	8	4469	35752	支票	拓达科技		35752
003	2020-10-8	J1005	联想笔记本超薄电脑	联想小新15 15.6英寸	台	5	4999	24995	支票	拓达科技		24995
004	2020-10-8	YY1001	西部数据移动硬盘	WDBYVG0020BBK 2TB	个	18	469	8442	现金	威尔达科技	8442	0
005	2020-10-10	XJ1002	佳能相机	EOS 80D	部	8	8299	66392	支票	义美数码		66392
006	2020-10-12	SXJ1001	索尼数码摄像机	FDR-AX60	台	6	6699	40194	支票	天宇数码		40194
007	2020-10-16	SJ1001	华为手机	P40 Pro 5G	部	25	6500	162500	银行转账	顺成通讯		162500
008	2020-10-17	J1001	联想ThinkPad 超薄本	X390 13.3英寸	台	28	6600	184800	银行转账	长城科技		184800
009	2020-10-19	J1006	宏碁轻薄笔记本电脑	Acer 新蜂鸟3 MX350	台	15	4899	73485	本票	力锦科技		73485
010	2020-10-19	YY1002	希捷移动硬盘	希捷STJL2000400 2TB	个	12	459	5508	现金	天科电子	5508	0
011	2020-10-22	SJ1003	OPPO手机	OPPO Ace2	部	18	3299	59382	支票	顺成通讯		59382
012	2020-10-24	J1003	华硕轻薄笔记本电脑	VivoBook15s 15.6英寸	台	6	5700	34200	汇款	涵合科技		34200
013	2020-10-25	J1005	联想笔记本超薄电脑	联想小新15 15.6英寸	台	16	4999	79984	支票	长城科技		79984
014	2020-10-29	J1007	惠普笔记本电脑	HP 战66 三代 14英寸轻薄笔记本	台	10	5799	57990	支票	百达信息		57990
015	2020-10-31	XJ1002	佳能相机	EOS 80D	部	15	8299	124485	汇款	义美数码		124485
016	2020-10-31	SXJ1002	JVC数码摄像机	GZ-RY980HAC	台	5	6980	34900	现金	天宇数码	5000	29900
017	2020-10-31	SJ1001	华为手机	P40 Pro 5G	部	15	6500	97500	银行转帐	顺成通讯		97500

图 4.20　计算"金额"和"应付货款余额"

STEP 6　美化"商品采购单"

（1）将 A1:M1 单元格区域设置为"合并后居中"，并设置标题的格式为"华文行楷、18 磅"。

（2）设置 A2:M2 单元格区域的标题字段为"加粗、居中"。

（3）设置"单价""金额""已付货款""应付货款余额"的数据格式为"货币"，保留 0 位小数，如图 4.21 所示。

序号	采购日期	商品编码	商品名称	规格型号	单位	数量	单价	金额	支付方式	供应商	已付货款	应付货款余额
				商品采购明细表								
001	2020-10-2	J1002	三星笔记本电脑	Chromebook Plus V2 12.2英寸	台	16	¥6,799	¥108,784	银行转账	威尔达科技		¥108,784
002	2020-10-5	J1004	戴尔笔记本电脑	DELL灵越5000 15.6英寸	台	8	¥4,469	¥35,752	支票	拓达科技		¥35,752
003	2020-10-8	J1005	联想笔记本超薄电脑	联想小新15 15.6英寸	台	5	¥4,999	¥24,995	本票	拓达科技		¥24,995
004	2020-10-8	YY1001	西部数据移动硬盘	WDBYVG0020BBK 2TB	部	18	¥469	¥8,442	现金	威尔达科技	¥8,442	¥0
005	2020-10-10	XJ1002	佳能相机	EOS 80D	部	8	¥8,299	¥66,392	支票	义美数码		¥66,392
006	2020-10-12	SXJ1001	索尼数码摄像机	FDR-AX60	台	6	¥6,699	¥40,194	支票	天宇数码		¥40,194
007	2020-10-16	SJ1001	华为手机	P40 Pro 5G	部	25	¥6,500	¥162,500	银行转账	顺成通讯		¥162,500
008	2020-10-17	J1001	联想ThinkPad 超薄本	X390 13.3英寸	台	28	¥6,600	¥184,800	银行转账	长城科技		¥184,800
009	2020-10-19	J1006	宏碁轻薄笔记本电脑	Acer 新蜂鸟3 MX350	台	15	¥4,899	¥73,485	本票	力锦科技		¥73,485
010	2020-10-19	YY1002	希捷移动硬盘	希捷STJL2000400 2TB	个	12	¥459	¥5,508	现金	天科电子	¥5,508	¥0
011	2020-10-22	SJ1003	OPPO手机	OPPO Ace2	部	18	¥3,299	¥59,382	支票	顺成通讯		¥59,382
012	2020-10-24	J1003	华硕轻薄笔记本电脑	VivoBook15s 15.6英寸	台	6	¥5,700	¥34,200	汇款	涵合科技		¥34,200
013	2020-10-25	J1005	联想笔记本超薄电脑	联想小新15 15.6英寸	台	16	¥4,999	¥79,984	支票	长城科技		¥79,984
014	2020-10-29	J1007	惠普笔记本电脑	HP 战66 三代 14英寸轻薄笔记本	台	10	¥5,799	¥57,990	支票	百达信息		¥57,990
015	2020-10-31	XJ1002	佳能相机	EOS 80D	部	15	¥8,299	¥124,485	汇款	义美数码		¥124,485
016	2020-10-31	SXJ1002	JVC数码摄像机	GZ-RY980HAC	台	5	¥6,980	¥34,900	现金	天宇数码	¥5,000	¥29,900
017	2020-10-31	SJ1001	华为手机	P40 Pro 5G	部	15	¥6,500	¥97,500	银行转帐	顺成通讯		¥97,500

图 4.21　设置数据为"货币"格式

（4）将"序号""单位""支付方式"列的数据的对齐方式设置为"居中"。

（5）为 A2:M19 单元格区域添加边框。

（6）适当调整各列的宽度。

STEP 7　分析采购业务数据

（1）复制工作表。将"商品采购单"工作表复制 5 份，分别重命名为"金额超过 5 万元的采购记录""手机采购记录""10 月中旬的采购记录""10 月下旬银行转账的采购记录""单价高于 5000 元和金额超过 6 万元的采购记录"。

（2）筛选金额超过 5 万元的采购记录。

① 切换到"金额超过 5 万元的采购记录"工作表。

② 选中数据区域中任一单元格，单击【数据】→【排序和筛选】→【筛选】命令，构建自动筛选。系统将在每个标题字段上添加一个下拉按钮，如图 4.22 所示。

序	采购日期	商品编码	商品名称	规格型号	单位	数量	单价	金额	支付方式	供应商	已付货	应付货款余额
				商品采购明细表								
001	2020-10-2	J1002	三星笔记本电脑	Chromebook Plus V2 12.2英寸	台	16	¥6,799	¥108,784	银行转账	威尔达科技		¥108,784
002	2020-10-5	J1004	戴尔笔记本电脑	DELL灵越5000 15.6英寸	台	8	¥4,469	¥35,752	支票	拓达科技		¥35,752
003	2020-10-5	J1005	联想笔记本超薄电脑	联想小新15 15.6英寸	台	5	¥4,999	¥24,995	本票	拓达科技		¥24,995
004	2020-10-8	YY1001	西部数据移动硬盘	WDBYVG0020BBK 2TB	个	18	¥469	¥8,442	现金	威尔达科技	¥8,442	¥0
005	2020-10-10	XJ1002	佳能相机	EOS 80D	部	8	¥8,299	¥66,392	支票	义美数码		¥66,392
006	2020-10-12	SXJ1001	索尼数码摄像机	FDR-AX60	台	6	¥6,699	¥40,194	支票	天宇数码		¥40,194
007	2020-10-16	SJ1001	华为手机	P40 Pro 5G	部	25	¥6,500	¥162,500	银行转账	顺成通讯		¥162,500
008	2020-10-17	J1001	联想ThinkPad 超薄本	X390 13.3英寸	台	28	¥6,600	¥184,800	银行转账	长城科技		¥184,800
009	2020-10-19	J1006	宏碁轻薄笔记本电脑	Acer 新蜂鸟3 MX350	台	15	¥4,899	¥73,485	本票	力锦科技		¥73,485
010	2020-10-20	YY1001	希捷移动硬盘	希捷STJL2000400 2TB	个	12	¥459	¥5,508	现金	天科电子	¥5,508	¥0
011	2020-10-22	SJ1003	OPPO手机	OPPO Ace2	部	18	¥3,299	¥59,382	支票	顺成通讯		¥59,382
012	2020-10-24	J1003	华硕轻薄笔记本电脑	VivoBook15s 15.6英寸	台	6	¥5,700	¥34,200	汇款	涵合科技		¥34,200
013	2020-10-25	J1005	联想笔记本超薄电脑	联想小新15 15.6英寸	台	16	¥4,999	¥79,984	银行转账	长城科技		¥79,984
014	2020-10-29	J1007	惠普笔记本电脑	HP 战66 三代 14英寸轻薄笔记本	台	10	¥5,799	¥57,990	支票	百达信息		¥57,990
015	2020-10-31	XJ1002	佳能相机	EOS 80D	部	15	¥8,299	¥124,485	汇款	义美数码		¥124,485
016	2020-10-31	SXJ1002	JVC数码摄像机	GZ-RY980HAC	部	5	¥6,980	¥34,900	现金	天宇数码	¥5,000	¥29,900
017	2020-10-31	SJ1001	华为手机	P40 Pro 5G	部	15	¥6,500	¥97,500	银行转帐	顺成通讯		¥97,500

图 4.22 自动筛选工作表

③ 设置筛选条件。单击"金额"右边的下拉按钮，打开筛选菜单，选择图 4.23 所示的"数字筛选"级联菜单中的"大于"命令，打开"自定义自动筛选方式"对话框。

④ 将"金额"中的"大于"的值设置为"50000"，如图 4.24 所示。

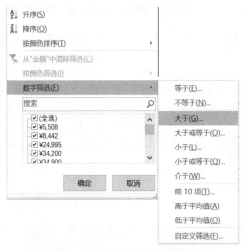

图 4.23 设置"金额"的筛选菜单

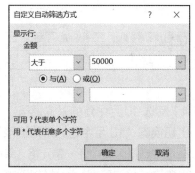

图 4.24 "自定义自动筛选方式"对话框

⑤ 单击"确定"按钮后，筛选出"金额超过 5 万元的记录"。筛选结果如图 4.25 所示。

（3）筛选手机采购记录。

① 切换到"手机采购记录"工作表。

② 选中数据区域中任一单元格，单击【数据】→【排序和筛选】→【筛选】命令，构建自动筛选。

A	B	C	D	E	F	G	H	I	J	K	L	M
				商品采购明细表								
序	采购日期	商品编号	商品名称	规格型号	单	数	单价	金额	支付方式	供应商	已付货	应付货款余
001	2020-10-2	J1002	三星笔记本电脑	Chromebook Plus V2 12.2英寸	台	16	¥6,799	¥108,784	银行转帐	威尔达科技		¥108,784
005	2020-10-10	XJ1002	佳能相机	EOS 80D	部	8	¥8,299	¥66,392	支票	义美数码		¥66,392
007	2020-10-16	SJ1001	华为手机	P40 Pro 5G	部	25	¥6,500	¥162,500	银行转账	顺成通讯		¥162,500
008	2020-10-17	J1001	联想ThinkPad 超薄本	X390 13.3英寸	台	28	¥6,600	¥184,800	银行转帐	长城科技		¥184,800
009	2020-10-19	J1006	宏碁轻薄笔记本电脑	Acer 新蜂鸟3 MX350	台	15	¥4,899	¥73,485	本票	力锦科技		¥73,485
011	2020-10-22	SJ1003	OPPO手机	OPPO Ace2	部	18	¥3,299	¥59,382	支票	顺成通讯		¥59,382
013	2020-10-25	J1005	联想笔记本超薄电脑	联想小新15 15.6英寸	台	16	¥4,999	¥79,984	银行转账	长城科技		¥79,984
014	2020-10-29	J1007	惠普笔记本电脑	HP 战66 三代 14英寸轻薄笔本	台	10	¥5,799	¥57,990	支票	百达信息		¥57,990
015	2020-10-31	XJ1002	佳能相机	EOS 80D	部	15	¥8,299	¥124,485	汇款	义美数码		¥124,485
017	2020-10-31	SJ1001	华为手机	P40 Pro 5G	部	15	¥6,500	¥97,500	银行转帐	顺成通讯		¥97,500

图 4.25 筛选金额超过 5 万元的采购记录

③ 单击"商品名称"右边的下拉按钮，打开筛选菜单，选择图 4.26 所示的"文本筛选"级联菜单中的"包含"命令，打开"自定义自动筛选方式"对话框。

④ 将"商品名称"中的"包含"的值设置为"手机"，如图 4.27 所示。

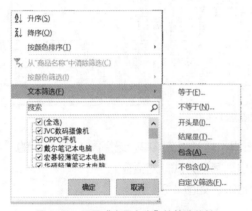

图 4.26 设置"商品名称"的筛选菜单

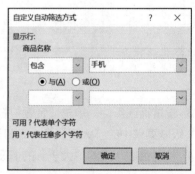

图 4.27 自定义"商品名称"的筛选方式

⑤ 单击"确定"按钮后，筛选出商品名称中含有"手机"字符的"手机采购记录"。筛选结果如图 4.28 所示。

	A	B	C	D	E	F	G	H	I	J	K	L	M
1					**商品采购明细表**								
2	序	采购日期	商品编	商品名称	规格型号	单	数	单价	金额	支付方式	供应商	已付货	应付货款余
9	007	2020-10-16	SJ1001	华为手机	P40 Pro 5G	部	25	¥6,500	¥162,500	银行转账	顺成通讯		¥162,500
13	011	2020-10-22	SJ1003	OPPO手机	OPPO Ace2	部	18	¥3,299	¥59,382	支票	顺成通讯		¥59,382
19	017	2020-10-31	SJ1001	华为手机	P40 Pro 5G	部	15	¥6,500	¥97,500	银行转帐	顺成通讯		¥97,500

图 4.28 筛选手机的采购记录

（4）筛选 10 月中旬的采购记录。

① 切换到"10 月中旬的采购记录"工作表。

② 选中数据区域中任一单元格，单击【数据】→【排序和筛选】→【筛选】命令，构建自动筛选。

③ 单击"采购日期"下拉按钮，打开筛选菜单，选择图 4.29 所示的"日期筛选"级联菜单中的"介于"命令，打开"自定义自动筛选方式"对话框。

④ 按图 4.30 所示设置"采购日期"的日期范围。

⑤ 单击"确定"按钮后，筛选出"10 月中旬的采购记录"。筛选结果如图 4.31 所示。

（5）筛选 10 月下旬银行转账的采购记录。

① 切换到"10 月下旬银行转账的采购记录"工作表。

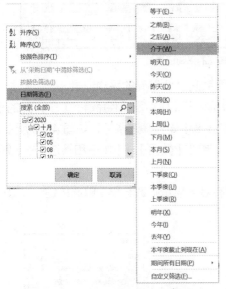

图 4.29 设置"采购日期"的筛选菜单 　　　　图 4.30 定义"采购日期"的筛选方式

序	采购日期	商品编	商品名称	规格型号	单	数	单价	金额	支付方	供应商	已付货	应付货款余
				商品采购明细表								
006	2020-10-12	SXJ1001	索尼数码摄像机	FDR-AX60	台	6	¥6,699	¥40,194	支票	天宇数码		¥40,194
007	2020-10-16	SJ1001	华为手机	P40 Pro 5G	部	25	¥6,500	¥162,500	银行转帐	顺成通讯		¥162,500
008	2020-10-17	J1001	联想ThinkPad 超薄本	X390 13.3英寸	台	28	¥6,600	¥184,800	银行转帐	长城科技		¥184,800
009	2020-10-19	J1006	宏碁轻薄笔记本电脑	Acer 新蜂鸟3 MX350	台	15	¥4,899	¥73,485	本票	力锦科技		¥73,485
010	2020-10-19	YY1002	希捷移动硬盘	希捷STJL2000400 2TB	个	12	¥459	¥5,508	现金	天科电子	¥5,508	¥0

图 4.31 筛选 10 月中旬的采购记录

② 选中数据区域中任一单元格，单击【数据】→【排序和筛选】→【筛选】命令，构建自动筛选。

③ 单击"采购日期"下拉按钮，打开筛选菜单，选择"日期筛选"级联菜单中的"之后"命令，打开"自定义自动筛选方式"对话框，按图 4.32 所示设置"采购日期"的日期，单击"确定"按钮，筛选出 10 月下旬的采购记录。

④ 单击"支付方式"下拉按钮，打开筛选菜单，在"支付方式"的值列表中选中"银行转账"复选框，如图 4.33 所示。

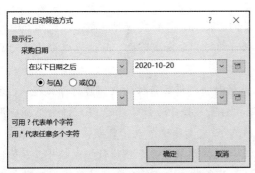

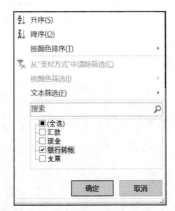

图 4.32 自定义"采购日期"的筛选方式 　　　　图 4.33 设置"支付方式"的筛选菜单

⑤ 单击"确定"按钮，可得到图 4.34 所示的筛选结果。

序	采购日期	商品编	商品名称	规格型号	单位	单价	金额	支付方式	供应商	已付货	应付货款余
15	013	2020-10-25	J1005	联想笔记本超薄电脑	联想小新15 15.6英寸	台	16	¥4,999	¥79,984	银行转账	长城科技		¥79,984
19	017	2020-10-31	SJ1001	华为手机	P40 Pro 5G	部	15	¥6,500	¥97,500	银行转账	顺成通讯		¥97,500

图 4.34 筛选 10 月下旬银行转账的采购记录

微课 4-3 筛选单价
高于 5000 元和金额
超过 6 万元的记录

（6）筛选单价高于 5000 元和金额超过 6 万元的采购记录。

① 输入筛选条件。切换到"单价高于 5000 元和金额超过 6 万元的采购记录"工作表，在 D21:E23 单元格区域中输入筛选条件，如图 4.35 所示。

② 选中数据区域的任一单元格，单击【数据】→【排序和筛选】→【高级】命令，弹出"高级筛选"对话框。

③ 选中"方式"栏中的"在原有区域显示筛选结果"单选按钮，设置列表区域和条件区域，如图 4.36 所示。

单价	金额
>5000	
	>60000

图 4.35 高级筛选的条件区域

图 4.36 "高级筛选"对话框

④ 单击"确定"按钮，得到图 4.37 所示的筛选结果。

序号	采购日期	商品编码	商品名称	规格型号	单位	数量	单价	金额	支付方式	供应商	已付货款	应付货款余额
001	2020-10-2	J1002	三星笔记本电脑	Chromebook Plus V2 12.2英寸	台	16	¥6,799	¥108,784	银行转账	威尔达科技		¥108,784
005	2020-10-10	XJ1002	佳能相机	EOS 80D	部	8	¥8,299	¥66,392	支票	义美数码		¥66,392
006	2020-10-12	SXJ1001	索尼数码摄像机	FDR-AX60	台	6	¥6,699	¥40,194	支票	天宇数码		¥40,194
007	2020-10-16	SJ1001	华为手机	P40 Pro 5G	部	25	¥6,500	¥162,500	银行转账	顺成通讯		¥162,500
008	2020-10-17	J1001	联想ThinkPad 超薄本	X390 13.3英寸	台	28	¥6,600	¥184,800	银行转账	长城科技		¥184,800
011	2020-10-19	J1006	宏碁超薄笔记本电脑	Acer 新蜂鸟3 MX350	台	15	¥4,899	¥73,485	本票	力恒科技		¥73,485
012	2020-10-24	J1003	华硕轻薄笔记本电脑	VivoBook15s 15.6英寸	台	15	¥5,700	¥34,200	汇款	涵合科技		¥34,200
013	2020-10-25	J1005	联想笔记本超薄电脑	联想小新15 15.6英寸	台	16	¥4,999	¥79,984	银行转账	长城科技		¥79,984
014	2020-10-29	J1007	惠普笔记本电脑	HP 战66 三代 14英寸轻薄笔本	台	10	¥5,799	¥57,990	现金	百达信息		¥57,990
015	2020-10-31	XJ1002	佳能相机	EOS 80D	部	15	¥8,299	¥124,485	汇款	义美数码		¥124,485
016	2020-10-31	SXJ1002	JVC数码摄像机	GZ-RY980HAC	台	5	¥6,980	¥34,900	现金	天宇数码	¥5,000	¥29,900
017	2020-10-31	SJ1001	华为手机	P40 Pro 5G	部	15	¥6,500	¥97,500	银行转账	顺成通讯		¥97,500

图 4.37 筛选单价高于 5000 元和金额超过 6 万元的采购记录

活力小贴士

Excel 提供的筛选操作可将满足筛选条件的行保留，并将其余行隐藏，以便用户查看满足条件的数据。筛选完成后，保留的数据行的行号会变成蓝色。筛选可以分为自动筛选和高级筛选两种。

① 自动筛选是适用于简单条件的筛选，筛选时将不满足条件的数据暂时隐藏起来，只显示符合条件的数据。筛选该列中的某值或按自定义条件进行筛选时，Excel 会根据应用筛选的列中的数据类型，自动变为"数字筛选""文本筛选"或"日期筛选"。

② 高级筛选是适用于复杂条件的筛选，其筛选的结果可显示在原数据表格中，不符合条件的数据会被隐藏，也可以在新的位置显示筛选结果，不符合条件的数据同时保留在数据表中而不会被隐藏，这样更加便于进行数据的比对。

STEP 8 按支付方式汇总 "应付货款余额"

（1）复制 "商品采购单" 工作表，将复制的工作表重命名为 "按支付方式汇总应付货款余额"。

（2）按支付方式对数据排序。选中数据区域中的任一单元格，单击【数据】→【排序和筛选】→【排序】命令，打开 "排序" 对话框。设置主要关键字为 "支付方式"，如图 4.38 所示，单击 "确定" 按钮。

（3）按支付方式对 "应付货款余额" 进行汇总。

① 单击【数据】→【分级显示】→【分类汇总】命令，打开 "分类汇总" 对话框。

② 在 "分类汇总" 对话框的 "分类字段" 下拉列表中选择 "支付方式"，在 "汇总方式" 下拉列表中选择 "求和"，在 "选定汇总项" 列表框中选中 "应付货款余额"，如图 4.39 所示。

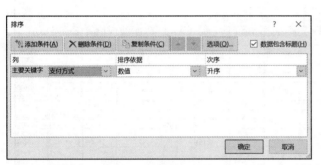

图 4.38 "排序" 对话框

图 4.39 "分类汇总" 对话框

③ 单击 "确定" 按钮，生成各种支付方式的应付货款余额汇总数据，如图 4.40 所示。

	序号	采购日期	商品编码	商品名称	规格型号	单位	数量	单价	金额	支付方式	供应商	已付货款	应付货款余额
1					商品采购明细表								
3	003	2020-10-5	J1005	联想笔记本超薄电脑	联想小新15 15.6英寸	台	5	¥4,999	¥24,995	本票	拓达科技		¥24,995
4	009	2020-10-19	J1006	宏碁轻薄笔记本电脑	Acer 新蜂鸟3 MX350	台	15	¥4,899	¥73,485	本票	力锦科技		¥73,485
5										本票 汇总			¥98,480
6	012	2020-10-24	J1003	华硕轻薄笔记本电脑	VivoBook15s 15.6英寸	台	6	¥5,700	¥34,200	汇款	涵合科技		¥34,200
7	015	2020-10-31	XJ1002	佳能相机	EOS 80D	部	15	¥8,299	¥124,485	汇款	义美数码		¥124,485
8										汇款 汇总			¥158,685
9	004	2020-10-8	YY1001	西部数据移动硬盘	WDBYVG0020BBK 2TB	个	18	¥469	¥8,442	现金	威尔达科技	¥8,442	¥0
10	010	2020-10-19	YY1002	希捷移动硬盘	希捷STJL2000400 2TB	个	12	¥459	¥5,508	现金	天科电子	¥5,508	¥0
11	016	2020-10-31	SXJ1002	JVC数码摄像机	GZ-RY980HAC	台	5	¥6,980	¥34,900	现金	天宇数码	¥5,000	¥29,900
12										现金 汇总			¥29,900
13	001	2020-10-2	J1002	三星笔记本电脑	Chromebook Plus V2 12.2英寸	台	16	¥6,799	¥108,784	银行转帐	威尔达科技		¥108,784
14	007	2020-10-16	SJ1001	华为手机	P40 Pro 5G	部	25	¥6,500	¥162,500	银行转帐	顺成通讯		¥162,500
15	008	2020-10-17	J1001	联想ThinkPad 超薄本	X390 13.3英寸	台	28	¥6,600	¥184,800	银行转帐	长城科技		¥184,800
16	013	2020-10-25	J1005	联想笔记本超薄电脑	联想小新15 15.6英寸	台	16	¥4,999	¥79,984	银行转帐	长城科技		¥79,984
17	017	2020-10-31	SJ1001	华为手机	P40 Pro 5G	部	15	¥6,500	¥97,500	银行转帐	顺成通讯		¥97,500
18										银行转帐 汇总			¥633,568
19	002	2020-10-5	J1004	戴尔笔记本电脑	DELL灵越5000 15.6英寸	台	8	¥4,469	¥35,752	支票	拓达科技		¥35,752
20	005	2020-10-10	XJ1002	佳能相机	EOS 80D	部	8	¥8,299	¥66,392	支票	义美数码		¥66,392
21	006	2020-10-12	SXJ1001	索尼数码摄像机	FDR-AX60	台	6	¥6,699	¥40,194	支票	天宇数码		¥40,194
22	011	2020-10-22	SJ1003	OPPO手机	OPPO Ace2	部	18	¥3,299	¥59,382	支票	顺成通讯		¥59,382
23	014	2020-10-29	J1007	惠普笔记本电脑	HP 战66 三代 14英寸轻薄笔记本	台	10	¥5,799	¥57,990	支票	百达信息		¥57,990
24										支票 汇总			¥259,710
25										总计			¥1,180,343

图 4.40 "按支付方式汇总应付货款余额" 效果图

④ 在汇总数据表中，选择显示第 2 级汇总数据，将得到图 4.2 所示的效果。

【拓展案例】

（1）统计各种商品的采购数量和金额，效果如图 4.41 所示。

（2）统计各个供应商的每种商品的销售金额，效果如图 4.42 所示。

	B	C	D	E	F	G	H	I	J	K	L	M
1	商品采购明细表											
2	采购日期	商品编码	商品名称	规格型号	单位	数量	单价	金额	支付方式	供应商	已付货款	应付货款余额
4			JVC数码摄像机 汇总			5		¥34,900				
6			OPPO手机 汇总			18		¥59,382				
8			戴尔笔记本电脑 汇总			8		¥35,752				
10			宏碁轻薄笔记本电脑 汇总			15		¥73,485				
12			华硕轻薄笔记本电脑 汇总			6		¥34,200				
15			华为手机 汇总			40		¥260,000				
17			惠普笔记本电脑 汇总			10		¥57,990				
20			佳能相机 汇总			23		¥190,877				
22			联想ThinkPad 超薄本 汇总			28		¥184,800				
25			联想笔记本超薄电脑 汇总			21		¥104,979				
27			三星笔记本电脑 汇总			16		¥108,784				
29			索尼数码摄像机 汇总			6		¥40,194				
31			西部数据移动硬盘 汇总			18		¥8,442				
33			希捷移动硬盘 汇总			12		¥5,508				
34			总计			226		¥1,199,293				

图 4.41　统计各种商品的采购数量和金额

	A	B	C	D	E	F	G	H	I	J	K	L
1												
2												
3	求和项:金额	供应商										
4	商品名称	百达信息	涵合科技	力锦科技	顺成通讯	天科电子	天宇数码	拓达科技	威尔达科技	义美数码	长城科技	总计
5	JVC数码摄像机						34900					34900
6	OPPO手机				59382							59382
7	戴尔笔记本电脑							35752				35752
8	宏碁轻薄笔记本电脑			73485								73485
9	华硕轻薄笔记本电脑		34200									34200
10	华为手机				260000							260000
11	惠普笔记本电脑	57990										57990
12	佳能相机									190877		190877
13	联想ThinkPad 超薄本										184800	184800
14	联想笔记本超薄电脑							24995			79984	104979
15	三星笔记本电脑								108784			108784
16	索尼数码摄像机						40194					40194
17	西部数据移动硬盘								8442			8442
18	希捷移动硬盘					5508						5508
19	总计	57990	34200	73485	319382	5508	75094	60747	117226	190877	264784	1199293

图 4.42　统计各个供应商的每种商品的销售金额

【拓展训练】

设计并制作一份“材料采购分析表”。

操作步骤如下。

（1）启动 Excel 2016，新建一个工作簿将工作簿，重命名为“材料采购分析表”，并将其保存在“E:\公司文档\物流部”文件夹中。

（2）将“Sheet1”工作表中命名为“材料清单”。

（3）设计工作表并格式化表格，填充数据，如图 4.43 所示。

	B	C	D	E	F	G	H	I	J	K
2	材料采购分析表									
3	请购日期	请购单编号	材料名称	采购数量	供应商编号	单价	金额	定购日期	验收日期	品质描述
4	2020-10-2	2020100201	主板	20	0001	￥420.00		2020-10-2	2020-10-3	优
5	2020-10-3	2020100301	内存	18	0002	￥280.00		2020-10-3	2020-10-4	优
6	2020-10-3	2020100302	内存	12	0002	￥280.00		2020-10-3	2020-10-7	优
7	2020-10-9	2020100901	光驱	3	0001	￥420.00		2020-10-9	2020-10-10	优
8	2020-10-15	2020101501	光驱	2	0001	￥420.00		2020-10-15	2020-10-16	优
9	2020-10-16	2020101601	内置风扇	14	0003	￥30.00		2020-10-16	2020-10-17	优
10	2020-10-20	2020102001	内置风扇	15	0003	￥30.00		2020-10-20	2020-10-21	优
11	2020-10-22	2020102201	主板	8	0001	￥420.00		2020-10-22	2020-10-23	优
12	2020-10-28	2020102801	主板	4	0001	￥420.00		2020-10-28	2020-10-29	优

图 4.43 “材料清单”的数据

（4）计算"金额"。选中 H4 单元格，并输入公式"＝E4*G4"，按【Enter】键确认输入，得出 2020 年 10 月 2 日购买主板的金额，然后拖曳填充柄将此单元格的公式复制至 H5:H12 单元格区域中，结果如图 4.44 所示。

	请购日期	请购单编号	材料名称	采购数量	供应商编号	单价	金额	定购日期	验收日期	品质描述
							材料采购分析表			
4	2020-10-2	2020100201	主板	20	0001	￥420.00	￥8,400.00	2020-10-2	2020-10-3	优
5	2020-10-3	2020100301	内存	18	0002	￥280.00	￥5,040.00	2020-10-3	2020-10-4	优
6	2020-10-3	2020100302	内存	12	0002	￥280.00	￥3,360.00	2020-10-3	2020-10-7	优
7	2020-10-9	2020100901	光驱	3	0001	￥420.00	￥1,260.00	2020-10-9	2020-10-10	优
8	2020-10-15	2020101501	光驱	2	0001	￥420.00	￥840.00	2020-10-15	2020-10-16	优
9	2020-10-16	2020101601	内置风扇	14	0003	￥30.00	￥420.00	2020-10-16	2020-10-17	优
10	2020-10-20	2020102001	内置风扇	15	0003	￥30.00	￥450.00	2020-10-20	2020-10-21	优
11	2020-10-22	2020102201	主板	8	0001	￥420.00	￥3,360.00	2020-10-22	2020-10-23	优
12	2020-10-28	2020102801	主板	4	0001	￥420.00	￥1,680.00	2020-10-28	2020-10-29	优

图 4.44　计算"金额"

（5）将"材料清单"工作表复制 1 份，并重命名为"材料汇总统计表"。

（6）按材料名称对表中的数据进行排序。

① 选中"材料汇总统计表"，将光标置于数据区域任意单元格中。

② 单击【数据】→【排序和筛选】→【排序】命令，打开图 4.45 所示的"排序"对话框。

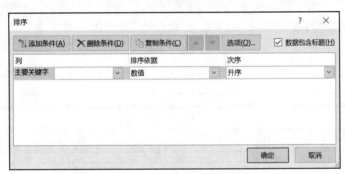

图 4.45　"排序"对话框

③ 以"材料名称"作为主要关键字进行升序排列，如图 4.46 所示。

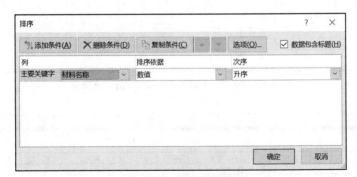

图 4.46　设置排序条件

④ 单击"确定"按钮，返回工作表，此时表中的数据按照"材料名称"进行升序排列，如图 4.47 所示。

				材料采购分析表						
请购日期	请购单编号	材料名称	采购数量	供应商编号	单价	金额	定购日期	验收日期	品质描述	
2020-10-9	2020100901	光驱	3	0001	¥420.00	¥1,260.00	2020-10-9	2020-10-10	优	
2020-10-15	2020101501	光驱	2	0001	¥420.00	¥840.00	2020-10-15	2020-10-16	优	
2020-10-3	2020100301	内存	18	0002	¥280.00	¥5,040.00	2020-10-3	2020-10-4	优	
2020-10-3	2020100302	内存	12	0002	¥280.00	¥3,360.00	2020-10-3	2020-10-7	优	
2020-10-16	2020101601	内置风扇	14	0003	¥30.00	¥420.00	2020-10-16	2020-10-17	优	
2020-10-20	2020102001	内置风扇	15	0003	¥30.00	¥450.00	2020-10-20	2020-10-21	优	
2020-10-2	2020100201	主板	20	0001	¥420.00	¥8,400.00	2020-10-2	2020-10-3	优	
2020-10-22	2020102201	主板	8	0001	¥420.00	¥3,360.00	2020-10-22	2020-10-23	优	
2020-10-28	2020102801	主板	4	0001	¥420.00	¥1,680.00	2020-10-28	2020-10-29	优	

图 4.47　按"材料名称"进行升序排列后的效果

（7）汇总统计各种材料的总金额。

① 选中数据区域内的任一单元格。

② 单击【数据】→【分级显示】→【分类汇总】命令，打开"分类汇总"对话框。

③ 在"分类字段"下拉列表中选择"材料名称"，在"汇总方式"下拉列表中选择"求和"，在"选定汇总项"列表框中选中"金额"，如图 4.48 所示。

④ 单击"确定"按钮，生成图 4.49 所示的分类汇总表。

⑤ 单击工作表左上方的按钮 ②，显示第 2 级分类汇总数据，如图 4.50 所示。

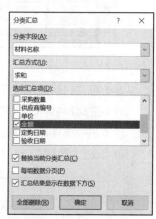

图 4.48　"分类汇总"对话框

				材料采购分析表						
请购日期	请购单编号	材料名称	采购数量	供应商编号	单价	金额	定购日期	验收日期	品质描述	
2020-10-9	2020100901	光驱	3	0001	¥420.00	¥1,260.00	2020-10-9	2020-10-10	优	
2020-10-15	2020101501	光驱	2	0001	¥420.00	¥840.00	2020-10-15	2020-10-16	优	
		光驱 汇总				¥2,100.00				
2020-10-3	2020100301	内存	18	0002	¥280.00	¥5,040.00	2020-10-3	2020-10-4	优	
2020-10-3	2020100302	内存	12	0002	¥280.00	¥3,360.00	2020-10-3	2020-10-7	优	
		内存 汇总				¥8,400.00				
2020-10-16	2020101601	内置风扇	14	0003	¥30.00	¥420.00	2020-10-16	2020-10-17	优	
2020-10-20	2020102001	内置风扇	15	0003	¥30.00	¥450.00	2020-10-20	2020-10-21	优	
		内置风扇 汇总				¥870.00				
2020-10-2	2020100201	主板	20	0001	¥420.00	¥8,400.00	2020-10-2	2020-10-3	优	
2020-10-22	2020102201	主板	8	0001	¥420.00	¥3,360.00	2020-10-22	2020-10-23	优	
2020-10-28	2020102801	主板	4	0001	¥420.00	¥1,680.00	2020-10-28	2020-10-29	优	
		主板 汇总				¥13,440.00				
		总计				¥24,810.00				

图 4.49　按"材料名称"进行分类汇总后的效果

				材料采购分析表						
请购日期	请购单编号	材料名称	采购数量	供应商编号	单价	金额	定购日期	验收日期	品质描述	
		光驱 汇总				¥2,100.00				
		内存 汇总				¥8,400.00				
		内置风扇 汇总				¥870.00				
		主板 汇总				¥13,440.00				
		总计				¥24,810.00				

图 4.50　显示第 2 级分类汇总数据

（8）创建"材料采购分析图"。

① 在"材料汇总统计表"中，在按住【Ctrl】键的同时选中 D3、D6、D9、D12、D16、H3、H6、H9、H12、H16 单元格。

② 单击【插入】→【图表】→【插入柱形图或条形图】命令，打开图 4.51 所示的"柱形图或条形图"下拉菜单。

③ 在"三维柱形图"中选择"三维簇状柱形图"，生成图 4.52 所示的三维簇状柱形图。

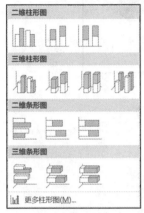

图 4.51 "柱形图或条形图"下拉菜单

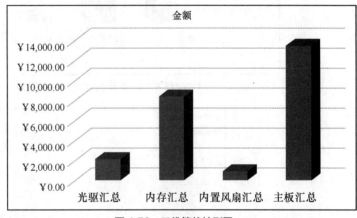

图 4.52 三维簇状柱形图

④ 修改图表标题。单击图表标题区，将图表标题修改为"材料金额汇总图"。

⑤ 添加坐标轴标题。选中图表，选中图表，单击图表右侧的"图表元素"按钮 ，从打开的列表中选中"坐标轴标题"复选框，在图表中显示坐标轴标题占位符。分别在横坐标轴标题占位符中输入"材料名称"，在纵坐标轴标题占位符中输入"金额"，如图 4.53 所示。

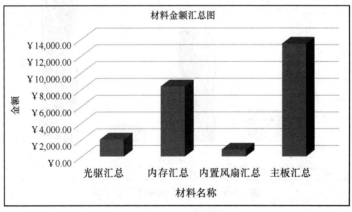

图 4.53 添加坐标轴标题

⑥ 添加数据标签。选中图表，单击图表右侧的"图表元素"按钮 ，从打开的列表中选中"数据标签"复选框，在图表中显示数据值，添加数据标签后的效果如图 4.54 所示。

⑦ 改变图表位置。选中图表，单击【图表工具】→【设计】→【位置】→【移动图表】命令，打开"移动图表"对话框。选择图表位置为"新工作表"，并输入新工作表名称"材料采购分析图"，如图 4.55 所示。单击"确定"按钮，生成图 4.56 所示的图表工作表。

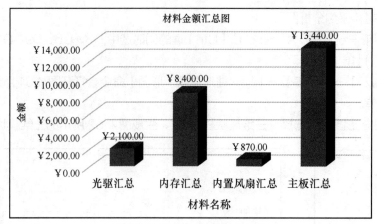

图 4.54　在图表中添加数据标签

图 4.55　"移动图表"对话框

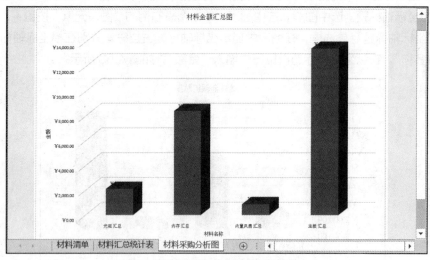

图 4.56　"材料采购分析图"工作表

⑧ 修改图表背景格式。选中图表，单击【图表工具】→【格式】→【形状样式】→【形状填充】命令，在打开的下拉菜单中选择"纹理"列表中的"新闻纸"选项，对图表背景进行设置，如图 4.57 所示。

⑨ 修改数据系列格式。选中图表，在图表中任一柱形上单击鼠标右键，在弹出的快捷菜单中选择"设置数据系列格式"命令，打开"设置数据系列格式"窗格，在"形状"选项中，选中柱体形状为"圆柱图"，如图 4.58 所示。适当调整图表标题、坐标轴标题等元素的字体大小，修改后的图表如图 4.59 所示。

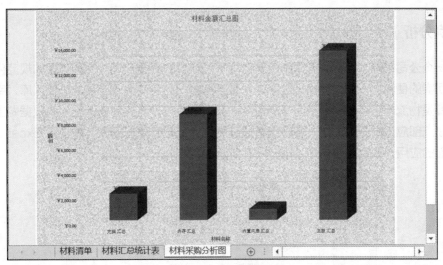

图 4.57　背景填充效果

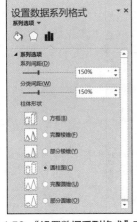

图 4.58　"设置数据系列格式"窗格

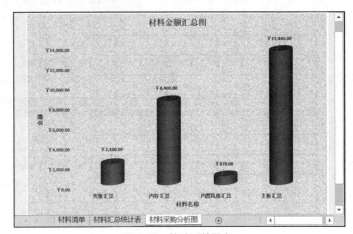

图 4.59　修改后的图表

【案例小结】

本案例通过制作"商品采购管理表"和"材料采购分析表"等，主要介绍了创建工作簿、重命名工作表、复制工作表、定义名称、利用数据验证设置下拉列表和利用 VLOOKUP 函数等实现数据输入等的操作方法。此外，本案例还介绍了在编辑好的表格的基础上，使用"自动筛选""高级筛选""数据透视表"等对数据进行分析，以及通过"分类汇总"对各支付方式的应付货款余额进行汇总统计的操作方法。

4.2　案例 15　制作公司库存管理表

| 示例文件 | 原始文件：示例文件\素材\物流篇\案例 15\公司库存管理表.xlsx |
| | 效果文件：示例文件\效果\物流篇\案例 15\公司库存管理表.xlsx |

【案例分析】

对于一个公司来说，库存管理是物流体系中不可缺少的重要一环，库存管理的规范化将为物流体系带来切实的便利。不管是销售型公司还是生产型公司，其商品或产品的进货入库、库存、销售出货等，都是物流部工作人员每日工作的重要内容。通过各种方式对仓库出入库数据做出合理的统计，也是物流部应该做好的工作。本案例将通过制作"公司库存管理表"来学习 Excel 2016 在库存管理方面的应用。效果如图 4.60～图 4.65 所示。

图 4.60 "公司第一仓库入库"效果图

图 4.61 "公司第二仓库入库"效果图

图 4.62 "公司第一仓库出库"效果图

	A	B	C	D	E	F
1			科源有限公司第二仓库出库明细表			
2		统计日期	2020年12月		仓库主管	周谦
3	编号	日期	商品编码	商品名称	规格	数量
4	NO-2-0001	2020-12-1	XJ1001	尼康相机	D7500	6
5	NO-2-0002	2020-12-5	J1003	华硕轻薄笔记本电脑	VivoBook15s 15.6英寸	9
6	NO-2-0003	2020-12-8	SJ1001	华为手机	P40 Pro 5G	12
7	NO-2-0004	2020-12-9	J1002	三星手机	Galaxy A71 5G	16
8	NO-2-0005	2020-12-10	XJ1001	尼康相机	D7500	15
9	NO-2-0006	2020-12-10	XJ1002	佳能相机	EOS 80D	8
10	NO-2-0007	2020-12-10	YY1001	西部数据移动硬盘	WDBYVG0020BBK 2TB	20
11	NO-2-0008	2020-12-12	J1004	戴尔笔记本电脑	DELL灵越5000 15.6英寸	5
12	NO-2-0009	2020-12-12	J1006	宏碁轻薄笔记本电脑	Acer 新蜂鸟3 MX350	2
13	NO-2-0010	2020-12-15	YY1002	希捷移动硬盘	希捷STJL2000400 2TB	13
14	NO-2-0011	2020-12-16	SJ1003	OPPO手机	OPPO Ace2	8
15	NO-2-0012	2020-12-18	J1005	联想笔记本超薄电脑	联想小新15 15.6英寸	7
16	NO-2-0013	2020-12-21	SXJ1001	索尼数码摄像机	FDR-AX60	5
17	NO-2-0014	2020-12-25	SXJ1002	JVC数码摄像机	GZ-RY980HAC	3
18	NO-2-0015	2020-12-29	J1002	三星笔记本电脑	Chromebook Plus V2 12.2英寸	8

图 4.63 "公司第二仓库出库"效果图

	A	B
1	商品编码	数量
2	J1006	5
3	YY1002	32
4	J1001	26
5	J1004	32
6	SJ1003	27
7	J1003	25
8	SJ1002	17
9	SXJ1001	11
10	SJ1001	14
11	XJ1001	20
12	J1005	8
13	J1007	18
14	XJ1002	8
15	YY1001	23
16	J1002	13
17	SXJ1002	15

图 4.64 "入库汇总表"效果图

	A	B
1	商品编码	数量
2	XJ1001	26
3	J1007	9
4	J1003	11
5	SJ1001	22
6	SJ1002	17
7	XJ1002	16
8	YY1001	30
9	J1004	15
10	J1006	8
11	J1001	6
12	YY1002	31
13	SJ1003	16
14	J1005	15
15	SXJ1001	8
16	SXJ1002	4
17	J1002	15

图 4.65 "出库汇总表"效果图

【知识与技能】

- 新建工作簿、重命名工作表
- 在工作簿之间复制工作表
- 定义数据格式
- 设置数据验证规则
- VLOOKUP 函数的应用
- 合并计算

【解决方案】

STEP 1 新建并保存工作簿

（1）启动 Excel 2016，新建一个空白工作簿。

（2）将新建的工作簿重命名为"公司库存管理表"，并将其保存在"E:\公司文档\物流部"文件夹中。

STEP 2 复制"商品基础资料"工作表

（1）打开"E:\公司文档\物流部"文件夹中的"商品采购管理表"工作簿。

（2）选中"商品基础资料"工作表。

215

（3）单击【开始】→【单元格】→【格式】命令，打开图 4.66 所示的"格式"下拉菜单，在"组织工作表"下选择"移动或复制工作表"命令，打开图 4.67 所示的"移动或复制工作表"对话框。

图 4.66 "格式"下拉菜单

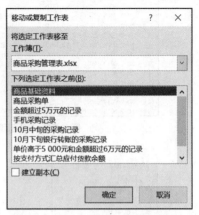

图 4.67 "移动或复制工作表"对话框

（4）在"工作簿"下拉列表中选择"公司库存管理表"工作簿，在"下列选定工作表之前"中选择"Sheet1"工作表，再选中"建立副本"复选框，如图 4.68 所示。

（5）单击"确定"按钮，将选定的工作表"商品基础资料"复制到"公司库存管理表"工作簿中。

（6）关闭"商品采购管理表"工作簿。

STEP 3 创建"第一仓库入库"工作表

（1）将"Sheet1"工作表重命名为"第一仓库入库"。

（2）在"第一仓库入库"工作表中创建框架，如图 4.69 所示。

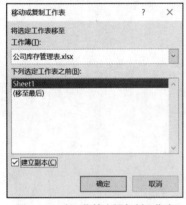

图 4.68 在工作簿之间复制工作表

图 4.69 "第一仓库入库"的框架

（3）输入"编号"。

① 选中编号所在列 A 列，单击【开始】→【单元格】→【格式】命令，打开"单元格格式"下拉菜单，选择"设置单元格格式"命令，打开"设置单元格格式"对话框。

② 切换到"数字"选项卡，在左侧的"分类"列表框中选择"自定义"；在右侧的"类型"列表框中，输入自定义格式，如图 4.70 所示，单击"确定"按钮。

图 4.70　自定义"编号"格式

③ 选中 A4 单元格，输入"1"，按【Enter】键后，单元格中显示的是"NO-1-0001"，如图 4.71 所示。

④ 使用填充柄自动填充其余的编号。这里，可以先选中 A4 作为起始单元格，然后按住【Ctrl】键，将鼠标指针移到单元格的右下角时会出现"+"号，这时按住鼠标左键往下拖动至 A19 单元格，可实现以 1 为步长值的向下自动递增填充。

图 4.71　输入"1"后的编号显示形式

（4）参照图 4.72 输入"日期"和"商品编码"的数据。

（5）输入"商品名称"的数据。

① 选中 D4 单元格。

② 单击【公式】→【函数库】→【插入函数】命令，打开图 4.73 所示的"插入函数"对话框。

图 4.72　输入"日期"和"商品编码"数据

图 4.73　"插入函数"对话框

③ 在"插入函数"对话框的"选择函数"列表框中选择"VLOOKUP"，单击"确定"按钮，然后在弹出的"函数参数"对话框中设置图 4.74 所示的参数。

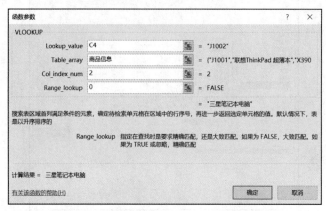

图 4.74 "商品名称"的 VLOOKUP 函数参数

④ 单击"确定"按钮，得到相应的"商品名称"的数据。

⑤ 选中 D4 单元格，拖动填充柄至 D19 单元格，将公式复制到 D5:D19 单元格区域中，可得到所有的"商品名称"的数据。

（6）用同样的方式，参照图 4.75 设置参数，输入"规格"的数据。

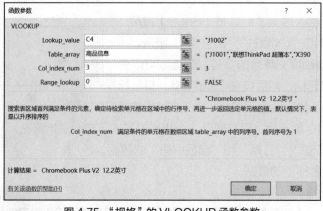

图 4.75 "规格"的 VLOOKUP 函数参数

微课 4-4 对入库"数量"进行数据验证

（7）输入入库"数量"的数据。

为保证输入的数据均为正整数、不会出现其他数据，需要对这列数据进行数据验证设置。

① 选中 F4:F19 单元格区域，单击【数据】→【数据工具】→【数据验证】下拉按钮，从下拉菜单中选择"数据验证"命令，打开"数据验证"对话框。

② 在"设置"选项卡中，设置该列中的数据所允许的数值，如图 4.76 所示。

③ 在"输入信息"选项卡中，设置在工作表中进行输入时鼠标指针移到该列时显示的提示信息，如图 4.77 所示。

图 4.76 设置数据验证条件

④ 在"出错警告"选项卡中，设置在工作表中进行输入时，如果在该列中任意单元格输入错误数据时弹出的对话框中的提示信息，如图 4.78 所示。

图 4.77　设置数据输入时的提示信息

图 4.78　设置数据输入错误时的出错警告

（8）设置完成后，参照图 4.60 所示，在工作表中进行"数量"列数据的输入，完成"第一仓库入库"工作表的创建。

**活力
小贴士**　当选中设置了数据验证的单元格区域时，将会出现图 4.79 所示的提示信息。当输入错误数据时，会弹出图 4.80 所示的对话框。

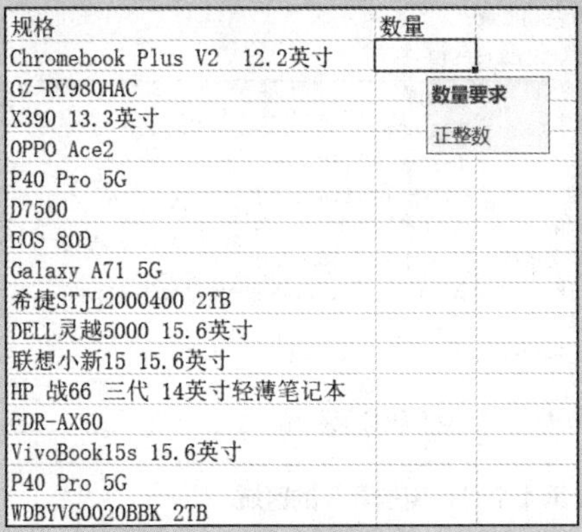

图 4.79　数据输入时的提示信息 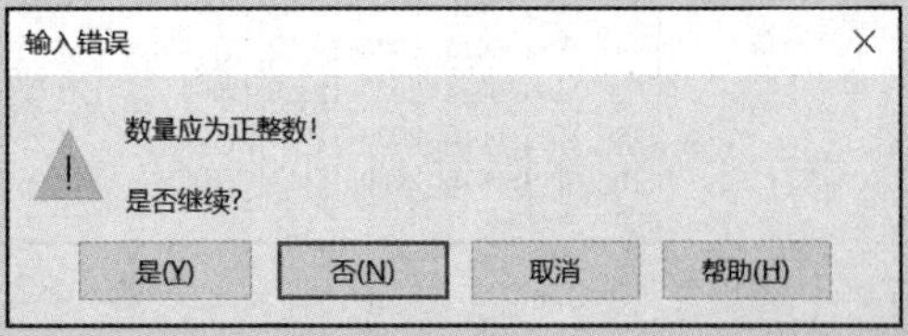　　　图 4.80　输入错误数据时弹出的提示对话框

STEP 4　创建"第二仓库入库"工作表

（1）插入一张新工作表，并重命名为"第二仓库入库"。

（2）参照创建"第一仓库入库"工作表的方法创建图 4.61 所示的"第二仓库入库"工作表。

STEP 5　创建"第一仓库出库"工作表

（1）插入一张新工作表，并重命名为"第一仓库出库"。

（2）参照创建"第一仓库入库"工作表的方法创建图 4.62 所示的"第一仓库出库"工作表。

STEP 6　创建"第二仓库出库"工作表

（1）在"第一仓库出库"工作表右侧插入一张新工作表，并将新工作表重命名为"第二仓库出库"。

（2）参照创建"第一仓库入库"工作表的方法创建图 4.63 所示的"第二仓库出库"工作表。

STEP 7 创建"入库汇总表"工作表

这里，将采用"合并计算"来汇总所有仓库中各种产品的入库数据。

（1）在"第二仓库入库"工作表右侧插入一张新工作表，并将新工作表重命名为"入库汇总表"。

（2）选中 A1 单元格，合并计算的结果将从这个单元格开始填列。

（3）单击【数据】→【数据工具】→【合并计算】命令，打开图 4.81 所示的"合并计算"对话框。

（4）在"函数"下拉列表中选择"求和"。

（5）添加第 1 个"引用位置"的区域。

① 单击"合并计算"对话框中"引用位置"右边的"折叠"按钮，切换到"第一仓库入库"工作表中，选中 C3:F19 单元格区域，如图 4.82 所示。

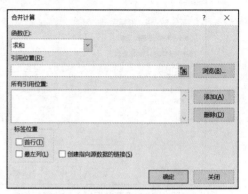

图 4.81　"合并计算"对话框

微课 4-5　创建"入库汇总表"

	A	B	C	D	E	F	G
1			\multicolumn{4}{c} 科源有限公司第一仓库入库明细表		
2		统计日期	2020年12月		仓库主管		李莫蕭
3	编号	日期	商品编码	商品名称	规格	数量	
4	NO-1-0001	2020-12-2	J1002	三星笔记本电脑	Chromebook Plus V2　12.2英寸	5	
5	NO-1-0002	2020-12-3	SXJ1002	JVC数码摄像机	GZ-RY980HAC	10	
6	NO-1-0003	2020-12-7	J1001	联想			
7	NO-1-0004	2020-12-8	SJ1003	OPPO	合并计算 - 引用位置:		
8	NO-1-0005	2020-12-8	SJ1001	华为	第一仓库入库!$C$3:$F$19		
9	NO-1-0006	2020-12-8	XJ1001	尼康相机	D7500	15	
10	NO-1-0007	2020-12-12	XJ1002	佳能相机	EOS 80D	2	
11	NO-1-0008	2020-12-15	SJ1002	三星手机	Galaxy A71 5G	10	
12	NO-1-0009	2020-12-18	YY1002	希捷移动硬盘	希捷STJL2000400 2TB	20	
13	NO-1-0010	2020-12-20	J1004	戴尔笔记本电脑	DELL灵越5000 15.6英寸	12	
14	NO-1-0011	2020-12-21	J1005	联想笔记本超薄电脑	联想小新15 15.6英寸	8	
15	NO-1-0012	2020-12-21	J1007	惠普笔记本电脑	HP 战66 三代 14英寸轻薄笔记本	10	
16	NO-1-0013	2020-12-22	SXJ1001	索尼数码摄像机	FDR-AX60	8	
17	NO-1-0014	2020-12-25	J1003	华硕轻薄笔记本电脑	VivoBook15s 15.6英寸	9	
18	NO-1-0015	2020-12-25	SJ1001	华为手机	P40 Pro 5G	10	
19	NO-1-0016	2020-12-29	YY1001	西部数据移动硬盘	WDBYVG0020BBK 2TB	7	
20							

图 4.82　选择第 1 个"引用位置"的区域

② 单击"返回"按钮，返回到"合并计算"对话框，得到第 1 个"引用位置"。

③ 再单击"添加"按钮，将第 1 个选定的区域添加到下方"所有引用位置"中，如图 4.83 所示。

> **活力小贴士**　如果要合并的数据是另外一个工作簿中的数据，则需要先使用"浏览"按钮打开其他工作簿再进行区域的选择。

（6）添加第 2 个"引用位置"的区域。按照上面的方法，选择"第二仓库入库"工作表中的 C3:F21 单元格区域，并将其添加到"所有引用位置"中，如图 4.84 所示。

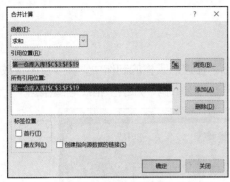

图 4.83 添加第 1 个 "引用位置" 区域

图 4.84 添加第 2 个 "引用位置" 的区域

（7）选中 "标签位置" 中的 "首行" 和 "最左列" 复选框，单击 "确定" 按钮，完成合并计算，得到图 4.85 所示的效果。

> **活力小贴士** 由于在进行合并计算前并未创建合并数据的标题行，所以这里需要选中 "首行" 和 "最左列" 作为行、列标题，让合并结果以所引用位置的数据首行和最左列作为汇总的数据标志。相反，如果事先创建了合并结果的标题行和标题列，则不需要选中该复选框。

（8）调整表格。将合并后不需要的 "商品名称" 和 "规格" 列删除，在 A1 单元格中添加标题 "商品编码"，再适当调整列宽，得到的最终效果如图 4.64 所示。

STEP 8 创建 "出库汇总表" 工作表

（1）采用创建 "入库汇总表" 工作表的方法，在 "第二仓库出库" 工作表右侧插入一张新工作表。

（2）将新工作表重命名为 "出库汇总表"，汇总出所有仓库中各种产品的出库数据。参照 "入库汇总表" 调整表格，删除 "商品名称" 和 "规格" 列，并添加标题 "商品编码"。

	A	B	C	D
1		商品名称	规格	数量
2	J1006			5
3	YY1002			32
4	J1001			26
5	J1004			32
6	SJ1003			27
7	J1003			25
8	SJ1002			17
9	SXJ1001			11
10	SJ1001			14
11	XJ1001			20
12	J1005			8
13	J1007			18
14	XJ1002			8
15	YY1001			23
16	J1002			13
17	SXJ1002			15

图 4.85 合并计算后的入库汇总数据

【拓展案例】

制作 "商品出入库数量比较图"，效果如图 4.86 所示。

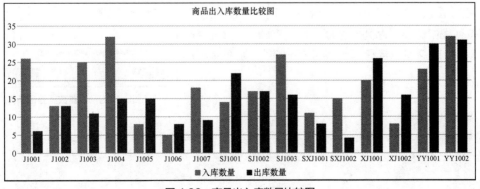

图 4.86 商品出入库数量比较图

【拓展训练】

制作一份"商品出货明细单"，效果如图 4.87 所示。在这个表格的制作中，会涉及设置数据验证、利用自定义序列来构造下拉列表进行数据输入、自动筛选数据、冻结网格线等操作。

商品出货明细单										
				2020 年		12 月		20 日		
委托出货号	出货地点	商品代码	个数	件数	商品内容			交货地点	保险	备注
					大分类	中分类	小分类			
MY07020001	1号仓库	XSQ-1	8	8				电子城	￥10	
MY07020002	1号仓库	XSQ-1	2	2				电子城	￥10	
MY07020003	4号仓库	XSQ-2	2	2				电子城	￥10	
MY07020004	2号仓库	XSQ-2	3	3				数码广场	￥10	
MY07020005	1号仓库	XSQ-3	10	10				数码广场	￥10	
MY07020006	3号仓库	mky235	10	5				1号商铺	￥10	

图 4.87 "商品出货明细单"效果图

操作步骤如下。

（1）按图 4.88 所示创建"商品出货明细单"，输入各项数据，并设置明细单的背景图案。

商品出货明细单										
				2020 年		12 月		20 日		
委托出货号	出货地点	商品代码	个数	件数	商品内容			交货地点	保险	备注
					大分类	中分类	小分类			
MY07020001		XSQ-1	8	8				电子城	￥10	
MY07020002		XSQ-1	2	2				电子城	￥10	
MY07020003		XSQ-2	2	2				电子城	￥10	
MY07020004		XSQ-2	3	3				数码广场	￥10	
MY07020005		XSQ-3	10	10				数码广场	￥10	
MY07020006		mky235	10	5				1号商铺	￥10	

图 4.88 创建"商品出货明细单"

（2）为"出货地点"设置下拉列表。

① 选中 C6:C11 单元格区域。

② 单击【数据】→【数据工具】→【数据验证】下拉按钮，从下拉菜单中选择"数据验证"命令，打开"数据验证"对话框。

③ 在"设置"选项卡中单击"允许"下拉按钮，在打开的下拉列表中选择"序列"选项，在"来源"文本框中输入"1 号仓库,2 号仓库,3 号仓库,4 号仓库"，如图 4.89所示。

图 4.89 设置数据验证条件

活力小贴士 这里，输入的序列值"1 号仓库,2 号仓库,3 号仓库,4 号仓库"之间的逗号均为英文状态下的逗号。

④ 在"输入信息"选项卡中，设置在工作表中进行输入时鼠标指针移到该列时显示的提示信息，如图 4.90 所示。

⑤ 在"出错警告"选项卡中，设置在工作表中进行输入时，如果在该列中任意单元格输入错误数据时弹出的对话框中的提示信息，如图 4.91 所示。

图 4.90　设置数据输入时的提示信息

图 4.91　设置数据输入错误时的提示信息

⑥ 单击"确定"按钮，回到"商品出货明细单"中，单击选中 C6 单元格，则会在此单元格的右侧显示下拉按钮以及提示信息，如图 4.92 所示。单击下拉按钮，在弹出的下拉列表中选择正确的出货地点，如图 4.93 所示。

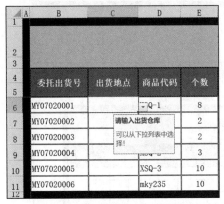
图 4.92　设置数据验证后的效果图

图 4.93　"出货地点"下拉列表

（3）设置自动筛选。

① 选中 B4:D11 单元格区域。

② 单击【数据】→【排序与筛选】→【筛选】命令，为工作表设置自动筛选，此时在"委托出货编号""出货地点""商品代码"单元格的右上角将显示下拉设置按钮，如图 4.94 所示。单击下拉按钮，可以选择要查看的某种商品或某类商品，如图 4.95 所示。

（4）为表格添加"冻结网格线"。

① 选中 B6 单元格，将该单元格设置为冻结点。

② 单击【视图】→【窗口】→【冻结窗格】命令，在打开的下拉菜单中选择"冻结拆分窗格"

命令，使工作表中第1~5行的标题行固定不动，如图4.96所示，工作表中出现了水平和垂直两条冻结网格线。

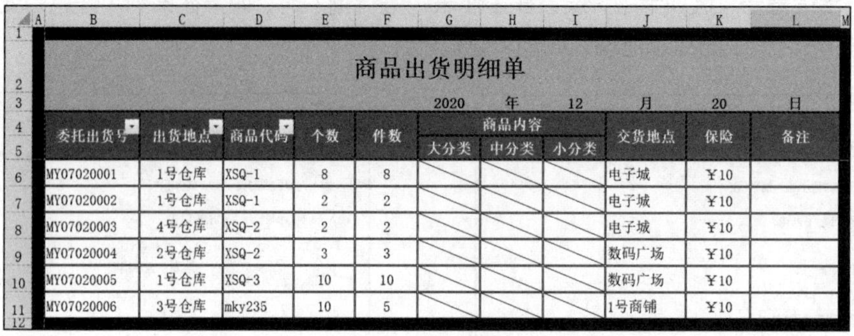

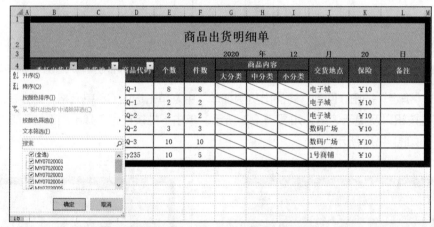

图4.94　设置自动筛选

图4.95　设置自动筛选后的效果

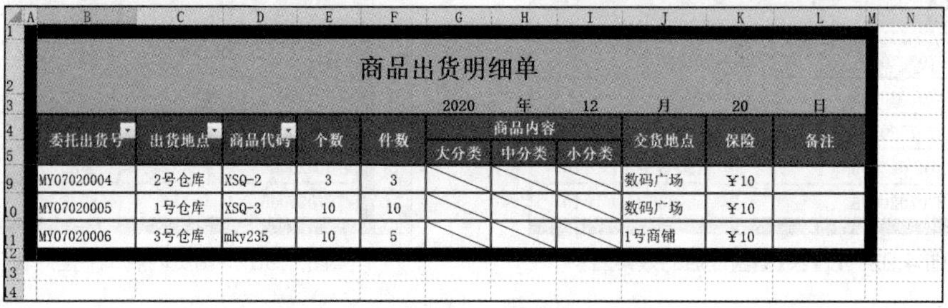

图4.96　添加"冻结网格线"的效果

【案例小结】

本案例通过制作"公司库存管理表""商品出入库数量比较图"和"商品出货明细单"等，主要介绍了工作簿的创建、工作表的重命名、自动填充、设置数据验证、使用VLOOKUP函数导入数据等操作。在此基础上，本案例介绍了使用"合并计算"对多个仓库的出、入库数据进行汇总统计的操作方法。此外，进一步巩固了数据筛选以及图表制作等操作。

4.3 案例 16 制作商品进销存管理表

示例文件	原始文件: 示例文件\素材\物流篇\案例 16\商品进销存管理表.xlsx
	效果文件: 示例文件\效果\物流篇\案例 16\商品进销存管理表.xlsx

【案例分析】

在一个经营性企业中,物流部的基本业务流程就是商品的进销存管理过程,商品的进货、销售和库存的各个环节会直接影响到企业的发展。

对企业的进销存实行信息化管理,不仅可以实现数据之间的共享、保证数据的正确性,还可以实现对数据的全面汇总和分析,促进企业的快速发展。本案例通过制作"进销存管理表"和"期末库存量分析图"来介绍 Excel 2016 在进销存管理方面的应用。"进销存管理表"和"期末库存量分析图"的最终效果如图 4.97 和图 4.98 所示。

商品编码	商品名称	规格	单位	期初库存量	期初库存额	本月入库量	本月入库额	本月销售量	本月销售额	期末库存量	期末库存额
										商品进销存汇总表	
J1001	联想ThinkPad 超薄本	X390 13.3英寸	台	0	—	26	171,600	6	41,994	20	132,000
J1002	三星笔记本电脑	Chromebook Plus V2 12.2寸	台	4	27,196	13	88,387	13	94,887	4	27,196
J1003	华硕轻薄笔记本电脑	VivoBook15s 15.6英寸	台	0	—	25	142,500	11	70,180	14	79,800
J1004	戴尔笔记本电脑	DELL灵越5000 15.6英寸	台	0	—	32	143,008	15	74,700	17	75,973
J1005	联想笔记本超薄电脑	联想小新15 15.6英寸	台	7	34,993	8	39,992	15	82,350	0	—
J1006	宏碁轻薄笔记本电脑	Acer 新蜂鸟3 MX350	台	4	19,596	5	24,495	8	42,320	1	4,899
J1007	惠普笔记本电脑	HP 战66 三代 14英寸轻薄笔记本	台	6	34,794	18	104,382	9	56,610	15	86,985
YY1001	西部数据移动硬盘	WDBYVG0020BBK 2TB	个	12	5,628	23	10,787	30	14,970	5	2,345
YY1002	希捷移动硬盘	希捷STJL2000400 2TB	个	5	2,295	32	14,688	31	15,376	6	2,754
XJ1001	尼康相机	D7500	部	7	46,060	20	131,600	26	181,688	1	6,580
XJ1002	佳能相机	EOS 80D	部	8	66,392	8	66,392	16	138,880	0	—
SXJ1001	索尼数码摄像机	FDR-AX60	台	1	6,699	11	73,689	8	56,640	4	26,796
SXJ1002	JVC数码摄像机	GZ-RY980HAC	台	2	13,960	15	104,700	4	29,520	13	90,740
SJ1001	华为手机	P40 Pro 5G	部	9	58,500	14	91,000	22	151,360	1	6,500
SJ1002	三星手机	Galaxy A71 5G	部	3	8,640	17	48,960	17	56,083	0	8,640
SJ1003	OPPO手机	OPPO Ace2	部	2	6,598	27	89,073	16	56,960	13	42,887

图 4.97 "进销存管理表"效果图

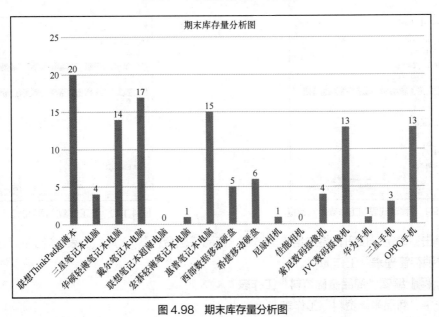

图 4.98 期末库存量分析图

【知识与技能】

- 新建工作簿、重命名工作表
- 在工作簿之间复制工作表
- VLOOKUP 函数的应用
- 使用公式进行计算
- 设置数据格式
- 条件格式的应用
- 图表的运用

【解决方案】

STEP 1 新建工作簿

（1）启动 Excel 2016，新建一个空白工作簿。

（2）将新建的工作簿重命名为"商品进销存管理表"，并将其保存在"E:\公司文档\物流部"文件夹中。

STEP 2 复制工作表

（1）打开"公司库存管理表"工作簿。

（2）按住【Ctrl】键，分别选中"商品基础资料""入库汇总表""出库汇总表"工作表。

（3）单击【开始】→【单元格】→【格式】命令，打开"格式"下拉菜单，在"组织工作表"下选择"移动或复制工作表"命令，打开图 4.99 所示的"移动或复制工作表"对话框。

（4）在"工作簿"下拉列表中选择"商品进销存管理表"工作簿，在"下列选定工作表之前"中选择"Sheet1"工作表，再选中"建立副本"复选框，如图 4.100 所示。

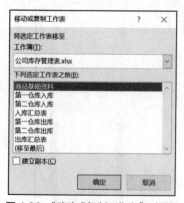

图 4.99 "移动或复制工作表"对话框

图 4.100 在工作簿之间复制工作表

（5）单击"确定"按钮，将选定的工作表"商品基础资料""入库汇总表""出库汇总表"复制到"商品进销存管理表"工作簿中。

STEP 3 编辑"商品基础资料"工作表

（1）选中"商品基础资料"工作表。

（2）参照图 4.101 在"商品基础资料"工作表中添加"进货价"和"销售价"的数据。

	A	B	C	D	E	F
1	商品编码	商品名称	规格	单位	进货价	销售价
2	J1001	联想ThinkPad 超薄本	X390 13.3英寸	台	6600	6999
3	J1002	三星笔记本电脑	Chromebook Plus V2 12.2英寸	台	6799	7299
4	J1003	华硕轻薄笔记本电脑	VivoBook15s 15.6英寸	台	5700	6380
5	J1004	戴尔笔记本超薄电脑	DELL灵越5000 15.6英寸	台	4469	4980
6	J1005	联想笔记本超薄电脑	联想小新15 15.6英寸	台	4999	5490
7	J1006	宏碁轻薄笔记本电脑	Acer 新蜂鸟3 MX350	台	4899	5290
8	J1007	惠普笔记本电脑	HP 战66 三代 14英寸轻薄笔记本	台	5799	6290
9	YY1001	西部数据移动硬盘	WDBYVG0020BBK 2TB	个	469	499
10	YY1002	希捷移动硬盘	希捷STJL2000400 2TB	个	459	496
11	XJ1001	尼康相机	D7500	部	6580	6988
12	XJ1002	佳能相机	EOS 80D	部	8299	8680
13	SXJ1001	索尼数码摄像机	FDR-AX60	台	6699	7080
14	SXJ1002	JVC数码摄像机	GZ-RY980HAC	台	6980	7380
15	SJ1001	华为手机	P40 Pro 5G	部	6500	6880
16	SJ1002	三星手机	Galaxy A71 5G	部	2880	3299
17	SJ1003	OPPO手机	OPPO Ace2	部	3299	3560

图 4.101　添加"进货价"和"销售价"数据

STEP 4 创建"进销存汇总表"工作表

（1）将"Sheet1"工作表重命名为"进销存汇总表"。

（2）创建图 4.102 所示的"进销存汇总表"的框架。

	A	B	C	D	E	F	G	H	I	J	K	L
1	产品进销存汇总表											
2	商品编码	商品名称	规格	单位	期初库存量	期初库存额	本月入库量	本月入库额	本月销售量	本月销售额	期末库存量	期末库存额
3												
4												

图 4.102　"进销存汇总表"的框架

（3）从"商品基础资料"工作表中复制"商品编码""商品名称""规格""单位"的数据。

① 选中"商品基础资料"工作表中的 A2:D17 单元格区域，选择【开始】→【剪贴板】→【复制】命令。

② 切换到"进销存汇总表"工作表，选中 A3 单元格，按【Ctrl】+【Ｖ】组合键，将选定的单元格区域的数据粘贴过来。

③ 适当调整表格的列宽。

（4）参照图 4.103 输入"期初库存量"的数据。

	A	B	C	D	E	F
1	商品进销存汇总表					
2	商品编码	商品名称	规格	单位	期初库存量	期初库存额
3	J1001	联想ThinkPad 超薄本	X390 13.3英寸	台	0	
4	J1002	三星笔记本电脑	Chromebook Plus V2 12.2英寸	台	4	
5	J1003	华硕轻薄笔记本电脑	VivoBook15s 15.6英寸	台	0	
6	J1004	戴尔笔记本超薄电脑	DELL灵越5000 15.6英寸	台	0	
7	J1005	联想笔记本超薄电脑	联想小新15 15.6英寸	台	7	
8	J1006	宏碁轻薄笔记本电脑	Acer 新蜂鸟3 MX350	台	4	
9	J1007	惠普笔记本电脑	HP 战66 三代 14英寸轻薄笔记本	台	6	
10	YY1001	西部数据移动硬盘	WDBYVG0020BBK 2TB	个	12	
11	YY1002	希捷移动硬盘	希捷STJL2000400 2TB	个	5	
12	XJ1001	尼康相机	D7500	部	7	
13	XJ1002	佳能相机	EOS 80D	部	8	
14	SXJ1001	索尼数码摄像机	FDR-AX60	台	1	
15	SXJ1002	JVC数码摄像机	GZ-RY980HAC	台	2	
16	SJ1001	华为手机	P40 Pro 5G	部	9	
17	SJ1002	三星手机	Galaxy A71 5G	部	3	
18	SJ1003	OPPO手机	OPPO Ace2	部	2	

图 4.103　输入"期初库存量"的数据

STEP 5 　输入和计算"进销存汇总表"中的数据

（1）计算"期初库存额"。计算公式为"期初库存额＝期初库存量×进货价"。

① 选中 F3 单元格。

② 输入公式"＝E3*商品基础资料!E2"。

③ 按【Enter】键确认，计算出相应的期初库存额。

④ 选中 F3 单元格，拖动填充柄至 F16 单元格，将公式复制到 F4:F18 单元格区域中，可得到所有产品的期初库存额。

活力小贴士　这里，F3 单元格代表的是商品编码为"J1001"的商品的期初库存额，之所以直接使用公式"=E3*商品基础资料!E2"，是因为"进销存汇总表"工作表中"商品编码""商品名称"等的数据是从"商品基础资料"工作表中复制过来的，两个工作表的商品编码等信息是一一对应的。假设两个工作表中的商品编码等的数据的顺序不一致，此时引用"进货价"的数据时，需要使用 VLOOKUP 函数去"商品基础资料"工作表中精确查找商品编码为"J1001"的商品的进货价，公式为"=E3*VLOOKUP(A3,商品基础资料!$A$2:$F$17,5,0)"。引用"进货价"和"销售价"的方法是相同的。

（2）导入"本月入库量"的数据。这里的"本月入库量引用了"入库汇总表"中的"数量"列的数据。

① 选中 G3 单元格。

② 插入"VLOOKUP"函数，设置图 4.104 所示的函数参数。

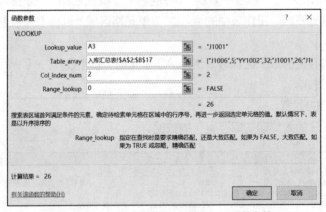

图 4.104　本月入库量的 VLOOKUP 函数参数

活力小贴士　VLOOKUP 函数参数设置如下。

① lookup_value 为"A3"。

② table_array 为"入库汇总表!$A$2:$B$17"，即这里的"本月入库量"引用了"入库汇总表"工作表中"$A$2:$B$17"单元格区域的"数量"列的数据。

③ col_index_num 为"2"，即引用的数据区域中"数量"列的数据所在的列序号。

④ range_lookup 为"0"，即 VLOOKUP 函数将返回精确匹配值。

③ 单击"确定"按钮，导入相应的本月入库量。

④ 选中 G3 单元格，拖动填充柄至 G18 单元格，将公式复制到 G4:G18 单元格区域中，可得到所有商品的本月入库量。

（3）计算"本月入库额"。计算公式为"本月入库额 = 本月入库量×进货价"。

① 选中 H3 单元格。

② 输入公式"= G3*商品基础资料!E2"。

③ 按【Enter】键确认，计算出相应的本月入库额。

④ 选中 H3 单元格，拖动填充柄至 H18 单元格，将公式复制到 H4:H18 单元格区域中，可得到所有商品的本月入库额。

（4）导入"本月销售量"。这里的"本月销售量"引用了"出库汇总表"中的"数量"列的数据。

① 选中 I3 单元格。

② 插入"VLOOKUP"函数，设置图 4.105 所示的函数参数。

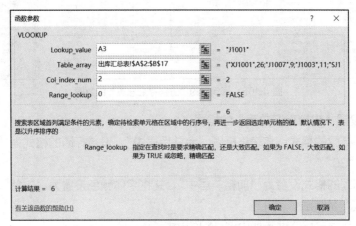

图 4.105　本月销售量的 VLOOKUP 函数参数

③ 单击"确定"按钮，导入相应的本月销售量。

④ 选中 I3 单元格，拖动填充柄至 I18 单元格，将公式复制到 I4:I18 单元格区域中，可得到所有商品的本月销售量。

（5）计算"本月销售额"。计算公式为"本月销售额 = 本月销售量×销售价"。

① 选中 J3 单元格。

② 输入公式"= I3*商品基础资料!F2"。

③ 按【Enter】键确认，计算出相应的本月销售额。

④ 选中 J3 单元格，拖动填充柄至 J18 单元格，将公式复制到 J4:J18 单元格区域中，可得到所有商品的本月销售额。

（6）计算"期末库存量"。计算公式为"期末库存量 = 期初库存量+本月入库量−本月销售量"。

① 选中 K3 单元格。

② 输入公式"= E3+G3−I3"。

③ 按【Enter】键确认，计算出相应的期末库存量。

④ 选中 K3 单元格，拖动填充柄至 K18 单元格，将公式复制到 K4:K18 单元格区域中，可得

到所有商品的期末库存量。

（7）计算"期末库存额"。计算公式为"期末库存额＝期末库存量×进货价"。

① 选中 L3 单元格。

② 输入公式"＝K3*商品基础资料!E2"。

③ 按【Enter】键确认，计算出相应的期末库存额。

④ 选中 L3 单元格，拖动填充柄至 L18 单元格，将公式复制到 L4:L18 单元格区域中，可得到所有商品的期末库存额。

编辑后的"进销存汇总表"的数据如图 4.106 所示。

	A	B	C	D	E	F	G	H	I	J	K	L
1	商品进销存汇总表											
2	商品编码	商品名称	规格	单位	期初库存量	期初库存额	本月入库量	本月入库额	本月销售量	本月销售额	期末库存量	期末库存额
3	J1001	联想ThinkPad 超薄本	X390 13.3英寸	台	0	0	26	171600	6	41994	20	132000
4	J1002	三星笔记本电脑	Chromebook Plus V2 12.2英寸	台	4	27196	13	88387	13	94887	4	27196
5	J1003	华硕轻薄笔记本电脑	VivoBook15s 15.6英寸	台	0	0	25	142500	11	70180	14	79800
6	J1004	戴尔笔记本电脑	DELL灵越5000 15.6英寸	台	0	0	32	143008	15	74700	17	75973
7	J1005	联想笔记本超薄电脑	联想小新15 15.6英寸	台	7	34993	8	39992	15	82350	0	0
8	J1006	宏碁轻薄笔记本电脑	Acer 新蜂鸟3 MX350	台	4	19596	5	24495	8	42320	1	4899
9	J1007	惠普笔记本电脑	HP 战66 三代 14英寸轻薄笔记本	台	6	34794	18	104382	9	56610	15	86985
10	YY1001	西部数据移动硬盘	WDBYVG0020BBK 2TB	个	12	5628	23	10787	30	14970	5	2345
11	YY1002	希捷移动硬盘	希捷STJL2000400 2TB	个	5	2295	32	14688	31	15376	6	2754
12	XJ1001	尼康相机	D7500	部	7	46060	20	131600	26	181688	1	6580
13	XJ1002	佳能相机	EOS 80D	部	8	66392	0	66392	16	138880	0	0
14	SXJ1001	索尼数码摄像机	FDR-AX60	台	1	6699	11	73689	8	56640	4	26796
15	SXJ1002	JVC数码摄像机	GZ-RY980HAC	台	2	13960	15	104700	4	29520	13	90740
16	SJ1001	华为手机	P40 Pro 5G	部	9	58500	14	91000	22	151360	1	6500
17	SJ1002	三星手机	Galaxy A71 5G	部	3	8640	17	48960	17	56083	3	8640
18	SJ1003	OPPO手机	OPPO Ace2	部	2	6598	27	89073	16	56960	13	42887

图 4.106　编辑后的"进销存汇总表"的数据

STEP 6 设置"进销存汇总表"的格式

（1）设置表格标题的格式。将表格标题"合并后居中"，设置标题的格式为"宋体、18 磅、加粗"，设置行高为"30"。

（2）将各列标题的格式设置为"加粗、居中"，并将字体颜色设置为"白色"，添加"绿色，个性色 6，深色 25%"的底纹。

（3）为 A2:L18 单元格区域添加内细外粗的边框。

（4）将"单位""期初库存量""本月入库量""本月销售量""期末库存量"列的数据的对齐方式设置为"居中"。

（5）将"期初库存额""本月入库额""本月销售额""期末库存额"的数据设置为"会计专用"格式，且无"货币符号"、小数位数为"0"。

格式化后的表格如图 4.107 所示。

	A	B	C	D	E	F	G	H	I	J	K	L
1					商品进销存汇总表							
2	商品编码	商品名称	规格	单位	期初库存量	期初库存额	本月入库量	本月入库额	本月销售量	本月销售额	期末库存量	期末库存额
3	J1001	联想ThinkPad 超薄本	X390 13.3英寸	台	0	—	26	171,600	6	41,994	20	132,000
4	J1002	三星笔记本电脑	Chromebook Plus V2 12.2英寸	台	4	27,196	13	88,387	13	94,887	4	27,196
5	J1003	华硕轻薄笔记本电脑	VivoBook15s 15.6英寸	台	0	—	25	142,500	11	70,180	14	79,800
6	J1004	戴尔笔记本电脑	DELL灵越5000 15.6英寸	台	0	—	32	143,008	15	74,700	17	75,973
7	J1005	联想笔记本超薄电脑	联想小新15 15.6英寸	台	7	34,993	8	39,992	15	82,350	0	—
8	J1006	宏碁轻薄笔记本电脑	Acer 新蜂鸟3 MX350	台	4	19,596	5	24,495	8	42,320	1	4,899
9	J1007	惠普笔记本电脑	HP 战66 三代 14英寸轻薄笔记本	台	6	34,794	18	104,382	9	56,610	15	86,985
10	YY1001	西部数据移动硬盘	WDBYVG0020BBK 2TB	个	12	5,628	23	10,787	30	14,970	5	2,345
11	YY1002	希捷移动硬盘	希捷STJL2000400 2TB	个	5	2,295	32	14,688	31	15,376	6	2,754
12	XJ1001	尼康相机	D7500	部	7	46,060	20	131,600	26	181,688	1	6,580
13	XJ1002	佳能相机	EOS 80D	部	8	66,392	0	66,392	16	138,880	0	—
14	SXJ1001	索尼数码摄像机	FDR-AX60	台	1	6,699	11	73,689	8	56,640	4	26,796
15	SXJ1002	JVC数码摄像机	GZ-RY980HAC	台	2	13,960	15	104,700	4	29,520	13	90,740
16	SJ1001	华为手机	P40 Pro 5G	部	9	58,500	14	91,000	22	151,360	1	6,500
17	SJ1002	三星手机	Galaxy A71 5G	部	3	8,640	17	48,960	17	56,083	3	8,640
18	SJ1003	OPPO手机	OPPO Ace2	部	2	6,598	27	89,073	16	56,960	13	42,887

图 4.107　格式化后的"商品进销存汇总表"

STEP 7 突出显示"期末库存量"和"期末库存额"

为了更方便地了解库存信息，可以为相应的期末库存量和库存额设置条件格式，根据不同库存量和库存额的等级设置不同的标识，如使用三色交通灯图标集标记期末库存量，使用浅蓝色渐变数据条标记期末库存额。

（1）设置期末库存量的条件格式。

① 选中 K3:K18 单元格区域。

② 单击【开始】→【样式】→【条件格式】命令，打开"条件格式"下拉菜单。

③ 单击图 4.108 所示的【图标集】→【形状】→【三色交通灯（无边框）】命令。

（2）设置期末库存额的条件格式。

① 选中 L3:L18 单元格区域。

② 单击【开始】→【样式】→【条件格式】命令，打开"条件格式"下拉菜单。

③ 单击图 4.109 所示的【数据条】→【渐变填充】→【浅蓝色数据条】命令。

微课 4-6 突出显示"期末库存量"和"期末库存额"

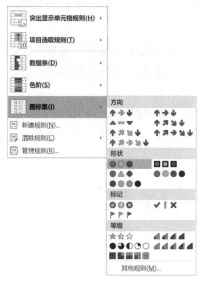

图 4.108 "图标集"子菜单

图 4.109 "数据条"子菜单

完成条件格式设置后的"进销存汇总表"的效果如图 4.110 所示。

商品编码	商品名称	规格	单位	期初库存量	期初库存额	本月入库量	本月入库额	本月销售量	本月销售额	期末库存量	期末库存额
商品进销存汇总表											
J1001	联想ThinkPad 超薄本	X390 13.3英寸	台	0	—	26	171,600	6	41,994	● 20	132,000
J1002	三星笔记本电脑	Chromebook Plus V2 12.2英寸	台	4	27,196	13	88,387	13	94,887	● 4	27,196
J1003	华硕轻薄笔记本电脑	VivoBook15s 15.6英寸	台	0	—	25	142,500	11	70,180	● 14	79,800
J1004	戴尔笔记本电脑	DELL灵越5000 15.6英寸	台	0	—	32	143,008	15	74,700	● 17	75,973
J1005	联想笔记本超薄电脑	联想小新15 15.6英寸	台	7	34,993	8	39,992	15	82,350	● 0	—
J1006	宏碁轻薄笔记本电脑	Acer 新蜂鸟3 MX350	台	4	19,596	5	24,495	8	42,320	● 1	4,899
J1007	惠普笔记本电脑	HP 战66 三代 14英寸轻薄笔记本	台	6	34,794	18	104,382	9	56,610	● 15	86,985
YY1001	西部数据移动硬盘	WDBYVG0020BBK 2TB	个	12	5,628	23	10,787	30	14,970	● 5	2,345
YY1002	希捷移动硬盘	希捷STJL2000400 2TB	个	5	2,295	32	14,688	31	15,376	● 6	2,754
XJ1001	尼康相机	D7500	部	7	46,060	20	131,600	26	181,688	● 1	6,580
XJ1002	佳能相机	EOS 80D	部	8	66,392	0	66,392	16	138,880	● 0	—
SXJ1001	索尼数码摄像机	FDR-AX60	台	1	6,699	11	73,689	8	56,640	● 4	26,796
SXJ1002	JVC数码摄像机	GZ-RY980HAC	台	1	13,960	15	104,700	4	29,520	● 13	90,740
SJ1001	华为手机	P40 Pro 5G	部	9	58,500	14	91,000	22	151,360	● 1	6,500
SJ1002	三星手机	Galaxy A71 5G	部	3	8,640	17	48,960	17	56,083	● 3	8,640
SJ1003	OPPO手机	OPPO Ace2	部	2	6,598	27	89,073	16	56,960	● 13	42,887

图 4.110 完成"条件格式"设置后的"进销存汇总表"的效果图

活力
小贴士 设置完条件格式后，选中应用了条件格式的数据区域，可选择"条件格式"下拉菜单中的"管理规则"命令，打开"条件格式规则管理器"对话框，查看和管理设置的规则，图 4.111 所示为"期末库存量"的条件格式规则。

图 4.111 "条件格式规则管理器"对话框

（3）修改"期末库存量"的条件格式。

从图 4.110 可知，添加的三色交通灯颜色是由系统按数据范围自动分配的，这里可以自行定义不同数据范围的颜色，如期末库存量大于 10 为红色，5~10 为黄色，小于 5 为绿色。

① 选中 K3:K18 单元格区域。

② 单击【开始】→【样式】→【条件格式】命令，打开"条件格式"下拉菜单。

③ 从"条件格式"下拉菜单中选择"管理规则"命令，打开图 4.112 所示的期末库存量的"条件格式规则管理器"对话框。

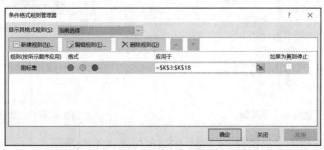

图 4.112 期末库存量的"条件格式规则管理"对话框

④ 单击"编辑规则"按钮，打开图 4.113 所示的"编辑格式规则"对话框。

⑤ 按图 4.114 所示设置图标颜色、值和类型，即期末库存量大于 10 为红色、5~10 为黄色，小于 5 为绿色。

⑥ 单击"确定"按钮，返回"条件格式规则管理器"对话框，再单击"确定"按钮，完成对条件格式的修改。

活力
小贴士 由图 4.113 可以看出，默认情况下，系统是按百分比类型进行三色交通灯颜色分配的，如">=67%"为绿色、"<67%且>=33%"为黄色、"<33%"为红色。

若要修改"类型"，可单击"类型"下拉按钮，在下拉列表中重新选择。

图 4.113 "编辑格式规则"对话框   图 4.114 编辑图标颜色和值

STEP 8 制作"期末库存量分析图"

（1）按住【Ctrl】键，同时选中"进销存汇总表"中的 B2:B18 和 K2:K18 单元格区域。

（2）单击【插入】→【图表】→【插入柱形图或条形图】命令，打开"柱形图或条形图"下拉菜单，选择"二维柱形图"中的"簇状柱形图"类型，生成图 4.115 所示的图表。

（3）添加数据标志。选中图表，单击【图表工具】→【设计】→【图表布局】→【添加图表元素】命令，打开"图表元素"下拉菜单，选择图 4.116 所示的"数据标签"子菜单中的"数据标签外"，添加数据标签后的图表如图 4.117 所示。

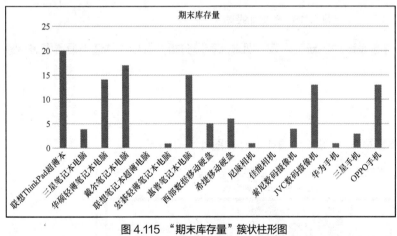

图 4.115 "期末库存量"簇状柱形图

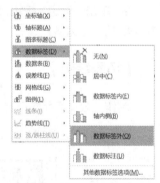

图 4.116 "数据标签"子菜单

（4）修改图表标题为"期末库存量分析图"，并适当调整图表宽度，效果如图 4.118 所示。

（5）移动图表位置。

① 选中图表。

② 单击【图表工具】→【设计】→【位置】→【移动图表】命令，打开"移动图表"对话框。

③ 选中"新工作表"单选按钮，在右侧的文本框中将默认的"Chart1"工作表名称修改为"期末库存量分析图"。

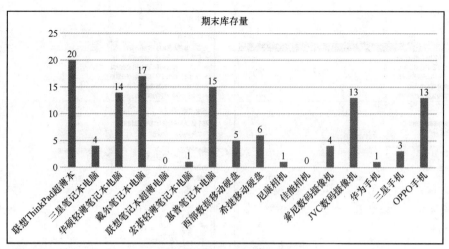

图 4.117　添加数据标签后的图表

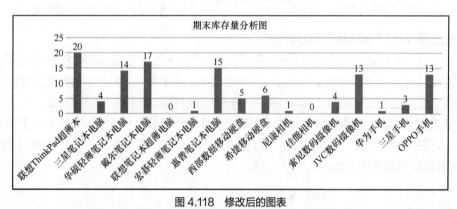

图 4.118　修改后的图表

④ 单击"确定"按钮，将图表移动到新工作表"期末库存量分析图"中，并适当设置图表标题和坐标轴的字体格式。

【拓展案例】

制作"公司产品生产成本预算表"，效果如图 4.119 和图 4.120 所示。

主要产品单位成本表						
编制	张林		时间		2020年12月22日	
产品名称	音响	本月实际产量	1000	本年计划产量		12000
规格	mky230-240	本年累计实际产量	11230	上年同期实际产量		8000
计量单位	对	销售单价	￥100.00	上年同期销售单价		￥105.00
成本项目	历史先进水平	上年实际平均		本年计划	本月实际	本年累计实际平均
直接材料	￥14.00	￥15.50		￥15.00	￥15.00	￥15.10
其中，原材料	￥14.00	￥15.50		￥15.00	￥15.00	￥15.10
燃料及动力	￥0.50	￥0.70		￥0.70	￥0.70	￥0.70
直接人工	￥2.00	￥2.50		￥2.50	￥2.40	￥2.45
制造费用	￥1.00	￥1.10		￥1.00	￥1.00	￥1.00
产品生产成本	￥17.50	￥19.80		￥19.20	￥19.10	￥19.25

主要产品单位成本表　总体产品单位成本表

图 4.119　"主要产品单位成本表"效果图

产品生产成本表

编制	张林	时间	2020-12-23
项目	**上年实际**	**本月实际**	**本年累计实际**
生产费用			
直接材料	¥800,000.00	¥70,000.00	¥890,000.00
其中原材料	¥800,000.00	¥70,000.00	¥890,000.00
燃料及动力	¥20,000.00	¥2,000.00	¥21,000.00
直接人工	¥240,000.00	¥20,000.00	¥200,000.00
制造费用	¥200,000.00	¥1,800.00	¥210,000.00
生产费用合计	¥1,260,000.00	¥93,800.00	¥1,321,000.00
加：在产品、自制半成品期初余额	¥24,000.00	¥2,000.00	¥24,500.00
减：在产品、自制半成品期末余额	¥22,000.00	¥2,000.00	¥22,500.00
产品生产成本合计	¥1,262,000.00	¥93,800.00	¥1,323,000.00
减：自制设备	¥2,000.00	¥120.00	¥2,100.00
减：其他不包括在商品产品成本中的生产费用	¥5,000.00	¥200.00	¥5,450.00
商品产品总成本	¥1,255,000.00	¥93,480.00	¥1,315,450.00

主要产品单位成本表　总体产品单位成本表

图 4.120 “总体产品单位成本表”效果图

【拓展训练】

设计并制作一份“公司生产预算表”，效果如图 4.121 所示。

生产预算分析表

项目	第一季度	第二季度	第三季度	第四季度
预计销售量（件）	1900	2700	3500	2500
预计期末存货量	405	525	375	250
预计需求量	2305	3225	3875	2750
期初存货量	320	405	525	375
预计产量	1985	2820	3350	2375
直接材料消耗（Kg）	3573	5076	6030	4275
直接人工消耗（小时）	10917.5	15510	18425	13062.5

预计销量表　定额成本资料表　生产预算表

图 4.121 “公司生产预算表”效果图

操作步骤如下。

（1）新建并保存工作簿。

① 启动 Excel 2016，新建一个空白工作簿。

② 将新建的工作簿重命名为“公司生产预算表”，并将其保存在“E:\公司文档\物流部”文件夹中。

（2）插入工作表并重命名。插入两张新工作表，分别将“Sheet1”“Sheet2”“Sheet3”工作表重命名为“预计销量表”“定额成本资料表”“生产预算表”。

（3）制作“预计销量表”和“定额成本资料表”。

① 选中“预计销量表”工作表。

② 创建图 4.122 所示的“预计销量表”，并设置相应的格式。

③ 单击“定额成本资料表”工作表标签，切换至“定额成本资料表”工作表，在其中创建图 4.123 所示的“定额成本资料表”，并设置相应的格式。

	A	B	C
1	**预计销售表**		
2	**时间**	**销售量（件）**	**销售单价（元）**
3	第一季度	1900	￥105.00
4	第二季度	2700	￥105.00
5	第三季度	3500	￥105.00
6	第四季度	2500	￥105.00

图 4.122 "预计销量表"效果图

	A	B
1	**定额成本资料表**	
2	**项目**	**数值**
3	单位产品材料消耗定额（Kg）	1.8
4	单位产品定时定额（工作时间）	5.5
5	单位工作时间的工资率（元）	5.8

图 4.123 "定额成本资料表"效果图

（4）制作"生产预算分析表"的框架。

① 单击"生产预算表"工作表标签，切换至"生产预算表"工作表。

② 创建图 4.124 所示的"生产预算表"的框架。

（5）填入"预计销售量（件）"一行的数据。

	A	B	C	D	E
1	**生产预算分析表**				
2	项目	第一季度	第二季度	第三季度	第四季度
3	预计销售量（件）				
4	预计期末存货量				
5	预计需求量				
6	期初存货量				
7	预计产量				
8	直接材料消耗（kg）				
9	直接人工消耗（小时）				

图 4.124 "生产预算表"的框架

活力小贴士 这里，"预计销售量（件）"的值等于"预计销量表"工作表中的"销售量（件）"的值。因此，可通过 VLOOKUP 函数进行查找。

① 选中 B3 单元格，插入 VLOOKUP 函数，设置图 4.125 所示的函数参数，按【Enter】键确认，在 B3 单元格中将显示出所引用的"预计销量表"中的数据，如图 4.126 所示。

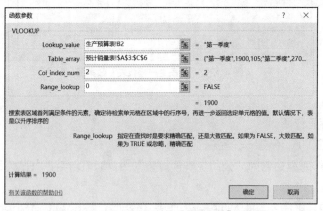

图 4.125 VLOOKUP 的"函数参数"对话框

② 利用填充柄将 B3 单元格中的公式填充至"预计销售量（件）"行的其余 3 个季度的单元格中，如图 4.127 所示。

（6）计算"预计期末存货量"。

"预计期末存货量"应根据公司往年的数据制订，这里假设公司的各季度的期末存货量等于下一季度的预计销售量的 15%，并且第四季度的预计期末存货量为 250 件，按此输入第四季度数据。

图 4.126　B3 单元格中引用"预计销量表"中的数据

图 4.127　填充其余 3 个季度的预计销售量

　　① 选中 B4 单元格，输入公式"＝C3*15%"，按【Enter】键确认，在 B4 单元格中将显示出第一季度的预计期末存货量，如图 4.128 所示。

　　② 利用填充柄将 B4 单元格中的公式填充至"预计期末存货量"行的第二和第三季度的单元格中，计算结果如图 4.129 所示。

图 4.128　计算第一季度的预计期末存货量

图 4.129　自动填充第二和第三季度的预计期末存货量

　　（7）计算各个季度的"预计需求量"。这里假设预计需求量等于预计销售量与预计期末存货量之和。

　　① 选中 B5 单元格，输入公式"＝B3+B4"，按【Enter】键确认。

　　② 利用填充柄将 B5 单元格中的公式填充至"预计需求量"行的其余 3 个季度的单元格中，计算结果如图 4.130 所示。

　　（8）计算"期初存货量"。第一季度的期初存货量应该等于去年年末存货量，这里假定第一季度的期初存货量为 320 件，而其余 3 个季度的期初存货量等于上一季度的预计期末存货量。

　　① 选中 C6 单元格，输入公式"＝B4"，按【Enter】键确认，第二季度的期初存货量的计算结果如图 4.131 所示。

图 4.130　计算各个季度的预计需求量

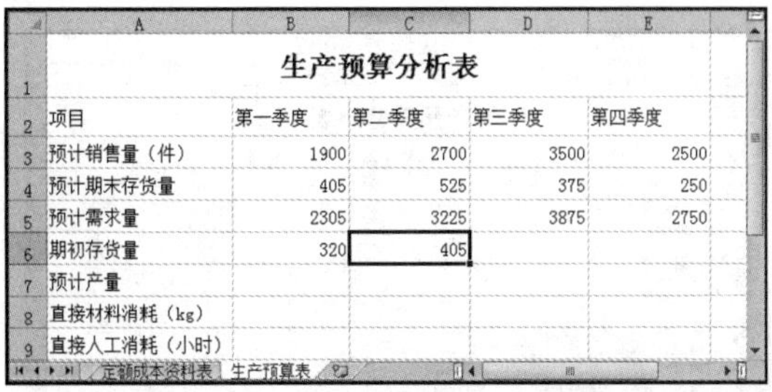

图 4.131　计算第二季度的期初存货量

　　② 利用填充柄将 C6 单元格中的公式填充至 D6 和 E6 单元格中，第三、四季度的期初存货量如图 4.132 所示。

（9）计算各个季度的“预计产量”。计算公式为“预计产量=预计需求量−期初存货量”。选中 B7 单元格，输入公式“ = B5-B6”，按【Enter】键确认。利用填充柄将此单元格中的公式填充到“预计产量”行的其余 3 个季度的单元格中，如图 4.133 所示。

	A	B	C	D	E
1	生产预算分析表				
2	项目	第一季度	第二季度	第三季度	第四季度
3	预计销售量（件）	1900	2700	3500	2500
4	预计期末存货量	405	525	375	250
5	预计需求量	2305	3225	3875	2750
6	期初存货量	320	405	525	375
7	预计产量				
8	直接材料消耗（kg）				
9	直接人工消耗（小时）				

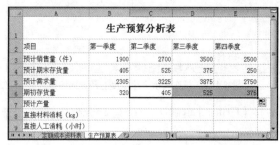

图 4.132　自动填充第三、四季度的期初存货量

	A	B	C	D	E
1	生产预算分析表				
2	项目	第一季度	第二季度	第三季度	第四季度
3	预计销售量（件）	1900	2700	3500	2500
4	预计期末存货量	405	525	375	250
5	预计需求量	2305	3225	3875	2750
6	期初存货量	320	405	525	375
7	预计产量	1985	2820	3350	2375
8	直接材料消耗（kg）				
9	直接人工消耗（小时）				

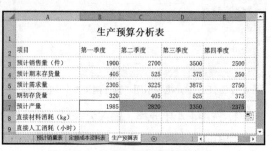

图 4.133　计算各个季度的预计产量

（10）计算各个季度的“直接材料消耗（kg）”。计算公式为“直接材料消耗=预计产量×‘定额成本资料表’中的单位产品材料消耗定额”，因此选中 B8 单元格，然后输入公式“ = B7*定额成本资料表!$B$3”，按【Enter】键确认，则第一季度的直接材料消耗的值如图 4.134 所示。利用填充柄将此单元格中的公式填充到“直接材料消耗（kg）”行的其余 3 个季度单元格中，如图 4.135 所示。

（11）计算“直接人工消耗（小时）”。计算公式为“直接人工消耗=预计产量×‘定额成本资料表’中的单位产品定时定额”，因此选中 B9 单元格，然后输入公式“ = B7*定额成本资料表!$B$4”，按【Enter】键确认，则第一季度的直接人工消耗值如图 4.136 所示。使用填充柄将此单元格中的公式填充到“直接人工消耗（小时）”行的其余 3 个季度单元格中，如图 4.137 所示。

B8　=B7*定额成本资料表!$B$3

	A	B	C	D	E
1	生产预算分析表				
2	项目	第一季度	第二季度	第三季度	第四季度
3	预计销售量（件）	1900	2700	3500	2500
4	预计期末存货量	405	525	375	250
5	预计需求量	2305	3225	3875	2750
6	期初存货量	320	405	525	375
7	预计产量	1985	2820	3350	2375
8	直接材料消耗（kg）	3573			
9	直接人工消耗（小时）				

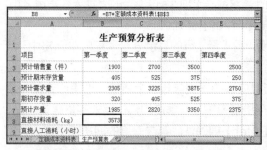

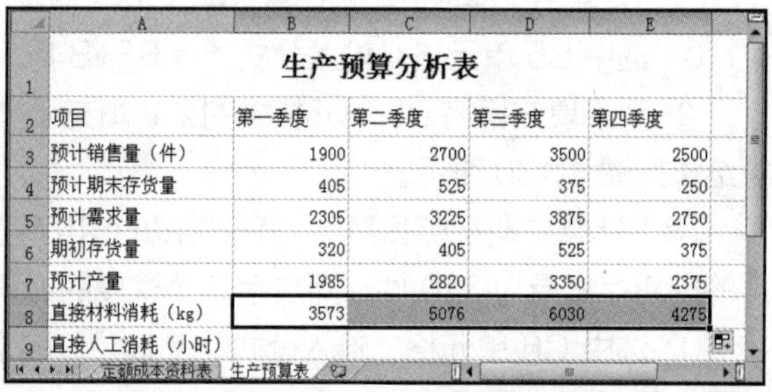

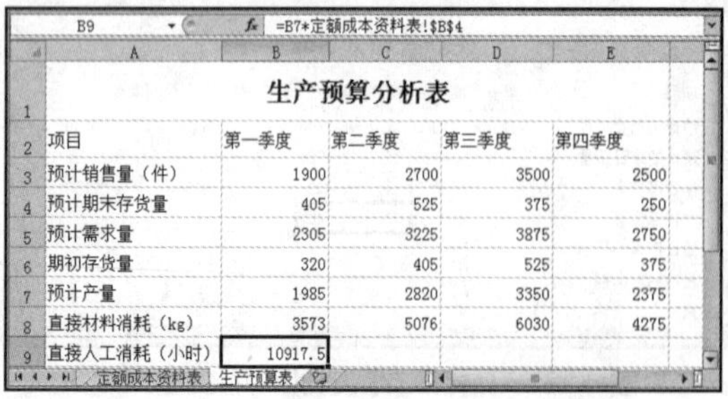

图 4.134　计算第一季度的直接材料消耗

	A	B	C	D	E
1	生产预算分析表				
2	项目	第一季度	第二季度	第三季度	第四季度
3	预计销售量（件）	1900	2700	3500	2500
4	预计期末存货量	405	525	375	250
5	预计需求量	2305	3225	3875	2750
6	期初存货量	320	405	525	375
7	预计产量	1985	2820	3350	2375
8	直接材料消耗（kg）	3573	5076	6030	4275
9	直接人工消耗（小时）				

图 4.135　自动填充其余 3 个季度的直接材料消耗

B9　=B7*定额成本资料表!$B$4

	A	B	C	D	E
1	生产预算分析表				
2	项目	第一季度	第二季度	第三季度	第四季度
3	预计销售量（件）	1900	2700	3500	2500
4	预计期末存货量	405	525	375	250
5	预计需求量	2305	3225	3875	2750
6	期初存货量	320	405	525	375
7	预计产量	1985	2820	3350	2375
8	直接材料消耗（kg）	3573	5076	6030	4275
9	直接人工消耗（小时）	10917.5			

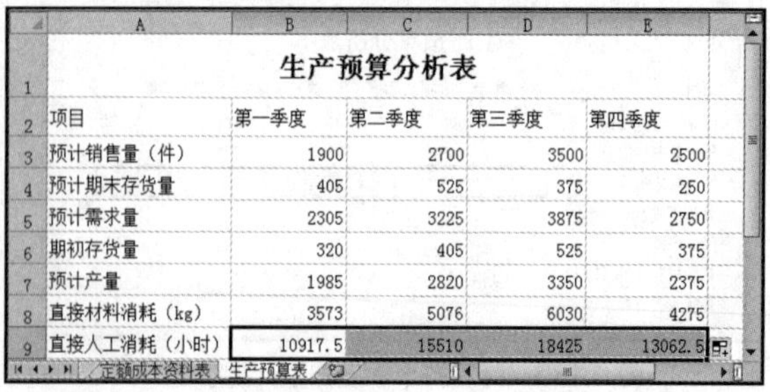

图 4.136　计算第一季度的直接人工消耗

	A	B	C	D	E
1	生产预算分析表				
2	项目	第一季度	第二季度	第三季度	第四季度
3	预计销售量（件）	1900	2700	3500	2500
4	预计期末存货量	405	525	375	250
5	预计需求量	2305	3225	3875	2750
6	期初存货量	320	405	525	375
7	预计产量	1985	2820	3350	2375
8	直接材料消耗（kg）	3573	5076	6030	4275
9	直接人工消耗（小时）	10917.5	15510	18425	13062.5

图 4.137　自动填充其余 3 个季度的直接人工消耗

（12）格式化“生产预算表”。参照图 4.121 所示对“生产预算表”进行格式设置。

【案例小结】

本案例通过制作"商品进销存管理表""产品生产成本预算表"和"公司生产预算表",主要介绍了工作簿的创建、在工作簿之间复制工作表、工作表的重命名、使用 VLOOKUP 函数导入数据、工作表间数据的引用以及公式的使用。在此基础上,本案例介绍了利用条件格式对表中的数据进行突出显示,并通过制作图表对期末库存量进行分析的操作方法,以便物流部工作人员进行后续的入库管理工作。

4.4 案例 17　制作物流成本核算表

示例文件	原始文件:示例文件\素材\物流篇\案例 17\物流成本核算表.xlsx
	效果文件:示例文件\效果\物流篇\案例 17\物流成本核算表.xlsx

【案例分析】

随着公司的发展和物流业务的增加,公司各环节成本的核算也显得尤为重要。物流成本核算主要用于对物流各环节的成本进行统计和分析,物流成本核算一般可对半年度、季度或月度等期间的物流成本进行核算。本案例将通过制作公司第四季度的"物流成本核算表",讲解 Excel 2016 在物流成本核算方面的应用,效果如图 4.138 所示。

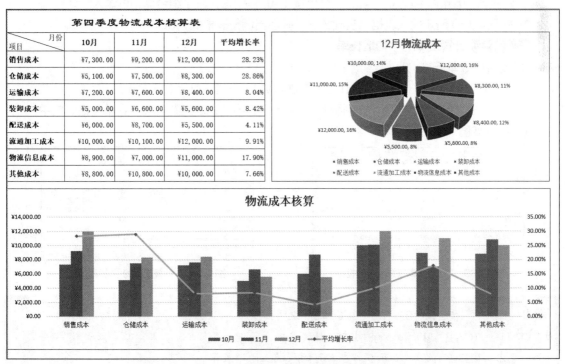

图 4.138　"物流成本核算表"效果图

【知识与技能】

- 新建并保存工作簿
- 利用公式进行计算
- 设置数据格式
- 绘制斜线表头
- 创建和编辑图表
- 制作组合型图表

【解决方案】

STEP 1 **新建并保存工作簿**

（1）启动 Excel 2016，新建一个空白工作簿。

（2）将新建的工作簿重命名为"物流成本核算表"，并将其保存在"E:\公司文档\物流部"文件夹中。

STEP 2 **创建物流成本核算表**

（1）选中"Sheet1"工作表的 A1:E1 单元格区域，设置"合并后居中"，并输入标题"第四季度物流成本核算表"。

（2）制作表格框架。

① 先在 A2 单元格中输入"月份"，然后按【Alt】+【Enter】组合键，再输入"项目"。

② 按图 4.139 所示输入表格的基础数据，并适当调整表格的列宽。

STEP 3 **计算成本的平均增长率**

（1）选中 E3 单元格。

（2）输入公式"=((C3-B3)/B3+(D3-C3)/C3)/2"，按【Enter】键确认。

（3）选中 E3 单元格，拖曳填充柄至 E10 单元格，将公式复制到 E4:E10 单元格区域中。

计算结果如图 4.140 所示。

	A	B	C	D	E
1		第四季度物流成本核算表			
2	月份\n项目	10月	11月	12月	平均增长率
3	销售成本	7300	9200	12000	
4	仓储成本	5100	7500	8300	
5	运输成本	7200	7600	8400	
6	装卸成本	5000	6600	5600	
7	配送成本	6000	8700	5500	
8	流通加工成本	10000	10100	11000	
9	物流信息成本	8900	7000	11000	
10	其他成本	8800	10800	10000	

图 4.139 "物流成本核算表"的框架

	A	B	C	D	E
1		第四季度物流成本核算表			
2	月份\n项目	10月	11月	12月	平均增长率
3	销售成本	7300	9200	12000	0.2823109
4	仓储成本	5100	7500	8300	0.28862745
5	运输成本	7200	7600	8400	0.08040936
6	装卸成本	5000	6600	5600	0.08424242
7	配送成本	6000	8700	5500	0.04109195
8	流通加工成本	10000	10100	12000	0.09905941
9	物流信息成本	8900	7000	11000	0.17897271
10	其他成本	8800	10800	10000	0.07659933

图 4.140 计算成本的平均增长率

活力
小贴士　公式"=((C3-B3)/B3+(D3-C3)/C3)/2"说明如下。

① "(C3-B3)/B3"表示 8 月在 7 月的基础上的增长率。

② "(D3-C3)/C3"表示 9 月在 8 月的基础上的增长率

③ "(C3-B3)/B3+(D3-C3)/C3)/2"表示 8 月、9 月的平均增长率。

STEP 4 美化"物流成本核算表"

（1）设置表格标题的格式为"隶书、18 磅"。

（2）设置 B2:E2 单元格区域的标题字段的格式为"宋体、12 磅、加粗、居中"。

（3）设置 A3:A10 单元格区域的标题字段的格式为"宋体、11 磅、加粗"。

（4）选中 B3:D10 单元格区域，设置数据格式为"货币"，保留货币符号，小数位数保留 2 位。

（5）设置"平均增长率"为百分比格式，保留 2 位小数。

① 选中 E3:E10 单元格区域。

② 单击【开始】→【数字】→【数字格式】按钮，打开"设置单元格格式"对话框。

③ 在左侧的"分类"列表框中选择"百分比"类型，在右侧设置小数位数为"2"，如图 4.141 所示。

④ 单击"确定"按钮。

（6）设置表格边框。

① 选中 A2:E10 单元格区域，单击【开始】→【字体】→【框线】下拉按钮，在打开的下拉菜单中选择"所有框线"。

② 选中 A2 单元格，单击【开始】→【数字】→【数字格式】按钮，打开"设置单元格格式"对话框。切换到"边框"选项卡，在"边框"栏中单击◪按钮，如图 4.142 所示，单击"确定"按钮。

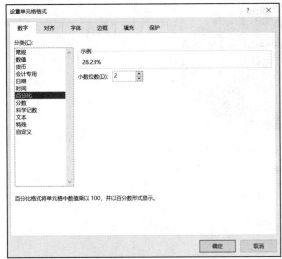

图 4.141　设置"平均增长率"的数据格式

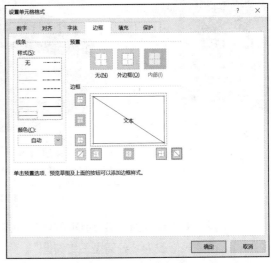

图 4.142　设置表格边框线

（7）调整表格的行高和列宽。

① 设置表格第 1 行的行高为"35"。

② 设置表格第 3~10 行的行高为"25"。

③ 适当增加表格各列的列宽。

（8）调整斜线表头的格式。双击 A2 单元格，将光标移至"月份"之前，适当增加空格，使"月份"靠右显示。

设置完成的效果如图 4.143 所示。

	A	B	C	D	E
1			第四季度物流成本核算表		
2	月份 项目	10月	11月	12月	平均增长率
3	销售成本	¥7,300.00	¥9,200.00	¥12,000.00	28.23%
4	仓储成本	¥5,100.00	¥7,500.00	¥8,300.00	28.86%
5	运输成本	¥7,200.00	¥7,600.00	¥8,400.00	8.04%
6	装卸成本	¥5,000.00	¥6,600.00	¥5,600.00	8.42%
7	配送成本	¥6,000.00	¥8,700.00	¥5,500.00	4.11%
8	流通加工成本	¥10,000.00	¥10,100.00	¥12,000.00	9.91%
9	物流信息成本	¥8,900.00	¥7,000.00	¥11,000.00	17.90%
10	其他成本	¥8,800.00	¥10,800.00	¥10,000.00	7.66%

图4.143　美化后的"物流成本预算表"

STEP 5　制作12月物流成本饼图

（1）按住【Ctrl】键，同时选中A2:A10及D2:D10单元格区域。

（2）单击【插入】→【图表】→【插入饼图或圆环图】命令，打开"饼图或圆环图"下拉菜单，选择"三维饼图"类型，生成图4.144所示的图表。

微课4-7　制作
12月物流成本
饼图

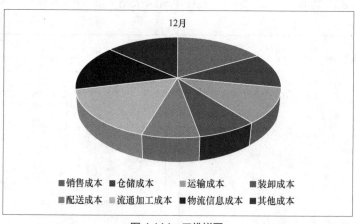

图4.144　三维饼图

（3）修改图表标题为"12月物流成本"，并设置标题的格式为"黑体、16磅"。

（4）将图表修改为"分离型三维饼图"。

① 选中生成的图表。

② 单击【图表工具】→【格式】→【当前所选内容】→【图表元素】下拉按钮，在打开的下拉列表中选择"系列'12月'"命令。

③ 再单击"设置所选内容的格式"命令，打开"设置数据系列格式"窗格。

④ 在"系列选项"中，将"饼图分离程度"值设置为"20%"，如图4.145所示。

（5）为图表添加数据标签。

① 选中图表。

② 单击【图表工具】→【设计】→【图表布局】→【添加图表元素】命令，打开"图表元素"下拉菜单，选择"数据标签"子菜单中的"其他数据标签选项"，打开"设置数据标签格式"窗格。

③ 在"标签选项"中，选中"值""百分比""显示引导线"复选框，再设置标签位置为"数据标签外"，如图 4.146 所示。

图 4.145 "设置数据系列格式"窗格

图 4.146 "设置数据标签格式"窗格

④ 单击"关闭"按钮，为图表添加数据标签，如图 4.147 所示。

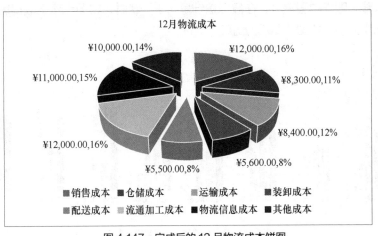

图 4.147 完成后的 12 月物流成本饼图

微课 4-8 制作第四季度物流成本组合图表

⑤ 适当调整图表大小，然后将图表移至数据表右侧。

STEP 6 制作第四季度物流成本组合图表

活力小贴士 在 Excel 中，组合图表并不是默认的图表类型，而是通过操作设置后创建的一种图表类型，其将两种或两种以上的图表类型组合在一起，以便在两个数据间产生对比效果，方便工作人员对数据进行分析。例如，想要比较交易量的分配价格，或者销售量的税，或者失业率和消费指数等时，组合图表可快速且清晰地显示不同类型的数据，绘制一些在不同坐标轴上带有不同图表类型的数据系列。

（1）选中 A2:E10 单元格区域。

（2）单击【插入】→【图表】→【插入柱形图或条形图】命令，打开"柱形图或条形图"下拉菜单，选择"二维柱形图"中的"簇状柱形图"类型，生成图 4.148 所示的图表。

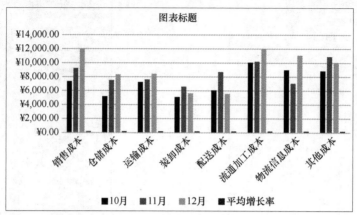

图 4.148　簇状柱形图

（3）将图表标题修改为"物流成本核算"，并设置标题的格式为"宋体、18 磅、加粗、深蓝色"。

（4）调整图表位置和大小。

① 选中图表。

② 将鼠标指针移至图表的图表区，在鼠标指针呈"✛"状时，将图表移至数据表的下方位置。

③ 适当调整图表大小，如图 4.149 所示。

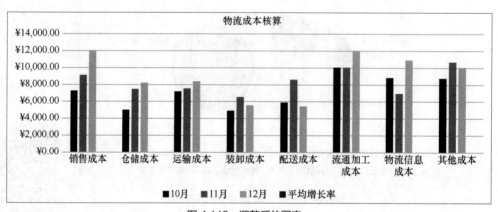

图 4.149　调整后的图表

活力小贴士　从图 4.149 可见，由于图表中的数据系列"10 月""11 月""12 月"表示的数据为各项物流成本，而"平均增长率"数据为各项物流成本的增长率，一种数据是货币型，另一种是百分比，不同类型的数据在同一坐标轴上，使得"平均增长率"几乎贴近 0 刻度线，无法直观展示出来。此时需要创建两轴线组合图来显示该数据系列。

（5）创建两轴线组合图。

① 选中图表。

② 单击【图表工具】→【格式】→【当前所选内容】→【图表元素】下拉按钮，在打开的下拉列表中选择"系列'平均增长率'"选项。

③ 再单击"设置所选内容格式"命令，打开"设置数据系列格式"窗格。

④ 在"系列选项"中，选中"系列绘制在"栏中的"次坐标轴"单选按钮，如图 4.150 所示。

⑤ 单击"关闭"按钮，返回工作表，此时"平均增长率"数据将覆盖在"11 月"数据的上方，其图表类型为"柱形"，如图 4.151 所示。

图 4.150 "设置数据系列格式"窗格

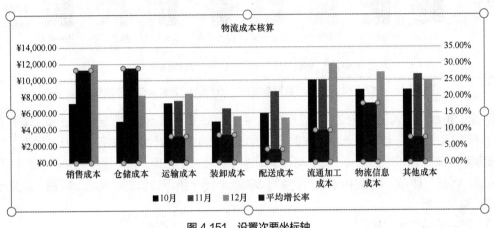

图 4.151 设置次要坐标轴

⑥ 选中图表，单击【图表工具】→【设计】→【类型】→【更改图表类型】命令，打开"更改图表类型"对话框，如图 4.152 所示。

⑦ 从"组合"类型中选择"簇状柱形图-次坐标上的折线图"类型，再在下方的"为您的数据系列选择图表类型和轴："中设置"10 月""11 月""12 月"的图表类型均为"簇状柱形图"，"平均增长率"的图表类型为"折线图"，并选中"平均增长率"后的"次坐标轴"复选框，如图 4.153 所示。

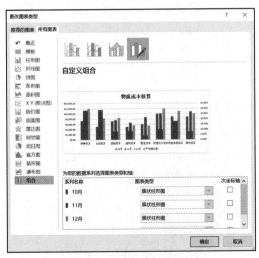

图 4.152 "更改图表类型"对话框

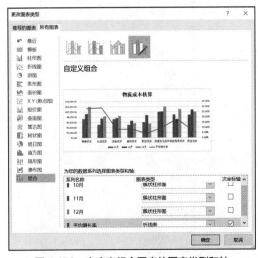

图 4.153 自定义组合图表的图表类型和轴

⑧ 单击"确定"按钮，将"平均增长率"数据系列的类型修改为"带数据点标记的折线图"，如图 4.154 所示。

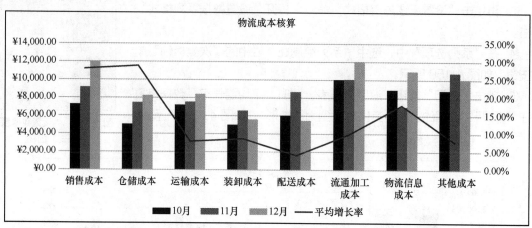

图 4.154　将"平均增长率"数据系列的类型修改为"带数据点标记的折线图"

⑨ 修改折线图格式。在折线图系列上双击，打开"设置数据点格式"窗格，选择"填充与线条选项"，再选择"标记"选项，选中"数据标记选项"中的"内置"单选按钮，再从"类型"下拉列表中选择菱形标记"◆"，如图 4.155 所示；再切换到"线条"选项，在"线条"选项中选中"实线"单选按钮，再从"颜色"面板中选择"橙色"，如图 4.156 所示，单击"关闭"按钮，完成修改，效果如图 4.157 所示。

（6）取消编辑栏和网格线。

图 4.155　设置"数据标记选项"

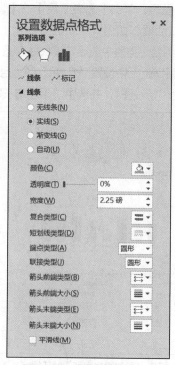

图 4.156　设置"线条"格式

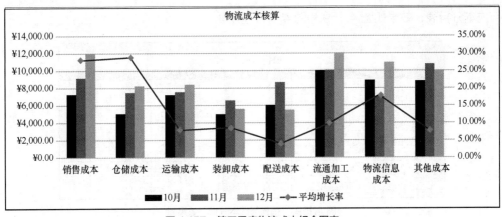

图 4.157　第四季度物流成本组合图表

【拓展案例】

制作"成本费用预算表"，效果如图 4.158 所示。

成本费用预算表

	上年实际	本年实际	增减额	增减率（%）
主营业务成本	¥5,000.000	¥5,400.000	¥400.000	8.0%
销售费用	¥5,000.000	¥5,450.000	¥4500.000	9.0%
管理费用	¥7,000.000	¥7,250.000	¥250.000	3.6%
财务费用	¥11,000.000	¥12,500.000	¥11,500.000	13.6%

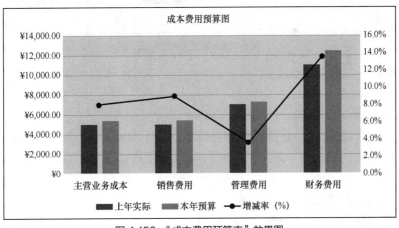

图 4.158　"成本费用预算表"效果图

【拓展训练】

在企业经营管理的过程中，成本的管理和控制是企业关注的焦点。科学分析企业的各项成本构成及影响利润的关键要素、了解成本构架和盈利情况，有利于企业把握正确的决策方向，实现有效的成本控制。

物流管理部门在商品进销存的管理过程中，通过分析产品的存货量、平均采购价格以及存货占用资金，可对产品的销售和成本进行分析，从而为产品的库存管理提供决策支持。设计并制作商品销售与成本分析表，效果如图 4.159 和图 4.160 所示。

商品编号	商品类别	商品型号	存货数量	加权平均采购价格	存货占用资金	销售成本	销售收入	销售毛利	销售成本率
		销售与成本分析							
JJ1001	计算机	X390 13.3英寸	20	6,600	132,000	39,600	41,994	2,394	94.3%
JJ1002	计算机	Chromebook Plus V2 12.2英寸	0	6,799	-	88,387	94,887	6,500	93.1%
JJ1003	计算机	VivoBook15s 15.6英寸	14	5,700	79,800	62,700	70,180	7,480	89.3%
JJ1004	计算机	DELL 灵越5000 15.6英寸	17	4,469	75,973	67,035	74,700	7,665	89.7%
JJ1005	计算机	联想小新15 15.6英寸	-7	4,999	-34,993	74,985	82,350	7,365	91.1%
JJ1006	计算机	Acer 新蜂鸟3 MX350	-3	4,899	-14,697	39,192	42,320	3,128	92.6%
JJ1007	计算机	HP 战66 三代 14英寸轻薄笔记本	9	5,799	52,191	52,191	56,610	4,419	92.2%
YY1001	移动硬盘	WDBYVG0020BBK 2TB	-7	469	-3,283	14,070	14,970	900	94.0%
YY1002	移动硬盘	希捷STJL2000400 2TB	1	459	459	14,229	15,376	1,147	92.5%
XJ1001	数码相机	D7500	-6	6,580	-39,480	171,080	181,688	10,608	94.2%
XJ1002	数码相机	EOS 80D	-8	8,299	-66,392	132,784	138,880	6,096	95.6%
SXJ1001	数码摄像机	FDR-AX60	3	6,699	20,097	53,592	56,640	3,048	94.6%
SXJ1002	数码摄像机	GZ-RY980HAC	11	6,980	76,780	27,920	29,520	1,600	94.6%
SJ1001	手机	P40 Pro 5G	-8	6,500	-52,000	143,000	151,360	8,360	94.5%
SJ1002	手机	Galaxy A71 5G	0	2,880	-	48,960	56,083	7,123	87.3%
SJ1003	手机	OPPO Ace2	11	3,299	36,289	52,784	56,960	4,176	92.7%

图 4.159 "销售与成本分析"效果图

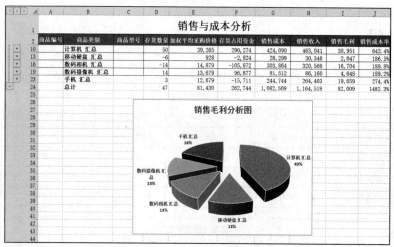

商品编号	商品类别	商品型号	存货数量	加权平均采购价格	存货占用资金	销售成本	销售收入	销售毛利	销售成本率
		销售与成本分析							
	计算机 汇总		50	39,265	290,274	424,090	463,041	38,951	642.4%
	移动硬盘 汇总		-6	928	-2,824	28,299	30,346	2,047	186.5%
	数码相机 汇总		-14	14,879	-105,872	303,864	320,568	16,704	189.8%
	数码摄像机 汇总		14	13,679	96,877	81,512	86,160	4,648	189.2%
	手机 汇总		3	12,679	-15,711	244,744	264,403	19,659	274.4%
	总计		47	81,430	262,744	1,082,509	1,164,518	82,009	1482.3%

图 4.160 销售毛利分析图

操作步骤如下。

（1）创建工作簿。

① 启动 Excel 2016，新建一个空白工作簿。

② 将新建的工作簿重命名为"商品销售与成本分析"，并将其保存在"E:\公司文档\物流部"文件夹中。

（2）复制工作表。

① 打开"商品进销存管理表"工作簿。

② 选中"进销存汇总表"工作表。

③ 单击【开始】→【单元格】→【格式】命令，打开"格式"下拉菜单，在"组织工作表"下选择"移动或复制工作表"命令，打开"移动或复制工作表"对话框。

④ 在"工作簿"下拉列表中选择"商品销售与成本分析"工作簿，在"下列选定工作表之前"中选择"Sheet1"工作表，再选中"建立副本"复选框。

⑤ 单击"确定"按钮，将选定的工作表"进销存汇总表"复制到"商品销售与成本分析"工作簿中。

（3）创建"销售与成本分析"工作表的框架。

① 将"Sheet1"工作表重命名为"销售与成本分析"。

② 创建如图 4.161 所示的"销售与成本分析"工作表的框架。

	A	B	C	D	E	F	G	H	I	J
1	销售与成本分析									
2	商品编号	商品类别	商品型号	存货数量	加权平均采购价格	存货占用资金	销售成本	销售收入	销售毛利	销售成本率
3	J1001	计算机	X390 13.3英寸							
4	J1002	计算机	Chromebook Plus V2 12.2英寸							
5	J1003	计算机	VivoBook15s 15.6英寸							
6	J1004	计算机	DELL灵越5000 15.6英寸							
7	J1005	计算机	联想小新15 15.6英寸							
8	J1006	计算机	Acer 新蜂鸟3 MX350							
9	J1007	计算机	HP 战66 三代 14英寸轻薄笔记本							
10	YY1001	移动硬盘	WDBYVG0020BBK 2TB							
11	YY1002	移动硬盘	希捷STJL2000400 2TB							
12	XJ1001	数码相机	D7500							
13	XJ1002	数码相机	EOS 80D							
14	SXJ1001	数码摄像机	FDR-AX60							
15	SXJ1002	数码摄像机	GZ-RY980HAC							
16	SJ1001	手机	P40 Pro 5G							
17	SJ1002	手机	Galaxy A71 5G							
18	SJ1003	手机	OPPO Ace2							

图 4.161 "销售与成本分析"工作表的框架

（4）计算"存货数量"。

计算公式为"存货数量＝入库数量－销售数量"。

① 选中 D3 单元格。

② 输入公式"＝进销存汇总表!G3－进销存汇总表!I3"。

③ 按【Enter】键确认，计算出相应的存货数量。

④ 选中 D3 单元格，拖动填充柄至 D18 单元格，将公式复制到 D4:D18 单元格区域中，可得到所有商品的存货数量。

（5）计算"加权平均采购价格"。

计算公式为"加权平均采购价格＝入库金额/入库数量"。

① 选中 E3 单元格。

② 输入公式"＝进销存汇总表!H3/进销存汇总表!G3"。

③ 按【Enter】键确认，计算出相应的加权平均采购价格。

④ 选中 E3 单元格，拖动填充柄至 E18 单元格，将公式复制到 E4:E18 单元格区域中，可得到所有商品的加权平均采购价格。

（6）计算"存货占用资金"。

计算公式为"存货占用资金＝存货数量×加权平均采购价格"。

① 选中 F3 单元格。

② 输入公式"＝D3*E3"。

③ 按【Enter】键确认，计算出相应的存货占用资金。

④ 选中 F3 单元格，拖动填充柄至 F18 单元格，将公式复制到 F4:F18 单元格区域中，可得到所有商品的存货占用资金。

（7）计算"销售成本"。

计算公式为"销售成本＝销售数量×加权平均采购价格"。

① 选中 G3 单元格。

② 输入公式"＝进销存汇总表!I3*E3"。

③ 按【Enter】键确认，计算出相应的销售成本。

④ 选中 G3 单元格，拖动填充柄至 G18 单元格，将公式复制到 G4:G18 单元格区域中，可得

到所有商品的销售成本。

（8）导入"销售收入"数据。

这里，"销售收入＝销售金额"。

① 选中 H3 单元格。

② 插入"VLOOKUP"函数，设置图 4.162 所示的函数参数。

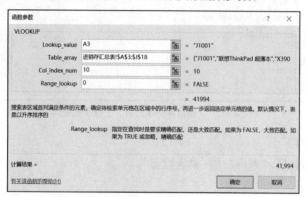

图 4.162　销售收入的 VLOOKUP 函数参数

③ 单击"确定"按钮，导入相应的销售收入。

④ 选中 H3 单元格，拖曳填充柄至 H18 单元格，将公式复制到 H4:H18 单元格区域中，可得到所有商品的销售收入。

（9）计算"销售毛利"。

计算公式为"销售毛利＝销售收入－销售成本"。

① 选中 I3 单元格。

② 输入公式"＝H3-G3"。

③ 按【Enter】键确认，计算出相应的销售毛利。

④ 选中 I3 单元格，拖动填充柄至 I18 单元格，将公式复制到 I4:I18 单元格区域中，可得到所有商品的销售毛利。

（10）计算"销售成本率"。

计算公式为"销售成本率＝销售成本/销售收入"。

① 选中 J3 单元格。

② 输入公式"＝G3/H3"。

③ 按【Enter】键确认，计算出相应的销售成本率。

④ 选中 J3 单元格，拖动填充柄至 J18 单元格，将公式复制到 J4:J18 单元格区域中，可得到所有商品的销售成本率。

计算完成后的"销售与成本分析"工作表的数据如图 4.163 所示。

（11）设置"销售与成本分析"工作表的格式。

① 设置表格标题的格式。将表格标题 "合并后居中"，并将标题的格式设置为"宋体、20 磅、加粗"，行高为"35"。

② 将表格标题字段的格式设置为"加粗、居中"，添加"蓝色 个性色 1，深色 25%"底纹，将字体颜色设置为"白色"，并设置行高为"20"。

	A	B	C	D	E	F	G	H	I	J
1	销售与成本分析									
2	商品编号	商品类别	商品型号	存货数量	加权平均采购价格	存货占用资金	销售成本	销售收入	销售毛利	销售成本率
3	J1001	计算机	X390 13.3英寸	20	6600	132000	39600	41994	2394	0.94299186
4	J1002	计算机	Chromebook Plus V2 12.2英寸	0	6799	0	88387	94887	6500	0.93149747
5	J1003	计算机	VivoBook15s 15.6英寸	14	5700	79800	62700	70180	7480	0.89341693
6	J1004	计算机	DELL灵越5000 15.6英寸	17	4469	75973	67035	74700	7665	0.89738956
7	J1005	计算机	联想小新15 15.6英寸	-7	4999	-34993	74985	82350	7365	0.91056466
8	J1006	计算机	Acer 新蜂鸟3 MX350	-3	4899	-14697	39192	42320	3128	0.92608696
9	J1007	计算机	HP 战66 三代 14英寸轻薄笔记本	9	5799	52191	52191	56610	4419	0.92193959
10	YY1001	移动硬盘	WDBYVG0020BBK 2TB	-7	469	-3283	14070	14970	900	0.93987976
11	YY1002	移动硬盘	希捷STJL2000400 2TB	1	459	459	14229	15376	1147	0.92540323
12	XJ1001	数码相机	D7500	-6	6580	-39480	171080	181688	10608	0.9416142
13	XJ1002	数码相机	EOS 80D	-8	8299	-66392	132784	138880	6096	0.95610599
14	SXJ1001	数码摄像机	FDR-AX60	3	6699	20097	53592	56640	3048	0.94618644
15	SXJ1002	数码摄像机	GZ-RY980HAC	11	6980	76780	27920	29520	1600	0.94579946
16	SJ1001	手机	P40 Pro 5G	-8	6500	-52000	143000	151360	8360	0.94476744
17	SJ1002	手机	Galaxy A71 5G	0	2880	0	48960	56083	7123	0.87299182
18	SJ1003	手机	OPPO Ace2	11	3299	36289	52784	56960	4176	0.92668539

图 4.163　计算完成后的"销售与成本分析"工作表的数据

③ 为 A2:J18 单元格区域添加内细外粗的边框。

④ 将"加权平均采购价格""存货占用资金""销售成本""销售收入""销售毛利"列的数据设置为"会计专用"格式，且无"货币符号"和"小数位数"。

⑤ 将"销售成本率"列的数据设置为"百分比"格式，保留 1 位小数。

（12）汇总分析各类商品的销售与成本情况。

① 复制"销售与成本分析"工作表，并将复制的工作表重命名为"销售毛利分析"。

② 选中"销售毛利分析"工作表。

③ 按"产品类别"对各项数据进行汇总计算。

a. 选中数据区域内的任一单元格。

b. 单击【数据】→【分级显示】→【分类汇总】命令，打开"分类汇总"对话框。

c. 在"分类字段"下拉列表中选择"商品类别"，在"汇总方式"下拉列表中选择"求和"，在"选定汇总选项"列表框中选中除"商品编号""商品类别""商品型号"外的其他复选框，如图 4.164 所示。

d. 单击"确定"按钮，生成图 4.165 所示的分类汇总表。

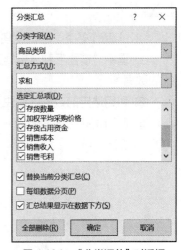

图 4.164　"分类汇总"对话框

	A	B	C	D	E	F	G	H	I	J
1	销售与成本分析									
2	商品编号	商品类别	商品型号	存货数量	加权平均采购价格	存货占用资金	销售成本	销售收入	销售毛利	销售成本率
3	J1001	计算机	X390 13.3英寸	20	6,600	132,000	39,600	41,994	2,394	94.3%
4	J1002	计算机	Chromebook Plus V2 12.2英寸	0	6,799	-	88,387	94,887	6,500	93.1%
5	J1003	计算机	VivoBook15s 15.6英寸	14	5,700	79,800	62,700	70,180	7,480	89.3%
6	J1004	计算机	DELL灵越5000 15.6英寸	17	4,469	75,973	67,035	74,700	7,665	89.7%
7	J1005	计算机	联想小新15 15.6英寸	-7	4,999	-34,993	74,985	82,350	7,365	91.1%
8	J1006	计算机	Acer 新蜂鸟3 MX350	-3	4,899	-14,697	39,192	42,320	3,128	92.6%
9	J1007	计算机	HP 战66 三代 14英寸轻薄笔记本	9	5,799	52,191	52,191	56,610	4,419	92.2%
10		计算机 汇总		50	39,265	290,274	424,090	463,041	38,951	642.4%
11	YY1001	移动硬盘	WDBYVG0020BBK 2TB	-7	469	-3,283	14,070	14,970	900	94.0%
12	YY1002	移动硬盘	希捷STJL2000400 2TB	1	459	459	14,229	15,376	1,147	92.5%
13		移动硬盘 汇总		-6	928	-2,824	28,299	30,346	2,047	186.5%
14	XJ1001	数码相机	D7500	-6	6,580	-39,480	171,080	181,688	10,608	94.2%
15	XJ1002	数码相机	EOS 80D	-8	8,299	-66,392	132,784	138,880	6,096	95.6%
16		数码相机 汇总		-14	14,879	-105,872	303,864	320,568	16,704	189.8%
17	SXJ1001	数码摄像机	FDR-AX60	3	6,699	20,097	53,592	56,640	3,048	94.6%
18	SXJ1002	数码摄像机	GZ-RY980HAC	11	6,980	76,780	27,920	29,520	1,600	94.6%
19		数码摄像机 汇总		14	13,679	96,877	81,512	86,160	4,648	189.2%
20	SJ1001	手机	P40 Pro 5G	-8	6,500	-52,000	143,000	151,360	8,360	94.5%
21	SJ1002	手机	Galaxy A71 5G	0	2,880	-	48,960	56,083	7,123	87.3%
22	SJ1003	手机	OPPO Ace2	11	3,299	36,289	52,784	56,960	4,176	92.7%
23		手机 汇总		3	12,679	-15,711	244,744	264,403	19,659	274.4%
24		总计		47	81,430	262,744	1,082,509	1,164,518	82,009	1482.3%

图 4.165　分类汇总表

④ 单击按钮 ②，仅显示第 2 级汇总数据，如图 4.166 所示。

	商品编号	商品类别	商品型号	存货数量	加权平均采购价格	存货占用资金	销售成本	销售收入	销售毛利	销售成本率
					销售与成本分析					
10		计算机 汇总		50	39,265	290,274	424,090	463,041	38,951	642.4%
13		移动硬盘 汇总		-6	928	-2,824	28,299	30,346	2,047	186.5%
16		数码相机 汇总		-14	14,879	-105,872	303,864	320,568	16,704	189.8%
19		数码摄像机 汇总		14	13,679	96,877	81,512	86,160	4,648	189.2%
23		手机 汇总		3	12,679	-15,711	244,744	264,403	19,659	274.4%
24		总计		47	81,430	262,744	1,082,509	1,164,518	82,009	1482.3%

图 4.166　显示第 2 级汇总数据

**活力
小贴士**　进行分类汇总时，一般需要先按分类字段进行排序。这里，由于表中的数据正好是按"商品类别"的顺序出现的，因此，在进行分类汇总之前不需要先进行排序。反之，则需要先按"商品类别"进行排序后再进行分类汇总。

在分类汇总表中，通过展开和折叠各个级别，用户可以自由选择查看各汇总数据及各明细数据。

（13）制作各类产品的销售毛利分析图。

① 选中"销售毛利分析"工作表中的"产品类别"和"销售毛利"列的数据区域（不包括总计行的数据）。

② 利用选定的数据区域生成"分离型三维饼图"，并将图表置于数据区域下方。

③ 适当调整图表的格式，生成图 4.167 所示的饼图。

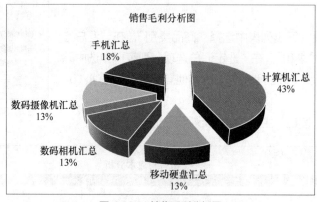

图 4.167　销售毛利分析图

【案例小结】

本案例通过制作"物流成本核算表""成本费用预算表"和"商品销售与成本分析表"，主要介绍了工作簿的创建、公式和函数、设置数据格式、分类汇总和绘制斜线表头等基本操作。在此基础上，本案例介绍了通过制作"饼图""柱形图"和"折线图"组合图表，对表中的数据进行分析的操作方法。

第5篇
财务篇

企业无论规模大小都会涉及对财务相关数据的处理。财务管理是企业管理的一个重要组成部分，财务部门需要根据财经法规制度，按照财务管理的原则，组织财务活动，认真细致地处理财务关系。在处理财务数据的过程中，企业财务部可以使用专用的财务软件来进行日常工作和管理，也可以借助 Office 办公软件来完成相应的工作。本篇将财务部工作中经常使用的表格及数据处理方法提炼出来，指导读者运用合适的方法解决工作中会遇到的财务数据处理问题。

学习目标

📖 知识点	📖 技能点	📖 素养点
• 导入和导出数据 • DATEDIF、ROUND、VLOOKUP、IF、PMT 函数 • 模拟运算表 • 方案管理器 • 数组公式 • 单元格名称的使用 • 图表的创建和编辑	• 学会 Excel 导入/导出外部数据 • 熟练利用公式自动计算数据 • 掌握使用 Excel 常用函数进行计算 • 理解函数嵌套的意义和用法 • 熟练对 Excel 表格进行页面设置 • 掌握模拟运算表、方案管理器等工具 • 熟练使用数据透视表(图)进行统计、分析 • 理解 PMT 等财务函数的应用 • 理解并学会数组公式的构造	• 树立风控意识，加强成本管理理念 • 培养诚信、守法、细致的品质 • 具备实事求是的科学精神 • 树立财务安全意识和大局意识

5.1 案例18 制作员工工资管理表

示例文件	原始文件：示例文件\素材\财务篇\案例 18\员工工资管理表.xlsx 效果文件：示例文件\效果\财务篇\案例 18\员工工资管理表.xlsx

【案例分析】

员工工资管理是每个企业财务部的基础工作，财务人员要清晰明了地列出员工的工资明细、统计员工的扣款项目、核算员工的工资收入等。制作工资表通常需要综合大量的数据，如基本工资、绩效工资、补贴、扣款项等。本案例通过制作"员工工资管理表"来介绍 Excel 2016 在员工工资管理方面的应用，效果如图 5.1 和图 5.2 所示。

员工工资明细表

编号	姓名	部门	基本工资	绩效工资	工龄工资	加班费	应发工资	养老保险	医疗保险	失业保险	考勤扣款	应税工资	个人所得税	实发工资
KY001	方成建	市场部	8,800.00	3,520.00	600.00	–	12,920.00	985.60	246.40	123.20	293.00	6,564.80	446.48	10,825.00
KY002	桑南	人力资源部	4,000.00	1,600.00	600.00	382.50	6,582.50	448.00	112.00	56.00	–	966.50	29.00	5,938.00
KY003	何宇	市场部	8,800.00	3,520.00	600.00	666.00	13,586.00	985.60	246.40	123.20	732.50	7,230.80	513.08	10,985.00
KY004	刘光利	行政部	3,800.00	1,520.00	600.00	240.00	6,160.00	425.60	106.40	53.20	–	574.80	17.24	5,558.00
KY005	钱新	财务部	8,800.00	3,520.00	600.00	360.75	13,280.75	985.60	246.40	123.20	–	6,925.55	482.56	11,443.00
KY006	曾科	财务部	5,000.00	2,000.00	500.00	–	7,500.00	560.00	140.00	70.00	125.25	1,730.00	51.90	6,553.00
KY007	李莫蕾	物流部	4,000.00	1,600.00	600.00	76.50	6,276.50	448.00	112.00	56.00	66.50	660.50	19.82	5,574.00
KY008	周苏嘉	行政部	5,500.00	2,200.00	600.00	–	8,300.00	616.00	154.00	77.00	50.00	2,453.00	73.59	7,329.00
KY009	黄雅玲	市场部	5,800.00	2,320.00	600.00	576.00	9,296.00	649.60	162.40	81.20	96.50	3,402.80	130.28	8,176.00
KY010	林菱	市场部	5,000.00	2,000.00	600.00	–	7,600.00	560.00	140.00	70.00	41.75	1,830.00	54.90	6,733.00
KY011	司马意	行政部	4,000.00	1,600.00	600.00	191.25	6,391.25	448.00	112.00	56.00	100.00	775.25	23.26	5,652.00
KY012	令狐珊	物流部	3,800.00	1,520.00	600.00	–	5,920.00	425.60	106.40	53.20	50.00	334.80	10.04	5,275.00
KY013	慕容勤	财务部	4,000.00	1,600.00	600.00	–	6,200.00	448.00	112.00	56.00	–	584.00	17.52	5,566.00
KY014	柏国力	人力资源部	8,800.00	3,520.00	600.00	166.50	13,086.50	985.60	246.40	123.20	–	6,731.30	463.13	11,268.00
KY015	周谦	物流部	5,500.00	2,200.00	400.00	414.00	8,514.00	616.00	154.00	77.00	–	2,667.00	80.01	7,587.00
KY016	刘民	市场部	8,000.00	3,200.00	600.00	–	11,800.00	896.00	224.00	112.00	317.00	5,568.00	346.80	9,904.00
KY017	尔阿	物流部	5,800.00	2,320.00	600.00	342.00	9,062.00	649.60	162.40	81.20	–	3,168.80	106.88	8,062.00
KY018	夏蓝	人力资源部	5,500.00	2,200.00	500.00	–	8,200.00	616.00	154.00	77.00	45.75	2,353.00	70.59	7,237.00
KY019	皮桂华	行政部	4,000.00	1,600.00	600.00	127.50	6,327.50	448.00	112.00	56.00	133.00	711.50	21.35	5,557.00
KY020	段齐	财务部	5,500.00	2,200.00	600.00	–	8,300.00	616.00	154.00	77.00	–	2,453.00	73.59	7,379.00
KY021	费乐	财务部	5,800.00	2,320.00	600.00	108.00	8,828.00	649.60	162.40	81.20	150.00	2,934.80	88.04	7,697.00
KY022	高亚玲	行政部	5,500.00	2,200.00	600.00	293.25	8,593.25	616.00	154.00	77.00	274.50	2,746.25	82.39	7,389.00
KY023	苏洁	市场部	4,000.00	1,600.00	600.00	382.50	6,582.50	448.00	112.00	56.00	66.50	966.50	29.00	5,871.00
KY024	江宽	人力资源部	8,800.00	3,520.00	600.00	277.50	13,197.50	985.60	246.40	123.20	73.25	6,842.30	474.23	11,295.00
KY025	王利伟	市场部	5,800.00	2,320.00	600.00	648.00	9,368.00	649.60	162.40	81.20	–	3,474.80	137.48	8,337.00

图 5.1 "员工工资明细表"效果图

工资查询表

员工号	KY001	姓名	方成建	部门	市场部
基本工资	8800	养老保险	985.6	应发工资	12920
绩效工资	3520	医疗保险	246.4	应税工资	6564.8
工龄工资	600	失业保险	123.2	个人所得税	446.48
加班费	0	考勤扣款	293	实发工资	10825

图 5.2 "工资查询表"效果图

【知识与技能】

- 新建工作簿
- 重命名工作表
- 导入外部数据
- DATEDIF、ROUND、VLOOKUP、IF 函数的使用
- 公式的使用
- 制作数据透视表
- 制作数据透视图

【解决方案】

STEP 1 新建工作簿，重命名工作表

（1）启动 Excel 2016，新建一份空白工作簿。

（2）将新建的工作簿重命名为"员工工资管理表"，并将其保存在"E:\公司文档\财务部"文件夹中。

（3）将工作簿中的"Sheet1"工作表重命名为"工资基础信息"。

STEP 2 导入"员工信息"

将人力资源部制作员工人事档案表时使用到的"员工信息"数据导入到当前工作表中，作为"工资基础信息"工作表的数据。

（1）选中"工资基础信息"工作表。

（2）单击【数据】→【获取外部数据】→【自文本】命令，打开"导入文本文件"对话框，在"查找范围"中找到位于"E:\公司文档\人力资源部"文件夹中的"员工信息"文件，如图 5.3 所示。

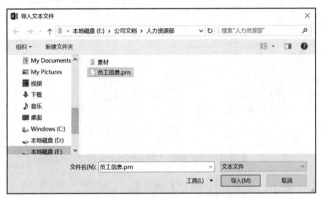

微课 5-1　导入
"员工信息"

图 5.3　"导入文本文件"对话框

（3）单击"导入"按钮，弹出图 5.4 所示的"文件导入向导-第 1 步，共 3 步"对话框，在"原始数据类型"处选中"固定宽度"单选按钮；在"导入起始行"文本框中保持默认值"1"不变；在"文件原始格式"下拉列表中选择"936：简体中文（GB2312）"，如图 5.5 所示。

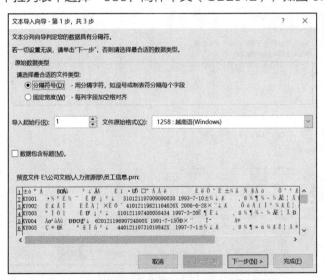

图 5.4　"文本导入向导-第 1 步，共 3 步"对话框

> **活力小贴士**　因为一般文本文件中的列是按【Tab】键或用逗号以及空格键来分隔的，在前文从员工人事档案表中导出"员工信息"时，是以"带格式文本文件（空格分隔）"类型保存的，所以在这里也可以选择"分隔符号"。

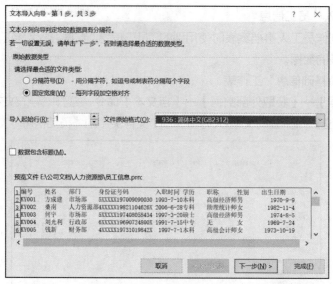

图 5.5　设置原始数据类型、导入起始行和文件原始格式

（4）单击"下一步"按钮，设置字段宽度（列间隔），如图 5.6 所示。在图 5.6 中可见，部分列间缺少分列线，如"部门"和"身份证号码"，"入职时间"和"学历"，"职称"和"性别"，需要在相应位置单击以建立分列线。拖曳水平和垂直滚动条，将所有需要导入的数据检查一遍，使数据分别处于对应的分列线之间，如图 5.7 所示。

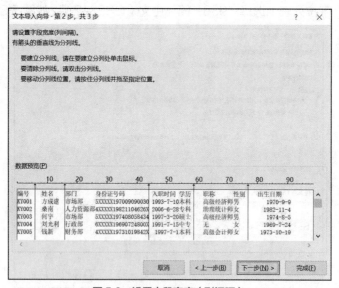

图 5.6　设置字段宽度（列间隔）

活力小贴士　设置字段宽度时，在"数据预览"区内，有箭头的垂直线便是分列线，如果要建立分列线，请在要建立分列线处单击；如果要清除分列线，请双击分列线；如果要移动分列线位置，请在分列线上按住鼠标左键并将其拖曳至指定位置。

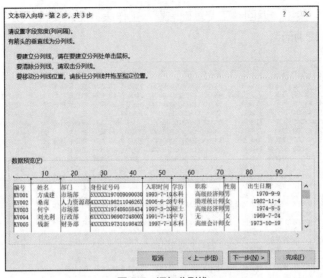

图 5.7 添加分列线

（5）单击"下一步"按钮，设置每列的数据类型，如图 5.8 所示。默认设置"列数据格式"为"常规"。这里，将"身份证号码"设置为"文本"，将"入职时间"和"出生日期"设置为"日期"，其余列使用默认类型"常规"。

（6）单击"完成"按钮，打开图 5.9 所示的"导入数据"对话框。设置数据的放置位置为"现有工作表"的"=$A$1"单元格。

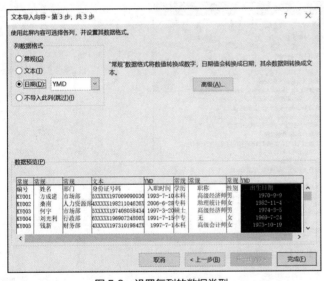

图 5.8 设置每列的数据类型

图 5.9 "导入数据"对话框

活力小贴士 要在某工作表中放置数据处理的结果，可以只选择放置位置开始的单元格，Excel 会自动根据来源数据区域的形状排列结果，无须把结果区域全部选中，因为可能操作者也不知道结果会放置于哪些具体的单元格中。

（7）单击"确定"按钮，返回"工资基础信息"工作表，文本文件"员工信息"的数据被导入到工作表中，如图 5.10 所示。

	A	B	C	D	E	F	G	H	I
1	编号	姓名	部门	身份证号码	入职时间	学历	职称	性别	出生日期
2	KY001	方成建	市场部	5XXXXX197009090030	1993-7-10	本科	高级经济师	男	1970-9-9
3	KY002	桑南	人力资源部	4XXXXX19821104626X	2006-6-28	专科	助理统计师	女	1982-11-4
4	KY003	何宇	市场部	5XXXXX197408058434	1997-3-20	硕士	高级经济师	男	1974-8-5
5	KY004	刘光利	行政部	6XXXXX19690724800X	1991-7-15	中专	无	女	1969-7-24
6	KY005	钱新	财务部	4XXXXX19731019842X	1997-7-1	本科	高级会计师	女	1973-10-19
7	KY006	曾利	财务部	5XXXXX198506208452	2010-7-20	硕士	会计师	男	1985-6-20
8	KY007	李莫蕙	物流部	5XXXXX198011298443	2003-7-10	本科	助理会计师	女	1980-11-29
9	KY008	周苏嘉	行政部	3XXXXX197905210924	2001-6-30	本科	工程师	女	1979-5-21
10	KY009	黄雅玲	市场部	1XXXXX198109088000	2005-7-5	本科	经济师	女	1981-9-8
11	KY010	林菱	市场部	5XXXXX198304298428	2005-6-28	专科	工程师	女	1983-4-29
12	KY011	司马意	行政部	5XXXXX19730923821X	1996-7-2	本科	助理工程师	男	1973-9-23
13	KY012	令狐珊	物流部	5XXXXX196806278248	1993-5-10	高中	无	女	1968-6-27
14	KY013	慕容勤	财务部	7XXXXX198402108211	2006-6-25	中专	助理会计师	男	1984-2-10
15	KY014	柏国力	人力资源部	5XXXXX196703138215	1993-7-5	硕士	高级经济师	男	1967-3-13
16	KY015	周谦	物流部	5XXXXX19900924821X	2012-8-1	本科	工程师	男	1990-9-24
17	KY016	刘民	市场部	1XXXXX196908028015	1993-7-10	硕士	高级工程师	男	1969-8-2
18	KY017	尔阿	物流部	3XXXXX198405258012	2006-7-20	本科	工程师	男	1984-5-25
19	KY018	夏蓝	人力资源部	2XXXXX19880515802X	2010-7-3	专科	工程师	女	1988-5-15
20	KY019	皮桂华	行政部	5XXXXX196902268022	1989-6-29	专科	助理工程师	女	1969-2-26
21	KY020	段齐	人力资源部	5XXXXX196804057835	1993-7-18	本科	工程师	男	1968-4-5
22	KY021	费乐	财务部	5XXXXX198612018827	2007-6-30	本科	会计师	男	1986-12-1
23	KY022	高亚玲	行政部	4XXXXX197802168822	2001-7-15	本科	工程师	女	1978-2-16
24	KY023	泽洁	市场部	5XXXXX198009308825	1999-4-15	高中	无	女	1980-9-30
25	KY024	江宽	人力资源部	5XXXXX19750507881X	2001-7-6	硕士	高级经济师	男	1975-5-7
26	KY025	王利伟	市场部	3XXXXX197810120072	2001-8-15	本科	经济师	男	1978-10-12

图 5.10　导入的"员工信息"数据

活力小贴士　除了可以导入"文本文件"类型的数据之外，还可以导入其他格式的数据库文件到 Excel 表中，如 Access 数据库文件、网页、SQL Server 文件、XML 文件等，如图 5.11 所示。

图 5.11　获取数据源

STEP 3　编辑"工资基础信息"工作表

（1）选中"工资基础信息"工作表。

（2）删除"身份证号码""学历""职称""性别""出生日期"列的数据。

① 按住【Ctrl】键，分别选中"身份证号码""学历""职称""性别""出生日期"列的数据。

② 单击【开始】→【单元格】→【删除】下拉按钮，从下拉菜单中选择"删除工作表列"命令。

删除数据后的工作表如图 5.12 所示。

（3）分别在 E1、F1、G1 单元格中输入标题字段名称"基本工资""绩效工资""工龄工资"。

（4）参照图 5.13 输入"基本工资"的数据。

	A	B	C	D
1	编号	姓名	部门	入职时间
2	KY001	方成建	市场部	1993-7-10
3	KY002	桑南	人力资源部	2006-6-28
4	KY003	何宇	市场部	1997-3-20
5	KY004	刘光利	行政部	1991-7-15
6	KY005	钱新	财务部	1997-7-1
7	KY006	曾科	财务部	2010-7-20
8	KY007	李莫薷	物流部	2003-7-10
9	KY008	周苏嘉	行政部	2001-6-30
10	KY009	黄雅玲	市场部	2005-7-5
11	KY010	林菱	市场部	2005-6-28
12	KY011	司马意	物流部	1996-7-2
13	KY012	令狐珊	物流部	1993-5-10
14	KY013	慕容勤	财务部	2006-6-25
15	KY014	柏国力	人力资源部	1993-7-5
16	KY015	周谦	物流部	2012-8-1
17	KY016	刘民	市场部	1993-7-10
18	KY017	尔阿	物流部	2006-7-20
19	KY018	夏蓝	人力资源部	2010-7-3
20	KY019	皮桂华	行政部	1989-6-29
21	KY020	段齐	人力资源部	1993-7-18
22	KY021	费乐	财务部	2007-6-30
23	KY022	高亚玲	行政部	2001-7-15
24	KY023	苏洁	市场部	1999-4-15
25	KY024	江宽	人力资源部	2001-7-6
26	KY025	王利伟	市场部	2001-8-15

图 5.12　删除数据后的工作表

	A	B	C	D	E	F	G
1	编号	姓名	部门	入职时间	基本工资	绩效工资	工龄工资
2	KY001	方成建	市场部	1993-7-10	8800		
3	KY002	桑南	人力资源部	2006-6-28	4000		
4	KY003	何宇	市场部	1997-3-20	8800		
5	KY004	刘光利	行政部	1991-7-15	3800		
6	KY005	钱新	财务部	1997-7-1	8800		
7	KY006	曾科	财务部	2010-7-20	5000		
8	KY007	李莫薷	物流部	2003-7-10	4000		
9	KY008	周苏嘉	行政部	2001-6-30	5500		
10	KY009	黄雅玲	市场部	2005-7-5	5800		
11	KY010	林菱	市场部	2005-6-28	5000		
12	KY011	司马意	行政部	1996-7-2	4000		
13	KY012	令狐珊	物流部	1993-5-10	3800		
14	KY013	慕容勤	财务部	2006-6-25	4000		
15	KY014	柏国力	人力资源部	1993-7-5	8800		
16	KY015	周谦	物流部	2012-8-1	5500		
17	KY016	刘民	市场部	1993-7-10	8000		
18	KY017	尔阿	物流部	2006-7-20	5800		
19	KY018	夏蓝	人力资源部	2010-7-3	5500		
20	KY019	皮桂华	行政部	1989-6-29	4000		
21	KY020	段齐	人力资源部	1993-7-18	5500		
22	KY021	费乐	财务部	2007-6-30	5800		
23	KY022	高亚玲	行政部	2001-7-15	5500		
24	KY023	苏洁	市场部	1999-4-15	4000		
25	KY024	江宽	人力资源部	2001-7-6	8800		
26	KY025	王利伟	市场部	2001-8-15	5800		

图 5.13　员工的"基本工资"数据

（5）计算"绩效工资"。

计算公式为"绩效工资=基本工资×40%"。

① 选中 F2 单元格。

② 输入公式"=E2*0.4"，按【Enter】键确认。

③ 选中 F2 单元格，拖曳填充柄至 F26 单元格，将公式复制到 F3:F26 单元格区域中，可得到所有员工的绩效工资。

（6）计算"工龄工资"。

假设"工龄"超过 12 年的工龄工资为 600 元，否则，按每年 50 元计算（本案例截止日期为 2020 年 11 月 29 日）。

① 选中 G2 单元格。

② 单击【公式】→【函数库】→【插入函数】命令，打开"插入函数"对话框，在"选择函数"列表框中选择"IF"，打开"函数参数"对话框，按图 5.14 所示设置 IF 函数的参数。

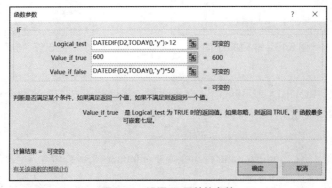

图 5.14　设置 IF 函数的参数

③ 选中 G2 单元格，拖曳填充柄至 G26 单元格，将公式复制到 G3:G26 单元格区域中，可得到所有员工的工龄工资。

创建好的"工资基础信息"工作表如图 5.15 所示。

STEP 4 创建"加班费结算表"

（1）复制"工资基础信息"工作表，将复制后的工作表重命名为"加班费结算表"。

（2）删除"入职时间""绩效工资""工龄工资"列。

（3）在 E1、F1 单元格中分别输入标题"加班时间"和"加班费"。

（4）输入加班时间。按图 5.16 所示输入员工的加班时间。

（5）计算加班费。

	A	B	C	D	E	F	G
1	编号	姓名	部门	入职时间	基本工资	绩效工资	工龄工资
2	KY001	方成建	市场部	1993-7-10	8800	3520	600
3	KY002	桑南	人力资源部	2006-6-28	4000	1600	600
4	KY003	何宇	市场部	1997-3-20	8800	3520	600
5	KY004	刘光利	行政部	1991-7-15	3800	1520	600
6	KY005	钱新	财务部	1997-7-1	8800	3520	600
7	KY006	曾科	财务部	2010-7-20	5000	2000	500
8	KY007	李莫蕃	物流部	2003-7-10	4000	1600	600
9	KY008	周苏嘉	行政部	2001-6-30	5500	2200	600
10	KY009	黄雅玲	市场部	2005-7-5	5800	2320	600
11	KY010	林菱	市场部	2005-6-28	5000	2000	600
12	KY011	司马意	行政部	1996-7-2	4000	1600	600
13	KY012	令狐珊	物流部	1993-5-10	3800	1520	600
14	KY013	慕容勤	财务部	2006-6-25	4000	1600	600
15	KY014	柏国力	人力资源部	1993-7-5	8800	3520	600
16	KY015	周谦	物流部	2012-8-1	5500	2200	400
17	KY016	刘民	市场部	1993-7-10	8000	3200	600
18	KY017	尔阿	物流部	2006-7-20	5800	2320	600
19	KY019	夏蓝	人力资源部	2010-7-3	5500	2200	500
20	KY019	皮桂华	行政部	1989-6-29	4000	1600	600
21	KY020	段齐	人力资源部	1993-7-18	5500	2200	600
22	KY021	费乐	财务部	2007-6-30	5800	2320	600
23	KY022	高亚玲	行政部	2001-7-15	5500	2200	600
24	KY023	苏洁	市场部	1999-4-15	4000	1600	600
25	KY024	江宽	人力资源部	1993-7-10	8800	3520	600
26	KY025	王利伟	市场部	2001-8-15	5800	2320	600

图 5.15 创建好的"工资基础信息"工作表

计算公式为"加班费=（基本工资/30/8）×1.5×加班时间"。

① 选中 F2 单元格。

② 输入公式"=ROUND(D2/30/8,0)*1.5*E2"，按【Enter】键确认，计算出相应的加班费。

③ 选中 F2 单元格，拖曳填充柄至 F26 单元格，将公式复制到 F3:F26 单元格区域中，可得到所有员工的加班费。

创建好的"加班费结算表"如图 5.17 所示。

微课 5-2 计算加班费

	A	B	C	D	E
1	编号	姓名	部门	基本工资	加班时间
2	KY001	方成建	市场部	8800	0
3	KY002	桑南	人力资源部	4000	15
4	KY003	何宇	市场部	8800	12
5	KY004	刘光利	行政部	3800	10
6	KY005	钱新	财务部	8800	6.5
7	KY006	曾科	财务部	5000	0
8	KY007	李莫蕃	物流部	4000	3
9	KY008	周苏嘉	行政部	5500	0
10	KY009	黄雅玲	市场部	5800	16
11	KY010	林菱	市场部	5000	0
12	KY011	司马意	行政部	4000	7.5
13	KY012	令狐珊	物流部	3800	0
14	KY013	慕容勤	财务部	4000	0
15	KY014	柏国力	人力资源部	8800	3
16	KY015	周谦	物流部	5500	12
17	KY016	刘民	市场部	8000	0
18	KY017	尔阿	物流部	5800	9.5
19	KY018	夏蓝	人力资源部	5500	0
20	KY019	皮桂华	行政部	4000	5
21	KY020	段齐	人力资源部	5500	0
22	KY021	费乐	财务部	5800	3
23	KY022	高亚玲	行政部	5500	8.5
24	KY023	苏洁	市场部	4000	15
25	KY024	江宽	人力资源部	8800	5
26	KY025	王利伟	市场部	5800	18

图 5.16 输入加班时间

	A	B	C	D	E	F
1	编号	姓名	部门	基本工资	加班时间	加班费
2	KY001	方成建	市场部	8800	0	0
3	KY002	桑南	人力资源部	4000	15	382.5
4	KY003	何宇	市场部	8800	12	666
5	KY004	刘光利	行政部	3800	10	240
6	KY005	钱新	财务部	8800	6.5	360.75
7	KY006	曾科	财务部	5000	0	0
8	KY007	李莫蕃	物流部	4000	3	76.5
9	KY008	周苏嘉	行政部	5500	0	0
10	KY009	黄雅玲	市场部	5800	16	576
11	KY010	林菱	市场部	5000	0	0
12	KY011	司马意	行政部	4000	7.5	191.25
13	KY012	令狐珊	物流部	3800	0	0
14	KY013	慕容勤	财务部	4000	0	0
15	KY014	柏国力	人力资源部	8800	3	166.5
16	KY015	周谦	物流部	5500	12	414
17	KY016	刘民	市场部	8000	0	0
18	KY017	尔阿	物流部	5800	9.5	342
19	KY018	夏蓝	人力资源部	5500	0	0
20	KY019	皮桂华	行政部	4000	5	127.5
21	KY020	段齐	人力资源部	5500	0	0
22	KY021	费乐	财务部	5800	3	108
23	KY022	高亚玲	行政部	5500	8.5	293.25
24	KY023	苏洁	市场部	4000	15	382.5
25	KY024	江宽	人力资源部	8800	5	277.5
26	KY025	王利伟	市场部	5800	18	648

图 5.17 创建好的"加班费结算表"

活力小贴士 这里的公式"ROUND(D2/30/8,0)"为求取员工单位时间内工资的四舍五入的整数。关于函数 ROUND 说明如下。

① 功能：将数字四舍五入到指定的位数。

② 语法：ROUND(number,num_digits),其中 number 表示要四舍五入的数字，num_digits 为要进行四舍五入运算的位数。

STEP 5　创建"考勤扣款结算表"

（1）复制"工资基础信息"工作表，将复制后的工作表重命名为"考勤扣款结算表"。

（2）删除"入职时间""绩效工资""工龄工资"列。

（3）在 E1:K1 单元格区域中分别输入标题"迟到""迟到扣款""病假""病假扣款""事假""事假扣款""扣款合计"。

（4）参照图 5.18 输入"迟到""病假""事假"列的数据。

	A	B	C	D	E	F	G	H	I	J	K
1	编号	姓名	部门	基本工资	迟到	迟到扣款	病假	病假扣款	事假	事假扣款	扣款合计
2	KY001	方成建	市场部	8800	0		0		1		
3	KY002	桑南	人力资源部	4000	0		0		0		
4	KY003	何宇	市场部	8800	0		2		1.5		
5	KY004	刘光利	行政部	3800	0		0		0		
6	KY005	钱新	财务部	8800	0		0		0		
7	KY006	曾科	财务部	5000	0		1.5		0		
8	KY007	李莫薷	物流部	4000	0		1		0		
9	KY008	周苏嘉	行政部	5500	1		0		0		
10	KY009	黄雅玲	市场部	5800	0		0		0.5		
11	KY010	林菱	市场部	5000	0		0.5		0		
12	KY011	司马意	行政部	4000	2		0		0		
13	KY012	令狐珊	物流部	3800	1		0		0		
14	KY013	慕容勤	财务部	4000	0		0		0		
15	KY014	柏国力	人力资源部	8800	0		0		0		
16	KY015	周谦	物流部	5500	0		0		0		
17	KY016	刘民	市场部	8000	1		0		1		
18	KY017	尔阿	物流部	5800	0		0		0		
19	KY018	夏蓝	人力资源部	5500	0		0.5		0		
20	KY019	皮桂华	行政部	4000	0		0		1		
21	KY020	段齐	人力资源部	5500	0		0		0		
22	KY021	费乐	财务部	5800	3		0		0		
23	KY022	高亚玲	行政部	5500	0		1		1		
24	KY023	苏洁	财务部	4000	0		0		0.5		
25	KY024	江宽	人力资源部	8800	0		0.5		0		
26	KY025	王利伟	市场部	5800	0		0		0		

图 5.18 "迟到""病假""事假"列的数据

（5）计算"迟到扣款"。

假设每迟到一次扣款 50 元。

① 选中 F2 单元格。

② 输入公式"=E2*50"，按【Enter】键确认，计算出相应的迟到扣款。

③ 选中 F2 单元格，拖曳填充柄至 F26 单元格，将公式复制到 F3:F26 单元格区域中，可得到所有员工的迟到扣款。

（6）计算"病假扣款"。

假设每请病假一天扣款为当日工资收入的 50%，即"病假扣款=基本工资/30×0.5×病假天数"。

① 选中 H2 单元格。

② 输入公式"=ROUND(D2/30,0)*0.5*G2"，按【Enter】键确认，计算出相应的病假扣款。

③ 选中 H2 单元格，拖曳填充柄至 H26 单元格，将公式复制到 H3:H26 单元格区域中，可得到所有员工的病假扣款。

（7）计算"事假扣款"。

假设每请事假一天扣款为当日的全部工资收入，即"事假扣款=基本工资/30*事假天数"。

① 选中 J2 单元格。

② 输入公式"=ROUND(D2/30,0)*I2"，按【Enter】键确认，计算出相应的事假扣款。

③ 选中 J2 单元格，拖曳填充柄至 J26 单元格，将公式复制到 J3:J26 单元格区域中，可得到所有员工的事假扣款。

（8）计算"扣款合计"。

① 选中 K2 单元格。

② 输入公式"=SUM(F2,H2,J2)"，按【Enter】键确认，计算出相应的扣款合计。

③ 选中 K2 单元格，拖曳填充柄至 K26 单元格，将公式复制到 K3:K26 单元格区域中，可得到所有员工的扣款合计。

创建好的"考勤扣款结算表"如图 5.19 所示。

	A	B	C	D	E	F	G	H	I	J	K
1	编号	姓名	部门	基本工资	迟到	迟到扣款	病假	病假扣款	事假	事假扣款	扣款合计
2	KY001	方成建	市场部	8800	0	0	0	0	1	293	293
3	KY002	桑南	人力资源部	4000	0	0	0	0	0	0	0
4	KY003	何宇	市场部	8800	0	0	2	293	1.5	439.5	732.5
5	KY004	刘光利	行政部	3800	0	0	0	0	0	0	0
6	KY005	钱新	财务部	8800	0	0	0	0	0	0	0
7	KY006	曾科	财务部	5000	0	0	1.5	125.25	0	0	125.25
8	KY007	李莫薷	物流部	4000	0	0	0	66.5	0	0	66.5
9	KY008	周苏嘉	行政部	5500	1	50	0	0	0	0	50
10	KY009	黄雅玲	市场部	5800	0	0	0	0	0.5	96.5	96.5
11	KY010	林菱	市场部	5000	0	0	0.5	41.75	0	0	41.75
12	KY011	司马意	行政部	4000	2	100	0	0	0	0	100
13	KY012	令狐珊	物流部	3800	1	50	0	0	0	0	50
14	KY013	慕容勤	财务部	4000	0	0	0	0	0	0	0
15	KY014	柏国力	人力资源部	8800	0	0	0	0	0	0	0
16	KY015	周谦	物流部	5500	0	0	0	0	0	0	0
17	KY016	刘民	市场部	8000	1	50	0	0	1	267	317
18	KY017	尔阿	物流部	5800	0	0	0	0	0	0	0
19	KY018	夏蓝	人力资源部	5500	0	0	0.5	45.75	0	0	45.75
20	KY019	皮桂华	行政部	4000	0	0	0	0	1	133	133
21	KY020	段齐	人力资源部	5500	0	0	0	0	0	0	0
22	KY021	费乐	财务部	5800	3	150	0	0	0	0	150
23	KY022	高亚玲	行政部	5500	0	0	1	91.5	1	183	274.5
24	KY023	苏洁	市场部	4000	0	0	0	0	0.5	66.5	66.5
25	KY024	江宽	人力资源部	8800	0	0	0.5	73.25	0	0	73.25
26	KY025	王利伟	市场部	5800	0	0	0	0	0	0	0

图 5.19　创建好的"考勤扣款结算表"

STEP 6 创建"员工工资明细表"

（1）插入一张新工作表，将新工作表重命名为"员工工资明细表"。

（2）参见图 5.20 创建"员工工资明细表"的框架。

	A	B	C	D	E	F	G	H	I	J	K	L	M	N	O
1	员工工资明细表														
2	编号	姓名	部门	基本工资	绩效工资	工龄工资	加班费	应发工资	养老保险	医疗保险	失业保险	考勤扣款	应税工资	个人所得税	实发工资
3															
4															

图 5.20　"员工工资明细表"的框架

（3）填充"编号""姓名""部门"列的数据。

① 选中"工资基础信息"工作表的 A2:C26 单元格区域，单击【开始】→【剪贴板】→【复制】命令。

② 选中"员工工资明细表"的 A3 单元格，单击【开始】→【剪贴板】→【粘贴】命令，将"工资基础信息"工作表选定区域的数据粘贴到"员工工资明细表"中。

（4）导入"基本工资"的数据。

① 选中 D3 单元格。

② 单击【公式】→【函数库】→【插入函数】命令，打开"插入函数"对话框，在"选择函数"列表框中选择"VLOOKUP"后单击"确定"按钮，打开"函数参数"对话框，设置图 5.21 所示的参数。

③ 单击"确定"按钮，导入相应的"基本工资"的数据。

微课 5-3　导入
"基本工资"数据

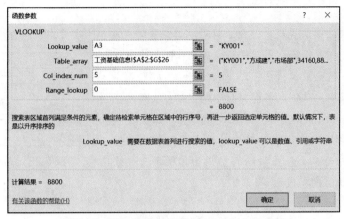

图 5.21 导入"基本工资"的 VLOOKUP 参数

④ 选中 D3 单元格，拖曳填充柄至 D27 单元格，将公式复制到 D4:D27 单元格区域中，可导入所有员工的基本工资。

（5）使用同样的方式，分别导入"绩效工资"和"工龄工资"的数据。

（6）导入"加班费"的数据。

① 选中 G3 单元格。

② 插入 VLOOKUP 函数，设置图 5.22 所示的参数。

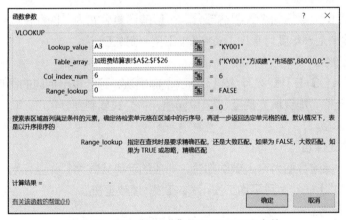

图 5.22 导入"加班费"的 VLOOKUP 参数

③ 单击"确定"按钮，导入相应的"加班费"的数据。

④ 选中 G3 单元格，拖曳填充柄至 G27 单元格，将公式复制到 G4:G27 单元格区域中，可导入所有员工的加班费。

（7）计算"应发工资"。

① 选中 H3 单元格。

② 单击【开始】→【编辑】→【自动求和】命令，出现公式"=SUM(D3:G3)"，按【Enter】键确认，可计算出相应的应发工资。

③ 选中 H3 单元格，拖曳填充柄至 H27 单元格，将公式复制到 H4:H27 单元格区域中，可计算出所有员工的应发工资。

活力小贴士 按国家相关法律法规规定，企业针对职工工资的税前扣除项目中，包含社会保险，主要有养老保险、失业保险、医疗保险、工伤保险、生育保险。例如，某企业执行图 5.23 所示的计提标准。

单位必须按规定比例向社会保险机构缴纳社会保险，计算时的基数一般是职工个人上年度月平均工资。

个人只需按规定比例缴纳其中的养老保险、失业保险、医疗保险，个人应缴纳的费用由单位每月在发放个人工资前代扣代缴。

项目	单位	个人
养老保险	20%	8%
失业保险	2%	1%
医疗保险	12%	2%
工伤保险	1%	0
生育保险	1%	0

图 5.23 某企业的计提标准

（8）计算"养老保险"。

本案例中的养老保险数据为个人缴纳部分，一般的计算公式为"养老保险=上一年度月平均工资×8%"，这里假设"上一年度月平均工资=基本工资+绩效工资"。

① 选中 I3 单元格。

② 输入公式"=(D3+E3)*8%"，按【Enter】键确认，可计算出相应的养老保险。

③ 选中 I3 单元格，拖曳填充柄至 I27 单元格，将公式复制到 I4:I27 单元格区域中，可计算出所有员工的养老保险。

（9）计算"医疗保险"。

本案例中的医疗保险数据为个人缴纳部分，一般的计算公式为"医疗保险=上一年度月平均工资×2%"，这里假设"上一年度月平均工资=基本工资+绩效工资"。

① 选中 J3 单元格。

② 输入公式"=(D3+E3)*2%"，按【Enter】键确认，可计算出相应的医疗保险。

③ 选中 J3 单元格，拖曳填充柄至 J27 单元格，将公式复制到 J4:J27 单元格区域中，可计算出所有员工的医疗保险。

（10）计算"失业保险"。

本案例中的失业保险数据为个人缴纳部分，一般的计算公式为"失业保险=上一年度月平均工资×1%"，这里假设"上一年度月平均工资=基本工资+绩效工资"。

① 选中 K3 单元格。

② 输入公式"=(D3+E3)*1%"，按【Enter】键确认，可计算出相应的失业保险。

③ 选中 K3 单元格，拖曳填充柄至 K27 单元格，将公式复制到 K4:K27 单元格区域中，可计算出所有员工的失业保险。

（11）导入"考勤扣款"数据。

① 选中 L3 单元格。

② 插入 VLOOKUP 函数，设置图 5.24 所示的参数。

③ 单击"确定"按钮，导入相应的"考勤扣款"数据。

④ 选中 L3 单元格，拖曳填充柄至 L27 单元格，将公式复制到 L4:L27 单元格区域中，可导入所有员工的考勤扣款。

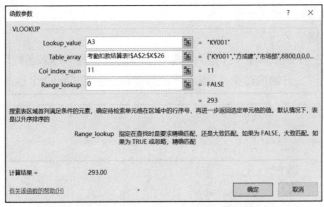

图 5.24　导入"考勤扣款"的 VLOOKUP 函数参数

**活力
小贴士**

计算工资时，需要使用到的相关公式如下。

① 计算应税工资：应税工资=应发工资-（养老保险+医疗保险+失业保险）-5000。（目前，5000 元为我国在 2018 年调整后规定的个人所得税起征点。）

② 计算个人所得税时，应税工资不应有小于 0 元而返税的情况，故分两种情况调整：若应税工资大于 0 元，则按实际应税工资计算个人所得税；若应税工资小于或等于 0 元，则个人所得税为 0 元。

③ 计算个人所得税，根据会计核算方法中计算所得税的速算方法，按图 5.25 所示的速算公式进行计算。

税法规定，个人所得税是采用超额累进税率进行计算的，将应纳税所得额分成不同级别，分别按相应的税率来计算。如扣除 5000 元后的余额在 3000 元以内的，按 3%的税率

级别	每月应纳税所得额	税率(%)	速算扣除数
1	不超过 3,000 元的部分	3	0
2	超过 3,000 元至 12,000 元的部分	10	210
3	超过 12,000 元至 25,000 元的部分	20	1,410
4	超过 25,000 元至 35,000 元的部分	25	2,660
5	超过 35,000 元至 55,000 元的部分	30	4,410
6	超过 55,000 元至 80,000 元的部分	35	7,160
7	超过 80,000 元的部分	45	15,160

图 5.25　个人所得税计算公式

计算；3 000～12 000 元的部分，按 10%的税率计算。例如，某人工资扣除 5000 元后的余额是 3 700 元，则税款计算方法为 3000×3%+700×10%=160 元。

会计上约定，个人所得税的计算，可以采用速算扣除法，将应纳税所得额直接按对应的税率来速算，但要扣除一个速算扣除数，否则会多计算税款。例如，某人工资减去 5 000 元后的余额是 3700 元，3700 元对应的税率是 10%，则税款速算方法为 3700×10%-210 =160 元。这里的 210 就是速算扣除数，因为 3700 元中有 3000 元多计算了 7%的税款，需要减去。

（12）计算"应税工资"。

① 选中 M3 单元格。

② 输入公式"=H3-SUM(I3:K3)-5000"，按【Enter】键确认，可计算出相应的应税工资。

③ 选中 M3 单元格，拖曳填充柄至 M27 单元格，将公式复制到 M4:M27 单元格区域中，可计算出所有员工的应税工资。

（13）计算"个人所得税"。

① 选中 N3 单元格。

② 单击【公式】→【函数库】→【插入函数】命令 *fx*，打开"插入函数"对话框，在"选择函数"列表框中选择"IF"，开始构造第 1 层的 IF 函数参数，函数的前两个参数如图 5.26 所示。

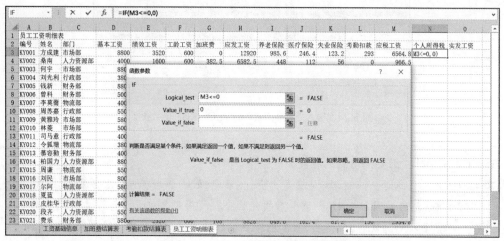

图 5.26　第 1 层 IF 函数的前两个参数

③ 将光标停留于第 3 个参数"Value_if_false"处，再次单击编辑栏最左侧的"IF 函数"按钮 IF ，即选择第 3 个参数为一个嵌套在本函数内的 IF 函数。这时会弹出一个新的 IF 函数的"函数参数"对话框，如图 5.27 所示，用于构造第 2 层 IF 函数。

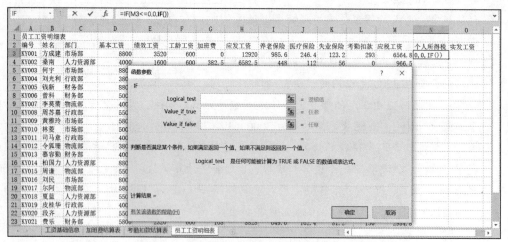

图 5.27　第 2 层 IF 函数的"函数参数"对话框

④ 在其中输入两个参数，如图 5.28 所示。这时就完成了第 2 层 IF 函数前两个参数的构造。

⑤ 将光标停留于第 2 层 IF 函数的第 3 个参数"Value_if_false"处，再次单击编辑栏最左侧的"IF 函数"按钮 IF ，即选择第 3 个参数为一个嵌套在本函数内的 IF 函数。再弹出一个新的 IF 函数的"函数参数"对话框，用于构造第 3 层 IF 函数。

⑥ 在其中输入 3 个参数，如图 5.29 所示。这时就完成了 3 层 IF 函数的构造。

图 5.28　第 2 层 IF 函数前两个参数

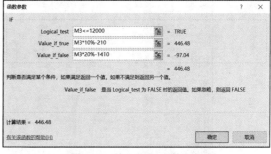

图 5.29　第 3 层 IF 函数的参数

⑦ 单击"函数参数"对话框中的"确定"按钮，就得到了 N3 单元格的结果，如图 5.30 所示。

	A	B	C	D	E	F	G	H	I	J	K	L	M	N	O
1	员工工资明细表														
2	编号	姓名	部门	基本工资	绩效工资	工龄工资	加班费	应发工资	养老保险	医疗保险	失业保险	考勤扣款	应税工资	个人所得税	实发工资
3	KY001	方成建	市场部	8800	3520	600	0	12920	985.6	246.4	123.2	293	6564.8	446.48	
4	KY002	桑南	人力资源部	4000	1600	600	382.5	6582.5	448	112	56	0	966.5		
5	KY003	何宇	市场部	8800	3520	600	666	13586	985.6	246.4	123.2	732.5	7230.8		
6	KY004	刘光利	行政部	3800	1520	600	240	6160	425.6	106.4	53.2	0	574.8		
7	KY005	钱新	财务部	8800	3520	600	360.75	13280.75	985.6	246.4	123.2	0	6925.55		
8	KY006	曾科	财务部	5000	2000	500	0	7500	560	140	70	125.25	1730		
9	KY007	李莫蓄	物流部	4000	1600	600	76.5	6276.5	448	112	56	66.5	660.5		
10	KY008	周苏嘉	行政部	5500	2200	600	0	8300	616	154	77	50	2453		

N3 栏公式：=IF(M3<=0,0,IF(M3<=3000,M3*3%,IF(M3<=12000,M3*10%-210,M3*20%-1410)))

工资基础信息　加班费结算表　考勤扣款结算表　**员工工资明细表**

图 5.30　利用 3 层 IF 函数计算出的个人所得税

⑧ 选中 N3 单元格，拖曳填充柄至 N27 单元格，将公式复制到 N4:N27 单元格区域中，可计算出所有员工的个人所得税。

活力小贴士　本案例在这一步只讨论应纳税所得额低于 25 000 元的情况，故只需要分 3 层 IF 函数实现 4 种情况的计算。应纳税所得额的计算公式分别如下。

① 应税工资小于等于 0 元的个人所得税税额为 0。

② 应税工资在 3000 元以内的个人所得税税额为"应税工资×3%"。

③ 应税工资为 3000~12000 元的个人所得税税额为"应税工资×10%-速算扣除数 210"。

④ 应税工资为 12000~25000 元的个人所得税税额为"应税工资×20%-速算扣除数 1410"。

函数嵌套时，要先构造外层，再构造内层，要先明确公式的含义，并注意灵活运用鼠标及观察清楚正在操作第几层，构造完成后按【Enter】键或单击"确定"按钮确定公式。

（14）计算"实发工资"。

计算公式为"实发工资=应发工资-（养老保险+医疗保险+失业保险+考勤扣款+个人所得税）"。

① 选中 O3 单元格。

② 输入公式"=ROUND(H3-SUM(I3:L3,N3),0)"，按【Enter】键确认，可计算出相应的实发工资。

③ 选中 O3 单元格，拖曳填充柄至 O27 单元格，将公式复制到 O4:O27 单元格区域中，可计算出所有员工的实发工资。

完成计算后的"员工工资明细表"如图 5.31 所示。

编号	姓名	部门	基本工资	绩效工资	工龄工资	加班费	应发工资	养老保险	医疗保险	失业保险	考勤扣款	应税工资	个人所得税	实发工资
KY001	方成建	市场部	8800	3520	600	0	12920	985.6	246.4	123.2	293	6564.8	446.48	10825
KY002	桑南	人力资源部	4000	1600	600	382.5	6582.5	448	112	56	0	966.5	28.995	5938
KY003	何宇	市场部	8800	3520	600	666	13586	985.6	246.4	123.2	732.5	7230.8	513.08	10985
KY004	刘光利	行政部	3800	1520	600	240	6160	425.6	106.4	53.2	0	574.8	17.244	5558
KY005	钱新	财务部	8800	3520	600	360.75	13280.75	985.6	246.4	123.2	0	6925.55	482.555	11443
KY006	曾科	财务部	5000	2000	500	0	7500	560	140	70	125.25	1730	51.9	6553
KY007	李莫薷	物流部	4000	1600	600	76.5	6276.5	448	112	56	66.5	660.5	19.815	5574
KY008	周苏嘉	行政部	5000	2200	600	0	8300	616	154	77	50	2453	73.59	7329
KY009	黄雅玲	市场部	5800	2320	600	576	9296	649.6	162.4	81.2	96.5	3402.8	130.28	8176
KY010	林菱	市场部	5000	2000	600	0	7600	560	140	70	41.75	1830	54.9	6733
KY011	司马意	行政部	4000	1600	600	191.25	6391.25	448	112	56	100	775.25	23.2575	5652
KY012	令狐珊	物流部	3800	1520	600	0	5920	425.6	106.4	53.2	50	334.8	10.044	5275
KY013	慕容勤	财务部	4000	1600	600	0	6200	448	112	56	0	584	17.52	5566
KY014	柏立人	人力资源部	8800	3520	600	166.5	13086.5	985.6	246.4	123.2	0	6731.3	463.13	11268
KY015	周谦	物流部	5500	2200	400	414	8514	616	154	77	0	2667	80.01	7587
KY016	刘民	市场部	8000	3200	600	0	11800	896	224	112	317	5568	346.8	9904
KY017	尔阿	物流部	5800	2320	600	342	9062	649.6	162.4	81.2	0	3168.8	106.88	8062
KY018	夏蓝	人力资源部	5500	2200	500	0	8200	616	154	77	45.75	2353	70.59	7237
KY019	皮桂华	行政部	4000	1600	600	127.5	6327.5	448	112	56	133	711.5	21.345	5557
KY020	段齐	人力资源部	5000	2200	600	0	8300	616	154	77	0	2453	73.59	7379
KY021	费乐	财务部	5800	2320	600	108	8828	649.6	162.4	81.2	150	2934.8	88.044	7697
KY022	高亚玲	行政部	5500	2200	600	293.25	8593.25	616	154	77	274.5	2746.25	82.3875	7389
KY023	苏洁	市场部	4000	1600	600	382.5	6582.5	448	112	56	66.5	966.5	28.995	5871
KY024	江宽	人力资源部	8800	3520	600	277.5	13197.5	985.6	246.4	123.2	73.25	6842.3	474.23	11295
KY025	王利伟	市场部	5800	2320	600	648	9368	649.6	162.4	81.2	0	3474.8	137.48	8337

图 5.31　完成计算后的"员工工资明细表"

STEP 7　格式化"员工工资明细表"

（1）将工作表标题的对齐方式设置为"合并后居中"，设置标题的格式为"黑体、22 磅"，标题行的行高为"50"。

（2）将列标题的格式设置为"加粗、居中"，行高设置为"30"。

（3）将表中所有的数据项的格式设置为"会计专用"格式，保留 2 位小数，无货币符号。

（4）为表格添加内细外粗的蓝色边框。

（5）为"应发工资""应税工资""实发工资"列的数据添加"蓝色，个性色 1，淡色 80%"的底纹。

STEP 8　制作"工资查询表"

在"员工工资明细表"的基础上，制作"工资查询表"，利用 VLOOKUP 函数可以实现每个员工进行工资查询的需求。当输入员工的"员工号"时，可以在"工资查询表"中显示该员工的各项工资信息。

微课 5-4　制作
工资查询表

（1）插入一张新工作表，将新工作表重命名为"工资查询表"。

（2）创建图 5.32 所示的"工资查询表"的框架。

（3）显示员工"姓名"。

① 选中 D2 单元格。

② 插入 VLOOKUP 函数，设置图 5.33 所示的参数。

工资查询表		
员工号	姓名	部门
基本工资	养老保险	应发工资
绩效工资	医疗保险	应税工资
工龄工资	失业保险	个人所得税
加班费	考勤扣款	实发工资

图 5.32　"工资查询表"的框架

图 5.33　显示员工"姓名"的 VLOOKUP 函数参数

③ 按【Enter】键确认。

> **活力小贴士** 如未在 B2 单元格中输入需查询的"员工号",将在 D2 单元格中显示"#N/A"字符。待输入需查询的"员工号"后,则可显示对应的数据。

(4)采用类似的方法,使用 VLOOKUP 函数构建查询其他数据项的公式。

(5)取消显示网格线。单击"视图"选项卡,在"显示"组中,取消选中"网格线"复选框。

【拓展案例】

(1)制作"各部门工资汇总表",效果如图 5.34 所示。

(2)制作各部门的平均工资收入数据透视表和数据透视图,效果如图 5.35 所示。

图 5.34 "各部门工资汇总表"效果图

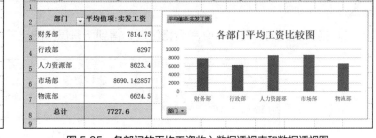

图 5.35 各部门的平均工资收入数据透视表和数据透视图

【拓展训练】

设计并制作"差旅核算表"。其中差旅补助的补助标准根据职称级别的不同而不同。技工、初级、中级和高级职称的补贴标准分别为 40 元、60 元、85 元和 120 元,制作完成后的效果如图 5.36 所示。

员工编号	姓名	部门	职称级别	出差借支	交通费	住宿费	会务费	出差天数	出差补助	费用结算		职称级别	费用标准（元/天）
KY001	方成建	市场部	高级	1000	430	480	600	2	240	750		技工	40
KY007	李莫蒂	物流部	初级	800	468	360		2	120	148		初级	60
KY020	段齐	人力资源部	中级		1250	240		1	85	1575		中级	85
KY010	林爱	市场部	中级		890	720		3	255	1865		高级	120
KY005	钱新	财务部	高级	2000	2750	900	400	3	360	2410			
KY023	苏洁	市场部	技工	3000	1076	1420		6	240	−264			
KY011	司马意	行政部	初级		830	600	200	2	120	1750			

图 5.36 "差旅核算表"效果图

操作步骤如下。

(1)启动 Excel 2016,新建一个空白工作簿,将新建的工作簿重命名为"差旅核算表",并将其保存在"E:\公司文档\财务部"文件夹中。

(2)创建图 5.37 所示的差旅核算表和出差补贴标准表。

(3)计算出差补助。

① 选中 J3 单元格。

图 5.37　差旅核算表和出差补贴标准表

② 使用 IF 函数，计算第 1 位员工的出差补助。其公式为 "= IF(D3 = $M$3,I3*$N$3,IF(D3 = $M$4,I3*$N$4,IF(D3 = $M$5,I3*$N$5,I3*$N$6)))"。

> **活力小贴士**　当员工的职称级别 "D3 = M3"（技工）时，其出差补助为 "I3*N3"，否则，判断 "D3 = M4"（初级）时，其出差补助为 "I3*N4"。依此进行判断。
>
> 这里建议进行绝对引用，以便可以通过拖曳填充柄的方式快速计算其他员工的数据。

③ 拖曳填充柄填充 J4:J9 单元格区域，得到所有员工的出差补助数据，如图 5.38 所示。

图 5.38　计算"出差补助"的结果

（4）计算"费用结算"。

① 选中 K3 单元格，单击【开始】→【编辑】→【自动求和】命令，选择默认的"求和"方式，配合使用鼠标和键盘以实现公式的构造，如图 5.39 所示。

图 5.39　构造费用结算单元格的计算公式

② 拖曳填充柄填充 K4:K9 单元格区域，得到所有员工的费用结算数据，如图 5.40 所示。

（5）参照图 5.36 美化修饰表格。

（6）单击【视图】→【显示/隐藏】，取消选中"网格线"复选框，将工作表设置为无网格线状态。

（7）进行合理的页面设置，如将纸张设置为"横向""A4"，预览表格的效果如图 5.41 所示。完成后关闭工作簿。

	差旅核算表									
员工编号	姓名	部门	职称级别	出差借支	交通费	住宿费	会务费	出差天数	出差补助	费用结算
KY001	方成建	市场部	高级	1000	430	480	600	2	240	750
KY007	李莫蔚	物流部	初级	800	468	360		2	120	148
KY020	段齐	人力资源部	中级		1250	240		1	85	1575
KY010	林菱	市场部	中级		890	720		3	255	1865
KY005	钱新	财务部	高级	2000	2750	900	400	3	360	2410
KY023	苏洁	市场部	技工	3000	1076	1420		6	240	-264
KY011	司马意	行政部	初级		830	600	200	2	120	1750

图 5.40　计算"费用结算"数据

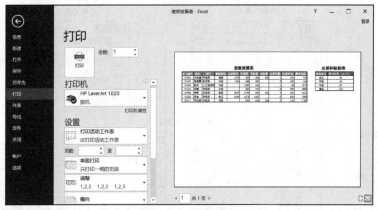

图 5.41　预览效果

【案例小结】

本案例通过制作"员工工资管理表",主要介绍了工作簿的创建、工作表的重命名、外部数据的导入,使用函数 DATEDIF、ROUND、SUM 等构建了"工资基础信息""加班费结算表""考勤扣款结算表"工作表的操作方法。在此基础上,本案例还介绍了使用公式和 VLOOKUP 函数,以及 IF 函数的嵌套创建"员工工资明细表"工作表,并使用 VLOOKUP 函数制作"工资查询表"工作表的操作方法,实现了对员工工资的轻松、高效管理。此外,通过制作"各部门工资汇总表"和"差旅核算表",进一步巩固了数据透视表、数据透视图以及 IF 函数的使用。

5.2　案例 19　制作投资决策分析表

示例文件	原始文件:示例文件\素材\财务篇\案例 19\投资决策分析表.xlsx
	效果文件:示例文件\效果\财务篇\案例 19\投资决策分析表.xlsx

【案例分析】

企业在项目投资过程中,通常需要贷款来加大资金的周转量。进行投资项目的贷款分析,可使项目的决策者们更直观地了解公司的贷款和经营情况,以分析项目的可行性。

利用长期贷款基本模型,财务部在分析投资项目的贷款时,可以根据不同的贷款金额、贷款年利率、贷款年限、每年还款期数中任意一个或几个因素的变化,来分析每期偿还金额的变化,从而为公司管理层做决策提供相应依据。本案例通过制作"投资决策分析表"来介绍 Excel 中的财务函数及模拟运算表在财务预算和分析方面的应用。

本案例假设公司计划购进一批设备，需要资金 120 万元，要向银行贷款部分资金，年利率假设为 4.9%，采取每月等额还款的方式。现需要分析不同贷款数额（100 万元、90 万元、80 万元、70 万元、60 万元以及 50 万元），不同还款期限（5 年、8 年、10 年和 15 年）下对应的每月应还贷款金额。"投资决策分析表"的效果如图 5.42 所示。

	A	B	C	D	E	F	G
1			贷款分析表			单变量模拟运算表	
2		贷款金额	1000000		贷款金额	每月偿还金额	
3		贷款年利率	4.90%		1000000	¥-18,825.45	
4		贷款年限	5		900000	¥-16,942.91	
5		每年还款期数	12		800000	¥-15,060.36	
6		总还款期数	60		700000	¥-13,177.82	
7		每月偿还金额	¥-18,825.45		600000	¥-11,295.27	
8					500000	¥-9,412.73	
9							
10			双变量模拟运算表				
11	每月偿还金额	¥-18,825.45	60	96	120	180	
12		1000000	¥-18,825.45	¥-12,612.37	¥-10,557.74	¥-7,855.94	
13		900000	¥-16,942.91	¥-11,351.13	¥-9,501.97	¥-7,070.35	
14	贷款金额	800000	¥-15,060.36	¥-10,089.89	¥-8,446.19	¥-6,284.75	
15		700000	¥-13,177.82	¥-8,828.66	¥-7,390.42	¥-5,499.16	
16		600000	¥-11,295.27	¥-7,567.42	¥-6,334.64	¥-4,713.57	
17		500000	¥-9,412.73	¥-6,306.18	¥-5,278.87	¥-3,927.97	
18							

图 5.42 "投资决策分析表"效果图

【知识与技能】

- 新建工作簿
- 重命名工作表
- 公式的使用
- PMT 函数的使用
- 模拟运算表
- 单元格名称的使用
- 方案管理器的应用
- 工作表格式的设置

【解决方案】

STEP 1 新建工作簿、重命名工作表

（1）启动 Excel 2016，新建一个空白工作簿。

（2）将新建的工作簿重命名为"投资决策分析表"，并将其保存在"E:\公司文档\财务部"文件夹中。

（3）将"投资决策分析表"工作簿中的"Sheet1"工作表重命名为"贷款分析表"。

STEP 2 创建"贷款分析表"

（1）按图 5.43 所示输入"贷款分析表"的基本数据。

（2）计算"总还款期数"。

① 选中 C6 单元格。

② 输入公式"＝C4*C5"。

③ 按【Enter】键确认，计算出"总还款期数"。

STEP 3 计算"每月偿还金额"

（1）选中 C7 单元格。

（2）单击【公式】→【函数库】→【插入函数】命令，打开"插入函数"对话框。

（3）在"选择函数"列表框中选择"PMT"，打开"函数参数"对话框。

（4）在"函数参数"对话框中输入图 5.44 所示的 PMT 函数参数。

（5）单击"确定"按钮，计算出给定条件下的"每月偿还金额"，如图 5.45 所示。

微课 5-5 计算
"每月偿还额"

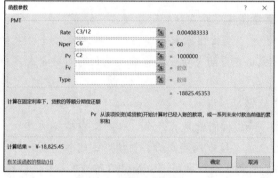

图 5.44 PMT 函数参数

	A	B	C	D
1				
2		贷款金额	1000000	
3		贷款年利率	4.90%	
4		贷款年限	5	
5		每年还款期数	12	
6		总还款期数		
7		每月偿还金额		

图 5.43 贷款分析表的基本数据

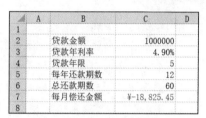

图 5.45 计算"每月偿还金额"

活力小贴士　PMT 函数基于固定利率及等额分期付款的方式，返回贷款的每期付款额。

Excel 中的财务分析函数可以解决很多专业的财务问题，如投资函数可以解决投资分析方面的相关计算问题，包含 PMT、PPMT、PV、FV、XNPV、NPV、IMPT、NPER 等函数；折旧函数可以解决累计折旧的相关计算问题，包含 DB、DDB、SLN、SYD、VDB 等函数；计算偿还率的函数可计算投资的偿还类数据，包含 RATE、IRR、MIRR 等函数；债券分析函数可进行各种类型的债券分析，包含 DOLLAR/RMB、DOLARDE、DOLLARFR 等函数。

语法：PMT(rate,nper,pv,fv,type)。

参数说明。

① rate 为各期利率。例如，如果按 10% 的年利率贷款，并按月偿还贷款，则月利率为"10%/12"（即约 0.83%）。

② nper 为总投资期或贷款期。

③ pv 为现值，或一系列未来付款的当前值的累积和，也称为本金。

④ fv 为未来值，或在最后一次付款后希望得到的现金余额。如果省略 fv，则假设其值为 0，也就是一笔贷款的未来值为 0。

⑤ type 为数字"0"或"1"，用以指定各期的付款时间是在期初还是期末。

应注意 rate 和 nper 单位的一致性。例如，同样是四年期年利率为 12% 的贷款，如果按月支付，rate 应为"12%/12"；nper 应为"4*12"；如果按年支付，rate 应为"12%"，nper 为"4"。

STEP 4 计算不同"贷款金额"的"每月偿还金额"

这里设定贷款金额分别为 100 万元、90 万元、80 万元、70 万元、60 万元及 50 万元，还款期限为 5 年，贷款利率为 4.9%，可以使用单变量模拟运算表来分析适合公司的每月偿还金额。

活力 小贴士 Excel 中的模拟运算表是一种只需一步操作就能计算出所有变化的模拟分析工具，用以显示一个或多个公式中一个或多个（两个）影响因素取不同值时的结果。它可以显示公式中某些值的变化对计算结果的影响，为同时求解某一运算中所有可能的变化值的组合提供了捷径。并且，模拟运算表还可以将所有不同的计算结果同时显示在工作表中，便于查看和比较。Excel 有两种类型的模拟运算表：单变量模拟运算表和双变量模拟运算表。

① 单变量模拟运算表为用户提供查看单个变化因素取不同值时对一个或多个公式的结果的影响；双变量模拟运算表为用户提供查看两个变化因素取不同值时对一个或多个公式的结果的影响。

② Excel 模拟运算表对话框中有两个编辑对话框，一个是"输入引用行的单元格（R）"，一个是"输入引用列的单元格（C）"。若影响因素只有一个，即单变量模拟运算表，则只需要填其中的一个，如果模拟运算表是以行方式建立的，则填写"输入引用行的单元格（R）"；如果模拟运算表是以列方式建立的，则填写"输入引用列的单元格（C）"。

（1）创建贷款分析的单变量模拟运算数据模型。

在 E1:F8 单元格区域中，创建图 5.46 所示的单变量模拟运算数据模型。

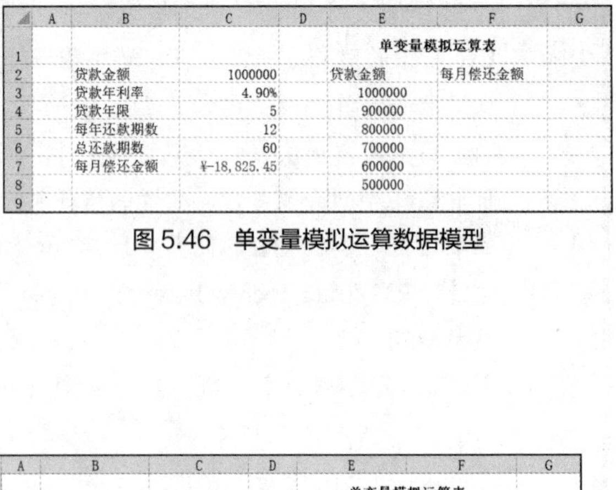

（2）计算"每月偿还金额"。

① 选中 F3 单元格。

② 插入 PMT 函数，设置图 5.47 所示的函数参数，单击"确定"按钮，在 F3 单元格中计算出"每月偿还金额"如图 5.48 所示。

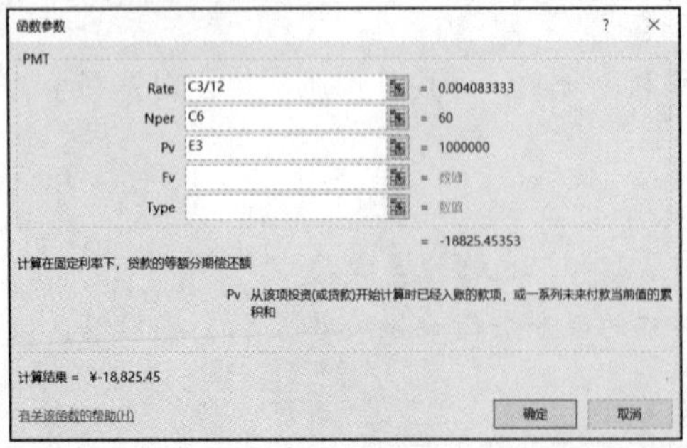

图 5.46 单变量模拟运算数据模型

图 5.47 贷款金额为 1000000 时的 PMT 函数参数

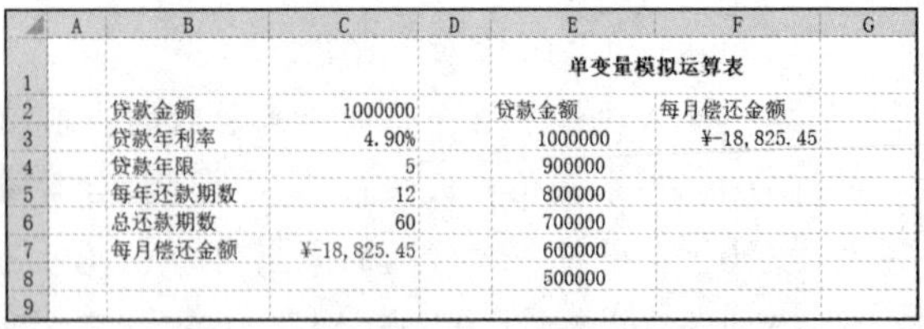

图 5.48 贷款金额为 1000000 时的每月偿还金额

③ 选中 E3:F8 单元格区域。

④ 单击【数据】→【预测】→【模拟分析】命令，在下拉菜单中选择"模拟运算表"命令，打

开"模拟运算表"对话框,并将"输入引用列的单元格"设置为"$E$3",如图 5.49 所示。

⑤ 单击"确定"按钮,计算出图 5.50 所示的不同"贷款金额"的"每月偿还金额"。

图 5.49 "模拟运算表"对话框

	单变量模拟运算表		
贷款金额	1000000	贷款金额	每月偿还金额
贷款年年利率	4.90%	1000000	¥-18,825.45
贷款年限	5	900000	¥-16,942.91
每年还款期数	12	800000	¥-15,060.36
总还款期数	60	700000	¥-13,177.82
每月偿还金额	¥-18,825.45	600000	¥-11,295.27
		500000	¥-9,412.73

图 5.50 单变量下的"每月偿还金额"

活力小贴士 单变量模拟运算表的工作原理是,在 F3 单元格中的公式为"=PMT(C3/12,C6,E3)",即每期支付的贷款利率是"C3/12",因为是按月支付,所以用年利息除以 12;支付贷款的总期数是 C6;贷款金额是 E3。

这里,年利率 C3 的值和总期数 C6 的值固定不变。当计算 F4 单元格时,Excel 将把 E4 单元格中的值输入到公式中的 E3 单元格;当计算 F5 时,Excel 将把 E5 单元格中的值输入到公式中的 E3 单元格……如此下去,直到模拟运算表中的所有值都计算出来。

这里使用的是单变量模拟运算表,而且变化的值是按列排列的,因此只需要填写"引用的列单元格"即可。

STEP 5 计算不同"贷款金额"和不同"总还款期数"的"每月偿还金额"

这里设定贷款数额分别为 100 万元、90 万元、80 万元、70 万元、60 万元及 50 万元,还款期限分别为 5 年、8 年、10 年及 15 年,即设计双变量决策模型。

(1)创建贷款分析的双变量模拟运算数据模型。

在 A10:F17 单元格区域中创建双变量模拟运算数据模型,如图 5.51 所示。这里采取每月等额还款的方式。

微课 5-7 计算不同贷款金额和总还款期数下"每月偿还额"

	双变量模拟运算表			
每月偿还金额		60	96	120	180
	1000000			
	900000			
贷款金额	800000			
	700000			
	600000			
	500000			

图 5.51 双变量模拟运算数据模型

(2)计算"每月偿还金额"。

① 选中 B11 单元格。

② 插入 PMT 函数,设置图 5.44 所示的函数参数,单击"确定"按钮,在 B11 单元格中计算出"每月偿还金额",如图 5.52 所示。

	双变量模拟运算表			
每月偿还金额	¥-18,825.45	60	96	120	180
	1000000			
	900000			
贷款金额	800000			
	700000			
	600000			
	500000			

图 5.52 计算某一固定期数和固定利率下的每月偿还额

③ 选中 B11:F17 单元格区域。

④ 单击【数据】→【预测】→【模拟分析】命令，在下拉菜单中选择"模拟运算表"命令，打开"模拟运算表"对话框，并将"输入引用行的单元格"设置为"$C$6"，"输入引用列的单元格"设置为"$C$2"，如图 5.53 所示。

图 5.53 输入引用的行和列

> **活力小贴士**
>
> 这里使用的是双变量模拟运算表，因此需输入引用的行和列。
>
> 双变量模拟运算表的工作原理是，在 B11 中的公式为"= PMT(C3/12,C6,C2)"，即每期支付的贷款利息是"C3/12"，因为是按月支付，所以用年利息除以"12"；支付贷款的总期数是 60 个月；贷款金额是 900000。
>
> 年利率 C3 的值固定不变，当计算 C12 单元格时，Excel 会将把 C11 单元格中的值输入到公式中的 C6 单元格，把 B12 单元格中的值输入到公式中的 C2 单元格；当计算 D12 时，Excel 将把 D11 单元格中的值输入到公式中的 C6 单元格，把 B12 单元格中的值输入到公式中的 C2 单元格……如此下去，直到模拟运算表中的所有值都计算出来。
>
> 在公式中输入单元格是任取的，它可以是工作表中的任意空白单元格，事实上，它只是一种形式，因为它的取值来源于输入行或输入列。

⑤ 单击"确定"按钮，计算出图 5.54 所示的不同"贷款金额"和不同"总还款期数"的"每月偿还金额"。

		双变量模拟运算表			
11	每月偿还金额	¥-18,825.45	60	96	120	180
12		1000000	¥-18,825.45	¥-12,612.37	¥-10,557.74	¥-7,855.94
13		900000	¥-16,942.91	¥-11,351.13	¥-9,501.97	¥-7,070.35
14	贷款金额	800000	¥-15,060.36	¥-10,089.89	¥-8,446.19	¥-6,284.75
15		700000	¥-13,177.82	¥-8,828.66	¥-7,390.42	¥-5,499.16
16		600000	¥-11,295.27	¥-7,567.42	¥-6,334.64	¥-4,713.57
17		500000	¥-9,412.73	¥-6,306.18	¥-5,278.87	¥-3,927.97

图 5.54 不同"贷款金额"和不同"总还款期数"的"每月偿还金额"

> **活力小贴士**
>
> 由于在工作表中，每期偿还金额、贷款金额（C2 单元格）、贷款年利率（C3 单元格）、借款年限（C4 单元格）、每年还款期数（C5 单元格）以及各因素的可能组合（B12:B17 和 C11:F11 单元格区域）之间建立了动态链接，因此，财务人员可通过改变 C2、C3、C4 或 C5 单元格中的数据，或调整 B12:B17 和 C11:F11 单元格区域中的各因素的可能组合，各分析值将会自动计算。这样，决策者可以一目了然地观察到不同期限、不同贷款金额下，每期应偿还金额的变化，从而可以根据企业的经营状况，选择一种合适的贷款方案。

STEP 6 格式化"贷款分析表"

（1）按住【Ctrl】键，同时选中 E3:E8、C11:F11 及 B12:B17 单元格区域，将对齐方式设置为"居中"。

（2）分别为 B2:C7、E2:F8 及 A11:F17 单元格区域设置内细外粗的表格边框。

（3）单击【视图】→【显示/隐藏】命令，取消选中"网格线"复选框，隐藏工作表网格线。

【拓展案例】

1. 制作"不同贷款利率下每月偿还金额贷款分析表"（单变量模拟运算），效果如图 5.55 所示。

2. 制作"不同贷款利率、不同还款期限下每月偿还金额贷款分析表"（双变量模拟运算），效果如图 5.56 所示。

	贷款金额	900000
	贷款年利率	4.9%
	贷款年限	5
	每年还款期数	12
	总还款期数	60
	每月偿还金额	¥-16,942.91
	贷款年利率	每月偿还金额
		¥-16,942.91
	4.75%	¥-16,881.22
	5.00%	¥-16,984.11
	5.21%	¥-17,070.84
	5.30%	¥-17,108.09
	5.50%	¥-17,191.05

图 5.55 "不同贷款利率下每月偿还金额贷款分析表"效果图

	贷款金额	900000			
	贷款年利率	4.9%			
	贷款年限	5			
	每年还款期数	12			
	总还款期数	60			
	每月偿还金额	¥-16,942.91			
每月偿还金额	¥-16,942.91	60	120	180	240
	4.75%	¥-16,881.22	¥-9,436.30	¥-7,000.49	¥-5,816.01
	5.00%	¥-16,984.11	¥-9,545.90	¥-7,117.14	¥-5,939.60
贷款年利率	5.21%	¥-17,070.84	¥-9,638.55	¥-7,215.98	¥-6,044.56
	5.30%	¥-17,108.09	¥-9,678.42	¥-7,258.58	¥-6,089.76
	5.50%	¥-17,191.05	¥-9,767.37	¥-7,353.75	¥-6,190.99

图 5.56 "不同贷款利率、不同还款期限下每月偿还金额贷款分析表"效果图

【拓展训练】

本量利的分析在财务分析中占有举足轻重的作用，通过设定固定成本、售价、数量等指标，财务人员可计算出相应的利润。利用 Excel 提供的方案管理器可以进行更复杂的分析，模拟为达到预算目标选择不同方式的大致结果。每种方式的结果都被称为一个方案，根据多个方案的对比分析，可以了解不同方案的优势，从中选择最适合公司目标的方案。"本量利分析"方案摘要的效果如图 5.57 所示。

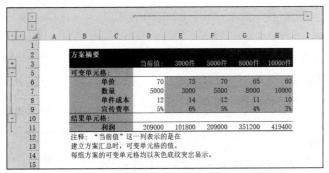

图 5.57 "本量利分析"方案摘要效果图

操作步骤如下。

（1）新建工作簿，重命名工作表。

① 启动 Excel 2016，新建一个空白工作簿。

② 将新建的工作簿重命名为"本量利分析"，并将其保存在"E:\公司文档\财务部"文件夹中。

③ 将"本量利分析"工作簿中的"Sheet1"工作表重命名为"本量利分析模型"。

（2）创建"本量利分析模型"。

这里首先创建一个简单的模型，该模型可以分析生产不同数量的某产品对利润的影响。在该模型中有4个变量：单价、数量、单件成本和宣传费率。

① 参见图 5.58 所示，创建模型的基本结构。

② 按图 5.59 所示输入模型的基础数据。

	A	B	C
1	单价		
2	数量		
3	单件成本		
4	宣传费率		
5			
6			
7	利润		
8	销售金额		
9	费用		
10	成本		
11	固定成本		
12			

图 5.58 "本量利分析模型"的基本结构

	A	B	C
1	单价	75	
2	数量	3000	
3	单件成本	14	
4	宣传费率	6%	
5			
6			
7	利润		
8	销售金额		
9	费用	20000	
10	成本		
11	固定成本	60000	
12			

图 5.59 输入"本量利分析模型"的基础数据

③ 计算"销售金额"。

计算公式为"销售金额 = 单价×数量"。

a. 选中 B8 单元格。

b. 输入公式" = B1*B2"。

c. 按【Enter】键确认。

④ 计算"成本"。

计算公式为"成本 = 固定成本+数量×单件成本"。

a. 选中 B10 单元格。

b. 输入公式" = B11+B2*B3"。

c. 按【Enter】键确认。

⑤ 计算"利润"。

计算公式为"利润＝销售金额-成本-费用×（1+宣传费率）"。

a. 选中 B7 单元格。

b. 输入公式" = B8-B10-B9*(1+B4)"。

c. 按【Enter】键确认。

计算完成后的"本量利分析模型"如图 5.60 所示。

（3）定义单元格名称。

① 选中 B1 单元格。

② 单击【公式】→【定义的名称】→【定义名称】命令，打开"新建名称"对话框。

③ 在"名称"文本框中输入"单价"，如图 5.61 所示。

④ 单击"确定"按钮。

⑤ 采用同样的方法，分别将 B2、B3、B4 和 B7 单元格重命名为"数量""单件成本""宣传费率"和"利润"。

	A	B	C
1	单价	75	
2	数量	3000	
3	单件成本	14	
4	宣传费率	6%	
5			
6			
7	利润	101800	
8	销售金额	225000	
9	费用	20000	
10	成本	102000	
11	固定成本	60000	
12			

图 5.60 计算完成后的"本量利分析模型"

图 5.61 定义名称

（4）创建"本量利分析"方案。

① 单击【数据】→【预测】→【模拟分析】命令,在下拉菜单中选择"方案管理器"命令,打开图 5.62 所示的"方案管理器"对话框。

② 单击"方案管理器"对话框中的"添加"按钮,打开"编辑方案"对话框。

③ 如图 5.63 所示,在"方案名"文本框中输入"3000 件",在"可变单元格"框中设置区域"$B$1:$B$4"。

④ 单击"确定"按钮,打开"方案变量值"对话框,按图 5.64 所示分别设定"单价""数量""单件成本""宣传费率"的值。

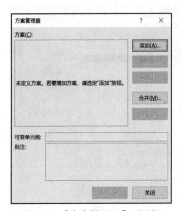

图 5.62　"方案管理器"对话框　　　图 5.63　"编辑方案"对话框　　　图 5.64　"方案变量值"对话框

⑤ 单击"确定"按钮,完成"3000 件"方案的设定。

⑥ 分别按图 5.65、图 5.66 和图 5.67 所示,设置"5000 件""8000 件""10000 件"的方案变量值。

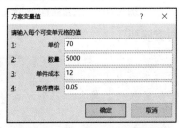

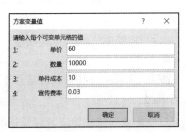

图 5.65　5000 件的"方案变量值"　　图 5.66　8000 件的"方案变量值"　　图 5.67　10000 件的"方案变量值"

设置后的"方案管理器"对话框如图 5.68 所示。

活力 小贴士　方案编辑完成后如果需要修改方案，可在图 5.68 所示的"方案管理器"对话框中进行相应的修改操作。

① 单击"添加"按钮，可继续添加新的方案。

② 选中某方案，单击"删除"按钮，可删除选中的方案。

③ 选中某方案，单击"编辑"按钮，可修改选中的方案的方案名、方案变量值等。

（5）显示"本量利分析"方案。

设定了各种模拟方案后，就可以随时查看模拟的结果。

① 在"方案"列表框中，选中要显示的方案，例如选中"5000 件"方案。

② 单击"显示"按钮，选中方案中可变单元格的值将出现在工作表的可变单元格中，同时工作表会重新计算数据，以反映模拟的结果，如图 5.69 所示。

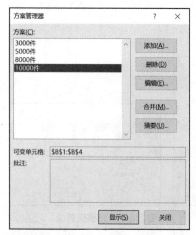

图 5.68　设置后的"方案管理器"对话框

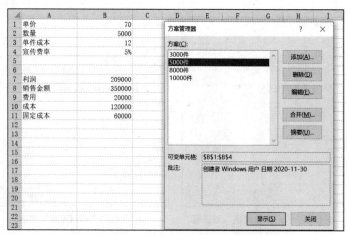

图 5.69　显示"5000 件"方案时工作表中的数据

（6）创建"本量利分析"方案摘要。

① 单击"方案管理器"对话框中的"摘要"按钮，打开图 5.70 所示的"方案摘要"对话框。

② 在"方案摘要"对话框中，选中"方案摘要"单选按钮，设置报告类型为"方案摘要"。在"结果单元格"框中，通过选中单元格或键入单元格引用来指定每个方案的结果单元格。

③ 单击"确定"按钮，生成图 5.57 所示的"'本量利分析'方案摘要"。

图 5.70　"方案摘要"对话框

④ 将新生成的"方案摘要"工作表重命名为"'本量利分析'方案摘要"。

活力 小贴士　Excel 为数据分析提供了更为高级的分析方法，即通过使用方案来对多个变化因素对结果的影响进行分析。方案是指产生不同结果的可变单元格的多次输入值的集合。每个方案中可以使用多种变量进行数据分析。

【案例小结】

本案例通过制作"投资决策分析表",介绍了 Excel 中的 PMT 函数、模拟运算表和方案管理器等内容。这些函数和运算都可以用来分析当变量不是唯一的一个值而是一组值时的结果,或变量为多个,即存在多组值甚至多个变化因素时的结果。财务部工作人员可以直接利用 Excel 中的这些函数和方法进行数据分析,为企业管理提供准确详细的数据。

5.3 案例 20 制作往来账务管理表

示例文件	原始文件:示例文件\素材\财务篇\案例 20\往来账务管理.xlsx 效果文件:示例文件\效果\财务篇\案例 20\往来账务管理.xlsx

【案例分析】

往来账是企业在生产经营过程中发生业务往来而产生的应收和应付款项。在公司的财务管理中,往来账务管理是一项很重要的工作。往来款项作为企业总资产的一个重要组成部分,直接影响到企业的资金使用、财务状况结构、财务指标分析等多方面。本案例通过制作"往来账务管理"工作簿介绍 Excel 在往来账务管理方面的应用,效果如图 5.71 和图 5.72 所示。

日期	客户代码	客户名称	应收金额	应收账款期限	是否到期	未到期金额
2020-7-1	D0002	迈风实业	36,900.00	2020-9-29	是	0.00
2020-7-11	A0002	美环科技	65,000.00	2020-10-9	是	0.00
2020-7-21	B0004	联同实业	600,000.00	2020-10-19	是	0.00
2020-8-4	A0003	全亚集团	610,000.00	2020-11-2	是	0.00
2020-8-9	B0004	联同实业	37,600.00	2020-11-7	是	0.00
2020-8-22	C0002	科达集团	320,000.00	2020-11-20	是	0.00
2020-8-30	A0003	全亚集团	30,000.00	2020-11-28	否	30,000.00
2020-9-6	A0004	联华实业	40,000.00	2020-12-5	否	40,000.00
2020-9-9	D0004	朗讯公司	70,000.00	2020-12-8	否	70,000.00
2020-9-14	A0003	全亚集团	26,000.00	2020-12-13	否	26,000.00
2020-9-21	A0002	美环科技	78,000.00	2020-12-25	否	78,000.00
2020-10-1	B0001	兴盛数码	68,000.00	2020-12-30	否	68,000.00
2020-10-2	C0002	科达集团	26,000.00	2020-12-31	否	26,000.00
2020-10-6	C0003	安跃科技	45,600.00	2021-1-4	否	45,600.00
2020-11-5	D0003	腾恒公司	3,700.00	2021-2-3	否	3,700.00
2020-11-5	D0002	迈风实业	58,000.00	2021-2-3	否	58,000.00
2020-11-18	D0004	朗讯公司	59,000.00	2021-2-16	否	59,000.00

图 5.71 "应收账款明细表"效果图

应收账款账龄	客户数量	金额	比例
		当前日期:	2020-11-26
信用期内	11	504300	23.20%
超过信用期	6	1669500	76.80%
超过期限1～30天	3	967600	44.51%
超过期限31～60天	3	701900	32.29%
超过期限61～90天	0	0	0.00%
超过期限90天以上	0	0	0.00%

图 5.72 "账款账龄分析"效果图

【知识与技能】

- 新建工作簿
- 重命名工作表
- 使用公式和函数进行计算
- 单元格名称的使用

- TODAY、IF、SUM 函数的应用
- 数组公式的应用
- 图表的应用

【解决方案】

STEP 1　新建工作簿，重命名工作表

（1）启动 Excel 2016，新建一个空白工作簿。

（2）将新建的工作簿重命名为"往来账务管理"，并将其保存在"E:\公司文档\财务部"文件夹中。

（3）将"Sheet1"工作表重命名为"应收账款明细表"。

STEP 2　创建"应收账款明细表"

（1）选中"应收账款明细表"。

（2）设置 A1:G1 单元格区域为"合并后居中"，输入表格标题"应收账款明细表"，设置字体为"华文中宋"，字号为"18"。

（3）按照图 5.73 所示输入表格的标题字段和基础数据。

STEP 3　计算"应收账款期限"

这里设定收款期为 90 天。

（1）选中 E3 单元格。

（2）输入公式"=A3+90"，按【Enter】键确认。

（3）选中 E3 单元格，拖曳填充柄至 E19 单元格，将公式复制到 E4:E19 单元格区域，计算出每笔账务的"应收账款期限"，如图 5.74 所示。

图 5.73　"应收账款明细表"的框架

图 5.74　计算"应收账款期限"

STEP 4　判断应收账款"是否到期"

活力小贴士　可利用 IF 函数判断应收账款是否到期，用系统当前日期与"应收账款期限"进行比较，如果"应收账款期限"早于系统日期，则说明已经到期，否则为未到期。当前日期使用 TODAY 函数获取。本案例的系统日期为"2020-11-26"。

（1）选中 F3 单元格。

（2）单击【公式】→【函数库】→【插入函数】命令，打开如图 5.75 所示的"插入函数"对话框。

（3）在"选择函数"列表框中选择"IF"，单击"确定"按钮，打开"函数参数"对话框。

（4）输入图 5.76 所示的参数。

微课 5-8 判断应收账款是否到期

图 5.75 "插入函数"对话框

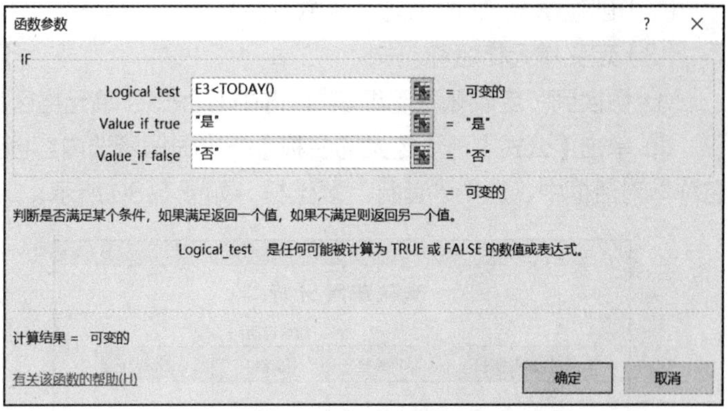

图 5.76 设置 IF 函数参数

（5）单击"确定"按钮。

（6）选中 F3 单元格，拖曳填充柄至 F19 单元格，将公式复制到 F4:F19 单元格区域中，判断出每笔应收账款是否到期，如图 5.77 所示。

STEP 5 计算"未到期金额"

（1）选中 G3 单元格。

（2）输入公式"=IF(TODAY()>E3,0,D3)"，按【Enter】键确认。

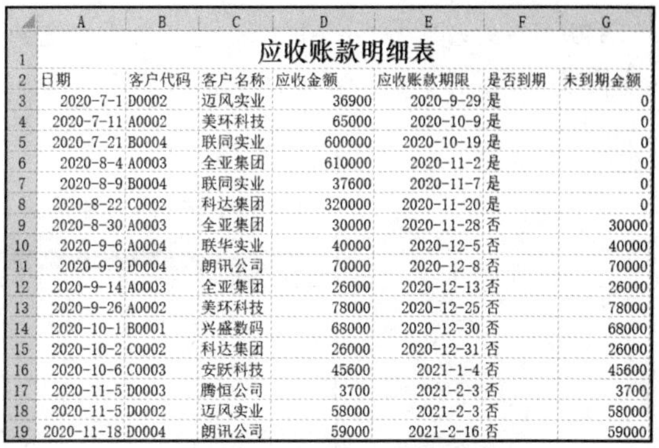

（3）选中 G3 单元格，拖曳填充柄至 G19 单元格，将公式复制到 G4:G19 单元格区域中，计算出每笔账务的"未到期金额"，如图 5.78 所示。

微课 5-9 统计"未到期金额"

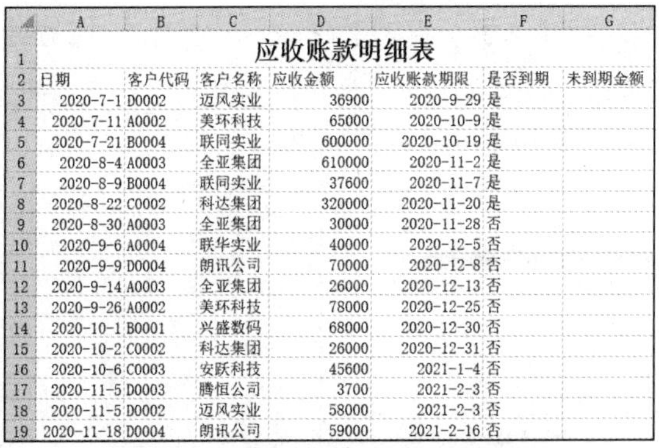

图 5.77 判断每笔应收账款是否到期

图 5.78 计算"未到期金额"

STEP 6 设置"应收账款明细表"的格式

（1）设置"应收金额"和"未到期金额"两列的数据为"货币"格式，且无货币符号。其余列的数据的对齐方式为"居中"。

（2）设置第2行的标题字段的格式为"加粗、居中"，并为其设置"蓝色，强调文字颜色1，淡色80%"的底纹。

（3）设置第1行的行高为"30"，第2行的行高为"22"，其余各行的行高为"18"。

（4）为A2:G19单元格区域添加"所有框线"的边框。

█ STEP 7 █ 账款账龄统计分析

（1）插入一张新工作表，并重命名为"账款账龄分析"。

（2）创建图5.79所示的"账款账龄分析"工作表的框架。

（3）定义单元格名称。

① 切换到"应收账款明细表"，选中E2:E19单元格区域。

② 单击【公式】→【定义的名称】→【根据所选内容创建】命令，在弹出的"以选定区域创建名称"对话框中，选中"首行"复选框，如图5.80所示。

图5.79 "账款账龄分析"工作表框架

图5.80 "以选定区域创建名称"对话框

③ 单击"确定"按钮，返回工作表。

④ 选中D3:D19单元格区域，在"编辑栏"左侧的"名称框"中输入"应收金额"，按【Enter】键确认。

活力小贴士 定义名称后，单击【公式】→【定义的名称】→【名称管理器】命令，打开"名称管理器"对话框，在对话框中可见图5.81所示的"应收金额"和"应收账款期限"名称。

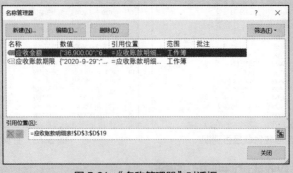

图5.81 "名称管理器"对话框

在对话框中，也可通过"新建""编辑""删除"按钮对名称进行编辑。

（4）切换到"账款账龄分析"工作表，在 D2 单元格中输入公式"=TODAY()"。按【Enter】键确认，获取系统的当前日期。

（5）计算信用期内的客户数量。在 B4 单元格中输入公式"=SUM(IF(应收账款期限>=D2,1,0))"，然后按下【Ctrl】+【Shift】+【Enter】组合键计算数组公式的结果，如图 5.82 所示。

B4		× ✓ fx	{=SUM(IF(应收账款期限>=D2,1,0))}	

	A	B	C	D	E
1		账款账龄分析			
2			当前日期：	2020-11-26	
3	应收账款账龄	客户数量	金额	比例	
4	信用期内	11			
5	超过信用期				
6	超过期限1～30天				
7	超过期限31～60天				
8	超过期限61～90天				
9	超过期限90天以上				

图 5.82　计算信用期内的客户数量

活力小贴士 数组和数组公式。

① 数组。

数组就是一组起作用的单元格或值的集合，包括文本、数值、日期、逻辑值和错误值等形式。在 Excel 中，数组有两种，即常量数组和单元格区域数组。前者可以是数字、文本、逻辑值和错误值等，它用 {} 将构成数组的常量括起来，各元素之间分别用分号和逗号来间隔行和列。后者则是通过对一组连续的单元格区域进行引用而得到的数组。例如，{"A,B,C";2;"工作表";#REF!}就是一个常量数组，{A1:C6}就是一个 6 行 3 列的单元格区域数组。

② 数组公式。

数组公式是使用了数组的一种特殊公式，对一组或多组值执行多重计算，并返回一个或多个结果。例如，一个 1 行 3 列数组与一个 1 行 3 列数组相乘，结果为一个新的 1 行 3 列数组。Excel 中的数组公式非常有用，尤其在不能使用工作表函数直接得到结果时，它可建立产生多个值或对一组值而不是单个值进行操作的公式。

数组公式采用一对大括号作为标记，因此在输入完公式之后，只有在同时按下【Ctrl】+【Shift】+【Enter】组合键时，方可计算数组公式。Excel 将在公式两边自动加上大括号"{}"。注意，不要自己键入大括号，否则，Excel 会认为输入的是一个正文标签。

（6）计算信用期内的应收金额。在 C4 单元格中输入公式"=SUM(IF(应收账款期限>=D2,应收金额,0))"，然后按下【Ctrl】+【Shift】+【Enter】组合键计算数组公式的结果，如图 5.83 所示。

（7）计算超过期限 1～30 天的客户数量。在 B6 单元格中输入公式"=SUM(IF(((D2-应收账款期限)>=1)*((D2-应收账款期限)<=30),1,0))"，然后按下【Ctrl】+【Shift】+【Enter】组合键计算数组公式的结果，如图 5.84 所示。

图 5.83　计算信用期内的应收金额

B6				fx	{=SUM(IF(((D2-应收账款期限)>=1)*((D2-应收账款期限)<=30),1,0))}			

账款账龄分析

应收账款账龄	客户数量	金额	比例			
		当前日期：	2020-11-26			
信用期内	11	504300				
超过信用期						
超过期限1～30天	3					
超过期限31～60天						
超过期限61～90天						
超过期限90天以上						

图 5.84　计算超过期限 1～30 天的客户数量

活力
小贴士　函数公式里"*"的意义。

"*"本是算术运算符，是数学里的符号，但除了用作算术运算符，它还可以替代逻辑函数，如 AND 函数、OR 函数以及 IF 函数。例如，假设 A 列存分数，如果分数为 60～100 为合格，否则为不合格，使用"=IF(AND(A1>=60,A1<=100),"合格","不合格")"与"=IF((A1>=60)*(A1<=100),"合格","不合格")"是等价的。

（8）计算超过期限 1～30 天的应收金额。在 C6 单元格中输入公式"=SUM(IF(((D2-应收账款期限)>=1)*((D2-应收账款期限)<=30),应收金额,0))"，然后按下【Ctrl】+【Shift】+【Enter】组合键计算数组公式的结果，如图 5.85 所示。

B6				fx	{=SUM(IF(((D2-应收账款期限)>=1)*((D2-应收账款期限)<=30),1,0))}			

账款账龄分析

应收账款账龄	客户数量	金额	比例			
		当前日期：	2020-11-26			
信用期内	11	504300				
超过信用期						
超过期限1～30天	3					
超过期限31～60天						
超过期限61～90天						
超过期限90天以上						

图 5.85　计算超过期限 1～30 天的应收金额

（9）使用相同的方法计算出其他期限段的客户数量和应收金额，如图 5.86 所示。

（10）计算超过信用期的客户数量。选中 B5 单元格，输入公式"=SUM(B6:B9)"，按【Enter】键确认。

（11）选中 B5 单元格，拖曳填充柄至 C5 单元格，可统计出超过信用期的客户数和应收金额，如图 5.87 所示。

	A	B	C	D
1	账款账龄分析			
2			当前日期：	2020-11-26
3	应收账款账龄	客户数量	金额	比例
4	信用期内	11	504300	
5	超过信用期			
6	超过期限1～30天	3	967600	
7	超过期限31～60天	3	701900	
8	超过期限61～90天	0	0	
9	超过期限90天以上	0	0	

图 5.86　显示计算结果

	A	B	C	D
1	账款账龄分析			
2			当前日期：	2020-11-26
3	应收账款账龄	客户数量	金额	比例
4	信用期内	11	504300	
5	超过信用期	6	1669500	
6	超过期限1～30天	3	967600	
7	超过期限31～60天	3	701900	
8	超过期限61～90天	0	0	
9	超过期限90天以上	0	0	

图 5.87　计算超过信用期的客户数和应收金额

（12）统计各个信用期的金额占比值。

① 选中 D4 单元格。

② 输入公式"=C4/($C$4+$C$5)"，按【Enter】键确认。

③ 选中 D4 单元格，拖曳填充柄至 D9 单元格，将公式复制到 D5:D9 单元格区域中。

（13）设置单元格格式。

① 将 D4:D9 单元格区域的数据设置为"百分比"格式，保留 2 位小数。

② 将"客户数量""金额""比例"列的数据的对齐方式设置为"居中"，效果如图 5.72 所示。

【拓展案例】

（1）设置应收账款到期前一周自动提醒，效果如图 5.88 所示。

	A	B	C	D	E	F	G
1	应收账款明细表						
2	日期	客户代码	客户名称	应收金额	应收账款期限	是否到期	未到期金额
3	2020-7-1	D0002	迈风实业	36,900.00	2020-9-29	是	0.00
4	2020-7-11	A0002	美环科技	65,000.00	2020-10-9	是	0.00
5	2020-7-21	B0004	联同实业	600,000.00	2020-10-19	是	0.00
6	2020-8-4	A0003	全亚集团	610,000.00	2020-11-2	是	0.00
7	2020-8-9	B0004	联同实业	37,600.00	2020-11-7	是	0.00
8	2020-8-22	C0002	科达集团	320,000.00	2020-11-20	是	0.00
9	2020-8-30	A0003	全亚集团	30,000.00	2020-11-28	否	30,000.00
10	2020-9-6	A0004	联华实业	40,000.00	2020-12-5	否	40,000.00
11	2020-9-9	D0004	朗讯公司	70,000.00	2020-12-8	否	70,000.00
12	2020-9-14	A0003	全亚集团	26,000.00	2020-12-13	否	26,000.00
13	2020-9-26	A0002	美环科技	78,000.00	2020-12-25	否	78,000.00
14	2020-10-1	B0001	兴盛数码	68,000.00	2020-12-30	否	68,000.00
15	2020-10-2	C0002	科达集团	26,000.00	2020-12-31	否	26,000.00
16	2020-10-6	C0003	安跃科技	45,600.00	2021-1-4	否	45,600.00
17	2020-11-5	D0003	腾恒公司	3,700.00	2021-2-3	否	3,700.00
18	2020-11-5	D0002	迈风实业	58,000.00	2021-2-3	否	58,000.00
19	2020-11-18	D0004	朗讯公司	59,000.00	2021-2-16	否	59,000.00

图 5.88　设置应收账款到期前一周自动提醒

（2）汇总统计各客户的"未到期金额"，效果如图 5.89 所示。

日期	客户代码	客户名称	应收金额	应收账款期限	是否到期	未到期金额
		应收账款明细表				
		安跃科技 汇总				45,600.00
		科达集团 汇总				26,000.00
		朗讯公司 汇总				129,000.00
		联华实业 汇总				40,000.00
		联同实业 汇总				0.00
		迈凤实业 汇总				58,000.00
		美环科技 汇总				78,000.00
		全亚集团 汇总				56,000.00
		腾恒公司 汇总				3,700.00
		兴盛数码 汇总				68,000.00
		总计				504,300.00

图 5.89　汇总统计各客户的"未到期金额"

【拓展训练】

根据"账款账龄分析"工作表，制作"应收账款账龄结构分析图"，效果如图 5.90 所示。

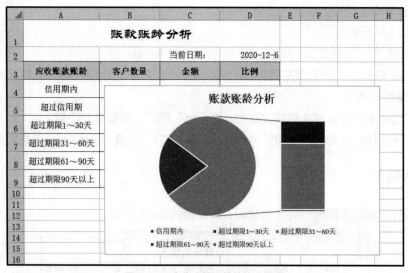

图 5.90　应收账款账龄结构分析图

操作步骤如下。

（1）打开"E:\公司文档\财务部"文件夹中的"往来账务管理"工作簿，并将文件另存为"应收账款账龄结构分析图"。

（2）选择"账款账龄分析"工作表，将光标置于"账款账龄分析"工作表数据区域内的任意单元格中，单击【插入】→【图表】→【插入饼图或圆环图】命令，打开"饼图"下拉菜单，选择"二维饼图"中的"复合条饼图"类型，生成图 5.91 所示的图表。

（3）修改图表的数据区域。

① 选中插入的图表，单击【图表工具】→【设计】→【数据】→【选择数据】命令，打开图 5.92 所示的"选择数据源"对话框。

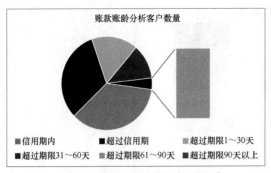

图 5.91　插入默认的"复合条饼图"

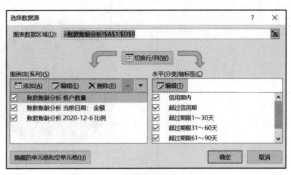

图 5.92　"选择数据源"对话框

② 单击"图表数据区域"右侧的折叠按钮，返回工作表中，选择 A4、A6:A9、C4、C6:C9 单元格区域，再单击折叠按钮，返回"选择数据源"对话框，可看到图 5.93 所示的更改后的数据区域。

③ 单击"确定"按钮，返回工作表，可看到更改数据区域后的图表效果，如图 5.94 所示。

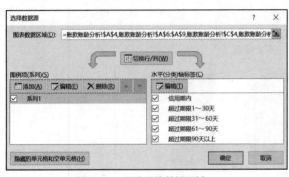

图 5.93　更改后的数据区域

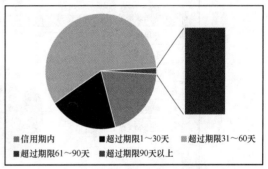

图 5.94　更改数据区域后的图表效果

（4）设置数据系列的格式。

① 在图表的数据系列上单击鼠标右键，在弹出的快捷菜单中选择"设置数据系列格式"命令，打开"设置数据系列格式"窗格。

② 在"设置数据系列格式"窗格中，将"系列选项"中的"第二绘图区中的值"设置为"4"，然后调整"第二绘图区大小"为"90%"，如图 5.95 所示。

③ 返回工作表中，可查看设置数据系列的格式后的图表效果，如图 5.96 所示。

（5）添加图表标题。

① 选中图表，单击【图表工具】→【设计】→【图表布局】→【添加图表元素】命令，打开"图表元素"下拉菜单。

② 选择"图表标题"子菜单中的"图表上方"命令，在图表上方出现默认的"图表标题"。

③ 选中图表中的"图表标题"，在编辑栏中输入公式"=账款账龄分析!$A$1"，如图 5.97 所示。

图 5.95　"设置数据系列格式"窗格

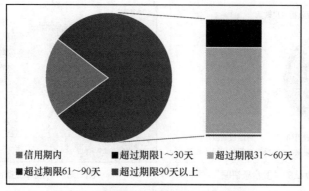

图 5.96　设置数据系列的格式后的图表效果

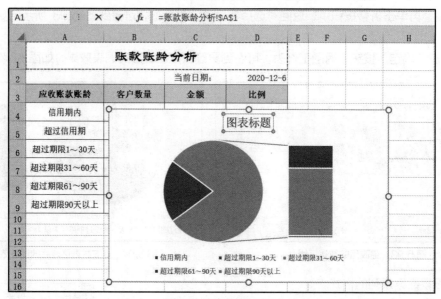

图 5.97　设置图表标题

④ 按【Enter】键确认，使"图表标题"链接到 A1 单元格，"图表标题"显示为 A1 单元格的内容。

（6）保存并关闭工作簿。

【案例小结】

本案例通过制作"往来账务管理"工作簿，主要介绍了工作簿的新建、工作表的重命名、使用公式和函数进行计算、定义单元格名称等内容。在此基础上，本案例进一步介绍了利用 TODAY、IF、SUM 函数以及数组公式进行账务统计和分析的方法，使用条件格式和图表工具使账务数据增强可视化效果。